一体化压水堆热工水力

夏庚磊 李 磊 张博文 著

中国原子能出版社

图书在版编目（CIP）数据

一体化压水堆热工水力 / 夏庚磊，李磊，张博文著
. — 北京 ：中国原子能出版社，2023.8
（核安全与仿真科技丛书/夏庚磊，李磊，张博文著）

ISBN 978-7-5221-2904-4

Ⅰ．①一… Ⅱ．①夏… ②李… ③张… Ⅲ．①压水型
堆－核动力装置－热工水力学 Ⅳ．①TL33

中国国家版本馆 CIP 数据核字（2023）第 159467 号

内容简介

本书介绍了一体化压水堆的结构特点、系统设备和运行特性，着重介绍了反应堆和直流蒸汽发生器的热工水力分析模型，并通过一体化反应堆的稳态及瞬态分析，阐述了先进控制方法在一体化反应堆的应用性能，指出一体化反应堆的固有安全特性。本书还简要介绍了海洋条件下反应堆的热工水力。

本书适合作为高等院校核能科学与工程学科研究生、核工程与核技术专业和热能工程专业高年级本科生的专业课教材，也可供从事核动力装置工作的技术人员参考。

一体化压水堆热工水力

出版发行	中国原子能出版社（北京市海淀区阜成路 43 号　100048）
策划编辑	付　真
责任编辑	赵　艳
装帧设计	崔　彤
责任校对	冯莲凤
责任印制	赵　明
印　　刷	北京中科印刷有限公司
经　　销	全国新华书店
开　　本	787 mm×1092 mm　1/16
印　　张	19
字　　数	381 千字
版　　次	2023 年 8 月第 1 版　　2023 年 8 月第 1 次印刷
书　　号	ISBN 978-7-5221-2904-4　　　　**定　价　80.00 元**

网址：http://www.aep.com.cn　　　　E-mail：atomep123@126.com
发行电话：010-68452845
版权所有　侵权必究

前　言

　　核能具有近乎无限的能量密度，核动力系统具有清洁、高效、隐蔽性好等优点，是深远海装备动力的理想选择。一体化压水堆是小型压水堆核电厂的重要组成部分，随着国内浮动核电厂研究的开展，一体化压水堆技术越来越受到科研工作者的重视。

　　本书在参考了国内外核反应堆热工水力分析的基础上，整合了课题组多年研究工作的经验成果，通过不同的角度针对一体化反应堆的热工水力特性进行了系统地论述。对于了解浮动核电厂的运行、一体化反应堆的特点以及反应堆在不同条件下的安全特性都有很好的指导作用。本书内容丰富，从一体化压水堆的结构、特点、设备、运行等方面深入阐述了一体化压水堆的热工水力特性，深入浅出地描述了一体化压水堆的特点和运行特性。全书共分为 8 章：第 1 章简要介绍反应堆热工水力分析的基本理论；第 2 章介绍板状燃料堆芯热工水力分析的基本方法；第 3 章介绍直流蒸汽发生器热工水力分析的基本方法；第 4 章介绍反应堆功率运行的稳态特性；第 5 章介绍了一体化反应堆的正常瞬态运行特性；第 6 章介绍先进控制方法在反应堆协同控制中的应用和效果；第 7 章介绍一体化反应堆在不同运行条件下的固有安全性；第 8 章介绍海洋条件附加力模型及相应的流动换热模型。

　　哈尔滨工程大学夏庚磊副教授编写了本书第 1、4、5、8 章，李磊副教授编写了本书第 2、3 章，张博文副教授编写了本书第 6、7 章，全书由夏庚磊统稿。哈尔滨工程大学彭敏俊教授对书稿进行了审阅，并提出了许多宝贵意见和建议。在书稿的编写过程中参考或引用了国内外一些学者的论著，在此一并表示衷心感谢。特别感谢刘建阁博士、孙林博士、王晨阳博士、王冰硕士、朱景艳硕士在本书编写过程中给予的支持和帮助。

　　阅读本书应具有工程热力学、传热学的基础，并对核动力装置及设备有一定程度的了解。本书可作为高等院校核能科学与工程学科研究生、核工程与核技术专业和热能工程专业高年级本科生的专业课教材，也可供从事核动力装置工作的技术人员参考。

由于作者水平有限，书中难免存在一些错误和不足，深切希望广大读者提出宝贵意见。

目　录

第 1 章　核反应堆热工水力基础

核能是通过核反应从原子核释放的能量，其安全利用的主要形式之一是核能发电。目前世界上有多种类型的核电厂反应堆设计，这些反应堆运行的基本原理都是通过维持核燃料中的链式裂变反应，在反应堆堆芯中持续产生热量，通过流经反应堆堆芯的冷却剂的循环将热量传递到蒸汽发生器以加热二回路给水并产生蒸汽，高温高压的蒸汽进一步推动汽轮机发电。与火电厂相比，核电厂几乎不排放温室气体，而且每单位电力的成本也相对较低，因此核电是安全、经济、洁净的能源，而核能发电是实现低碳发电的一种重要方式。

随着核能利用技术的发展，核反应堆也经历了不同的发展阶段[1]。从 20 世纪 50 年代时开始使用核能发电，其后，随着核电技术的不断提高，核能发电量在 20 世纪 60 年代至 80 年代期间迅速增长。1979 年的美国三哩岛核事故[2-3]、1986 年的苏联切尔诺贝利核事故[4-5]以及最近的（2011 年）日本福岛核事故[6-7]以后，发达国家核电增长的速度逐渐放缓。而一些亚洲国家（如中国和印度），核电的增长率不断上升。

截止到 2014 年，全世界在 30 多个国家运行着 438 座核电厂反应堆，总装机容量达到 376 GWe，总发电量约为 2 410 TWh，占全世界所有能源发电总量的 11.1%[8]。一些欧洲国家的核能发电量甚至超过了 50%，例如法国（76.9%）、斯洛伐克（56.9%）和匈牙利（53.5%）。美国是世界上核电厂数量最多的国家，拥有 99 座核反应堆，每年的核能发电约为 80 GWh，占美国电力生产总量的 19.5%。亚洲国家的核能发电比例也在增加，尤其是中国（2.4%）、韩国（30.4%）和印度（2.9%）。核电已经成为解决全球变暖问题的一个重要组成部分，也是解决发达国家和新兴国家日益增长的能源需求的重要手段。

1.1　核反应堆的现状与发展

1.1.1　电厂核反应堆

核电厂与火电厂的发电过程类似，都是通过热能—机械能—电能的能量转换过程，不同之处在于火电厂是通过化石燃料在锅炉设备中燃烧产生热量，而核电厂则是通过核燃料的链式裂变反应产生热量。世界上第一座核反应堆于 1942 年首次达到临界，到 1951 年美国实验增殖堆 1 号（EBR-1）首次利用核能发电，此后，核能在世界上得到了快速发展。

目前运行的大多数核电厂反应堆都属于第二代堆型，其特点是反应堆系统中使用的应急堆芯冷却系统均为能动系统，使用电动泵驱动冷却剂循环或注入反应堆堆芯来消除堆芯衰变热。这些核电厂反应堆的安全性完全依靠外部动力源和运行人员的经验判断来保证。1979 年发生三哩岛核事故后，核能行业的研究人员一直致力于采取各种能动或非能动的安全措施来提高核电厂反应堆系统的安全性，使新一代反应堆的设计能够应对各种潜在的运行事故和意外事件，包括对严重事故的层层预防和缓解措施，形成了两种提高反应堆安全性的技术途径，即改进设计和革新设计[9-10]。

改进设计是通过采用已经验证的、成熟的技术对核动力系统、部件进行局部范围的调整和增补，从而达到提高系统安全性、降低风险的目的，所采用的改进措施是建立在大量运行经验积累和新科学技术突破的基础上。在具体做法上，一种是采用"加法"原理，运用成熟的设计技术，充分吸收现役核电厂的运行经验，增加安全系统的冗余度，例如设置至少 2 种以上的不同原理但功能相同的备用设备，充分利用单一故障准则来保证系统功能不会因个别设备故障而导致整体功能丧失；另一种是采用"减法"原理，在传统成熟的压水堆核电技术的基础上，安全系统"非能动化"，减少能动设备，充分利用自然原理，取消不必要的、过多的应急动力电源和动力设备，从而简化系统配置，达到提高安全性的目的。

第三代及三代＋反应堆就是通过改进设计以提高核反应堆的安全性和经济性，并在设计中充分考虑了严重事故的预防和缓解措施。其中有些反应堆在设计中增加了能动安全系统的可靠性和冗余度，如 ABWR[11] 和 EPR[12]，这些反应堆可以归类为第三代反应堆。而三代＋反应堆的设计通常采用非能动安全系统来提高反应堆的安全性、经济性和简单性，如 AP1000[12-13]、ESBWR[14-15] 和 ACR-1000[16]。还有一些反应堆的设计结合了能动和非能动的安全系统，如 APR1400[12] 和 AES-92[17]，也被称为三代＋反应堆设计。

革新设计是从新需求、新技术突破和反应堆内在的固有安全性角度出发，设计新型反应堆。其主要目标在于实现核能利用的可持续性、经济性、安全性和防止核扩散，在本质上提高反应堆的安全性，如高温气冷堆、一体化压水堆等。这种革新设计思想和方法往往需要大量的再研究、可行性实验测试、原型堆运行测试和经验积累等。

第四代反应堆技术就是在这种革新设计的思想促进下发展起来的。2002 年，第四代反应堆国际论坛（GIF）从接近 100 个反应堆系统概念设计中选取了以下 6 种堆型作为第四代反应堆的重点发展方向，分别为：气冷快堆（GFR）、铅冷快堆（LFR）、熔盐堆（MSR）、钠冷快堆（SFR）、超临界水冷堆（SCWR）和超高温反应堆（VHTR）[1]。

为了追求经济性，核电厂的设施一直向大型化和大容量的方向发展，以降低每兆瓦电力的成本。核电厂的容量越大，效率就越高，单位电能的造价也越低。但是大型化和大容量发展的同时也增加了投资周期和投资成本，进一步增大了本来已经很高的投资风险。近年来，一些反应堆供应商开始致力于开发轻水小型模块化反应堆（LWSMR）。在设计中充分考虑了内在的固有安全性，大量采用了非能动技术，并且使用先进的耐高温核燃料和结构材料来增加核燃料失效的安全系数等措施来降低堆芯熔毁概率（CDF）。

在轻水小型模块化反应堆的设计中采用了模块化的设计思路，利用标准化的生产技术以降低建造成本和运输成本，使得反应堆的建造成本更低。此外，可以通过增加反应堆模块的数量以获得与大型压水堆相当的经济性。因此，轻水小型模块化反应堆具有更高的灵活性和选择性，适合部署于电网容量较低的发展中国家和电力需求较小的国家。中小型模块化反应堆还可以应用于许多非电能应用领域，如海水淡化、区域供热、制氢工业、舰船或深海潜器用动力、移动式核动力装置以及其他热能利用等，具有广泛的应用前景和潜在的市场。

1.1.2　船用核动力装置

核动力装置体积小、质量轻、不受燃料的限制，采用核动力装置的船舶能够大大提高续航力和自给能力。而且核动力装置的工作不需要氧气，能够彻底解决潜艇水下航行时间的问题，提高了隐蔽性。自 1955 年 4 月，世界上第一艘核动力潜艇美国"鲑鱼"号正式编队下水服役以来，军用舰艇动力堆的发展很快，相继建成多艘攻击核潜艇和弹道导弹核潜艇。

几十年来，装置核潜艇的反应堆绝大多数都沿用传统的压水堆技术，除了功率变大、功率密度变高、寿命更长和噪音更小外，只是布置形式的变化和反应堆自然循环能力的提高。然而，压水堆推进系统的体积和质量几乎占舰艇总质量的 50% 左右，挤占了极为宝贵的空间，严重制约了其他技术的进步和发展。为解决这一问题，世界各国都在尝试压水堆核动力推进系统的小型化问题。美、英、法和苏联的第一代核潜艇反应堆基本上都是采用的分散式布置。从第二代核潜艇开始，美国、法国和苏联核潜艇反应堆的布置形式趋向紧凑、模块化甚至一体化的布置结构，这种布置结构可以简化系统、减少设备和附件，进一步减少船舶自身能量的消耗，减小核动力系统的体积和质量等。如美国的"海狼"级核潜艇反应堆的质量比"洛杉矶"级增加10%，但是功率却提高了50%，而且反应堆自然循环能力达到30%满功率水平。

船舶的特点之一是容积和质量有限，因此为了提高船舶的载货、航速或舰船的作战性能，要求核动力装置尽可能体积小而质量轻，动力设备布置紧凑。一体化反应堆将蒸汽发生器装在反应堆压力容器内，冷却剂泵直接与压力容器相连，完全取消了主管道，全部冷却剂都在压力容器内循环流动，具有系统简单、体积小、质量轻、一回路流动阻力小、自然循环能力高的特点，所以采用一体化布置成为各国船用核动力以及多用途小型堆的主要研发点之一。船舶的另一个特点是长期运行于海洋条件下，核动力系统应具有较高的可靠性和运行安全性。一体化反应堆取消了主管道，因而消除了主管道双端断裂的大破口失水事故和由此造成的堆芯熔化事故；其结构保证在任何情况下，堆芯都淹没在冷却剂中而不会裸露，并且还有可靠的余热排出系统，所以一体化压水反应堆的固有安全性及可靠性都比分散布置压水堆高，更适合于船用核动力装置。一体化压水堆在俄罗斯、法国、日本等国家已经被用于船用核动力装置，其优越性已有充分体现。

美国是最早研究一体化压水反应堆的国家，早在20世纪50年代就已经开始进行紧凑式或一体化压水反应堆的研发工作。1959年，当"萨瓦纳"船用堆设计完成并交付使用时，美国B&W公司就开始了IBR船用一体化压水堆改进设计。与此同时，美国燃烧工程公司进行了结构紧凑的UNIMOD一体化船用压水堆的概念设计。为使船用核动力装置进一步小型化、简单化，以求降低成本，应美国政府的要求，B&W公司进行了CNSG系列（1、2、3、4和4A）共五型舰船用一体化压水反应堆的方案设计。美国S7G潜艇模块式反应堆就是采用了一体化设计方案，而新一代S8G反应堆的自然循环能力甚至达到了25%～30%满功率[18]。

俄罗斯的船用核动力系统除使用少量液态金属冷却反应堆外，大多数为压水堆。其压水堆核动力装置共发展了四代：第一代为分散布置式压水堆，但是采用了管外直流式蒸汽发生器。第二代为紧凑布置式压水堆，即将蒸汽发生器、主泵与反应堆之间通过双层短管（约0.5 m）连接，反应堆一般采用4台盘管式管内直流蒸汽发生器、氮气罐稳压器和2台主泵，紧凑布置式压水堆大约在20世纪70～80年代被广泛使用，是苏联的主要船用堆型。第三代船用堆约从80年代中期开始使用，为采用高效直流蒸汽发生器的紧凑布置式压水堆，布置形式与第二代船用堆类似，但蒸汽发生器为列管式紧密排列，换热能力达到30 MW/m³，为盘管式直流蒸汽发生器的2.6倍，其代表堆型为KLT-3和KLT-4。第四代为一体化布置压水反应堆，即将蒸汽发生器布置在反应堆压力容器内部，核辅助系统和其余反应堆部件与紧凑布置压水堆无本质区别，其代表堆型有 ABV-6、ABV-6Y 和 ABV-6M[19]。

法国在 1976 年独立自主建成了 CAP 一体化压水堆原型堆[20]。CAP 系列反应堆最具创新之处是把 U 形管自然循环蒸汽发生器安装在压力容器上部,蒸汽发生器管板同时又作为压力容器顶盖和蒸汽发生器下封头,这样节省了空间,缩短了主回路流程。这种布置提高了冷热源的位差,在主泵完全停止运转后,冷却剂仍能载出 60% 以上的额定功率。由于 CAP 一体化压水反应堆具有简单、紧凑和安全的优点,法国将 CAP 作为其海军舰艇核动力装置发展的母型。1983 年,法国成功地用 CAP 系列的 K-48 一体化压水堆装备了宝石级攻击型核潜艇。此后,法国先后成功地研制了三型 CAP 一体化压水反应堆。10 年以后,法国将热功率 150 MW 的 CAP 系列 K-150 型一体化压水反应堆成功地装备了 1993 年下水的凯旋号弹道导弹核潜艇和 1994 年下水的戴高乐号核动力航空母舰[20]。

日本原子能研究所(JAERI)根据陆奥号获得的经验,提出了一体化压水堆 MRX 的概念并完成了工程设计及相关研究[21]。MRX 大量采用了非能动安全系统,从而实现了系统的简化。尽管 MRX 的功率大约是陆奥号船用堆的 3 倍,但其质量仅是陆奥号的一半,体积是陆奥号的 70%,极大降低了反应堆的建造成本。近年来在日本政府的支持下,JAERI 在保持 MRX 主要技术特点的基础上,逐步演变出用于深海考察的小型潜水自然循环一体化压水堆 DRX(热功率 750 kWt)、SCR(热功率 1 250 kWt)和微型供热堆(MR-100G、MR-1G)等几种小型反应堆[22]。

除了上述国家外,韩国、阿根廷、意大利等国也在进行一体化压水堆相关的研究。各国船用一体化压水堆技术的主要改进方向是大功率、高参数、长寿命、强自然循环能力、高固有安全性、设备和系统安全可靠,并且采用现代化的监测和控制系统。同时积极发展安静性技术,使核动力装置的噪声水平显著降低,以提高核动力舰船的隐蔽性。

1.2　小型压水堆的基本特征

根据反应堆功率的大小,国际原子能机构(IAEA)将电功率在 300 MWe 以下的核反应堆机组定义为小型堆,电功率介于 300 MWe 至 700 MWe 的反应堆为中型堆[23]。大多数先进的或第四代反应堆都可以归类为小型模块化反应堆(SMRs),其净发电量约为 300 MWe 甚至更少。小型核电机组具有功率小、适应性强(厂址适应性、电网适应性)、建造周期短、换料周期长等特点。因此小型核电厂具有较为广泛的潜在应用市场前景,既可以作为大中型核电机组的重要补充,也可以用于海岛和偏远地区供电、海洋平台供电、海水淡化和供热等领域。

目前已经确立概念或详细设计的小型反应堆有[24-26]：IRIS(美国)、NuScale(美国)、MASLWR(美国)、mPower(美国)、ABV系列(俄罗斯)、MRX(日本)、DRX(日本)、PSDR(日本)、IMR(日本)、CAP(法国)、SCOR(法国)、SMART(韩国)、CAREM(阿根廷)等。

1.2.1　小型压水堆的安全特性

先进反应堆设计的重要特征就是固有安全和非能动安全设计,包括几种改进设计和几乎所有创新的小型反应堆设计。具有较小功率输出的反应堆需要有足够的纵深防御特性,以便可以在电厂内设置更多的单元模块以提高核电厂的经济性,或者允许反应堆更接近用户,特别是当用户是非电能产品而是诸如化工厂、核供热的热应用设施时。

在小型反应堆特别是一体化反应堆的设计中,系统的固有安全性得到更广泛的应用。反应堆在事故状态下都是依赖冷却剂在堆内的自然循环带出衰变热,甚至在正常运行期间也靠冷却剂自然循环冷却堆芯。几乎所有的小型反应堆设计都会通过将固有安全性和非能动安全系统与能动安全系统相结合的方式来最大程度地增强纵深防御的功能。

小型反应堆的普遍特点就是使用非能动安全系统,其首要目标是通过设计消除或阻止尽可能多的事故原因及其后果,其余的一些事故则通过能动和非能动系统的结合使用来预防或处理。这样可以在高安全的水准上简化核电厂,同时,也会降低对厂外应急的要求。表1.1以一体化反应堆IRIS为例,分析了小型压水堆在纵深防御方面的设计理念。

表 1.1　IRIS 设计特征对纵深防御的贡献

		设计特征	目的
第1层	1	相对低的堆芯功率密度	增大热工水力裕度
	2	蒸汽发生器和控制棒驱动机构位于压力容器内部的一体化设计方案	排除大破口失水事故,弹棒事故,增大冷却剂装量和热惯性
	3	内置、全浸式泵	消除卡泵、卡轴事故,消除LOCA事故
	4	正常运行时蒸汽发生器传热管内部压力低	降低传热管破裂的可能性,防止或减小蒸汽管线和给水管线破裂的可能性
	5	蒸汽发生器设计压力为一回路压力	降低蒸汽管线和给水管线破裂的可能性

续表

		设计特征	目的
第2层	1	灵敏的仪控系统	非正常运行和失效的即时检测
	2	整个系统负温度系数	防止由于非正常运行和失效导致瞬发临界
	3	相对较大的冷却剂装量,形成较大的热惯性	减缓由于非正常运行和失效导致的事故瞬态进程
	4	冗余及多样的非能动和能动停堆系统	安全停堆
第3层	1	整个系统的负反应性系数	防止瞬发临界,发生设计基准事故时把反应堆带入次临界状态
	2	相对低的堆芯功率密度	增大热工水力裕度
	3	相对较大的冷却剂装量	减缓设计基准事故瞬态进程
	4	蒸汽发生器设计压力为一回路压力	限制蒸汽发生器传热管破裂事故的范围
	5	自稳压,较大的稳压器容量,省去了喷淋装置	发生设计基准事故时抑制压力波动
	6	冗余及多样的停堆和余热排出系统	实现安全功能,增加可靠性
	7	带有内部控制棒驱动机构的非安全级控制棒系统	停堆
	8	由应急硼酸箱注入含硼水(作为辅助停堆措施)	停堆
	9	依靠冷却剂与水箱中水蒸发的自然对流来实现非能动余热排出	非能动余热排出
	10	稳压器汽空间的一个小型自动降压系统	当压力容器内冷却剂装量降低到规定标准时使压力容器自动降压
	11	安全(释放)阀	防止压力容器超压
	12	长期重力补水系统	确保LOCA后堆芯完全淹没
第4层	1	相对低的堆芯功率密度	限制或延迟堆芯熔毁
	2	非能动应急堆芯冷却系统,通常采用冗余设置,并可长期使用	为事故处理提供充足的时间,如防止能动的堆芯应急冷却系统失效
	3	小LOCA后堆芯下腔室非能动淹没	防止由于堆芯未淹没而发生堆芯熔毁,保证压力容器完整性
	4	安全壳及保护壳或者双安全壳	防止严重事故时放射性物质释放,保护反应堆不受外部事件影响(飞机坠毁,导弹)
	5	低泄漏安全壳,减少或消除安全壳容器内孔洞数量	防止放射性释放到环境中
	6	通过安全壳冷却间接进行堆芯冷却	防止堆芯熔毁,保持压力容器完整性
	7	惰性安全壳	防止氢气爆炸
第5层	1	相对少的燃料装量,减少堆内非核燃料的储存	减少发热源项
	2	1～4级防御的设计特点要能够充分实现第5级的防御	消除电站边界以外放射性物质大规模释放,减少场外应急计划必要区域

1.2.2　小型压水堆的技术特点

除了在安全性方面的改进外，小型压水堆在系统设计上以及在反应堆的燃料使用和运行参数的选择等方面也都具有明确的技术特点，如表 1.2 所示。

表 1.2　中小型一体化压水堆的主要技术特点

国家	美国			韩国	阿根廷	日本		俄罗斯	法国
堆型	IRIS	NuScale	mPower	SMART	CAREM	MRX	DRX	FDR	SCOR
设计者	西屋	NuScale	B&W	KAERI	CNEA	JAERI	OKBM	JAERI	CEA
一回路循环形式	强迫循环	自然循环	自然循环	强迫循环	自然循环	强迫循环	自然循环	自然循环	强迫循环
自然循环能力	20%~30%	100%	100%	25%	100%		100%	100%	
蒸汽发生器型式	直流螺旋管	直流螺旋管	直流螺旋管	直流螺旋管	直流螺旋管	直流螺旋管	直流螺旋管	直管	U 型管
控制棒驱动机构	内置	外置	内置	外置	内置	内置	内置	外置	内置
稳压器	内置	内置	内置	内置	内置	内置	内置	外置	内置
安全壳冷却		湿式				湿式	湿式		
热功率/MWt	1000	150	425	330	100	100	0.75	45	2000
电功率/MWe	335	45	125	100	27		0.15	11	630
主冷却剂	轻水	轻水	轻水	轻水	轻水	轻水	轻水	轻水	轻水
主回路压力/MPa	15.5	7.8	<14	15	12.25	11.87	8.35	15.7	8.8
堆芯进口温度/℃	292	218.8		270	284	282.9	281.8	247	246.4
堆芯出口温度/℃	330	271.4	≈325	310	326	297.5	298	330	285.4
能量转换形式	蒸汽朗肯	蒸汽朗肯	蒸汽朗肯	蒸汽朗肯	蒸汽朗肯	蒸汽朗肯	蒸汽朗肯	蒸汽朗肯	蒸汽朗肯
压力容器直径/m	6.21	2.7	3.6	4.1	3.16	3.7	2.8	2.2	4.983
压力容器高度/m	21.3	14	22	10.2	11	9.4	7.2	7.5	14.813
燃料类型	UO_2	UO_2	UO_2	UO_2	UO_2	UO_2	UO_2	UO_2	UO_2
燃料浓缩度	<5%	<5%	<5%	5%	3.5%	4%	10%	16.5%	
换料周期	3.5	2.5	5	3		8	4	10~12	2

(1) 运行特点

小型压水堆一般采用技术成熟的二氧化铀燃料组件，燃料富集度介于 3.4%~19.9% 之间，可以直接使用现有的商用燃料组件，这样可以降低燃料设计、制造和运行的风险。根据燃料的富集度不同，反应堆换料周期差别较大。

小型压水堆的冷却剂运行压力一般为 6.0~8.0 MPa 或 12.0~15.5 MPa，堆芯出口温度大约为 300 ℃，反应堆的运行压力和温度与广泛使用的大型商用核电厂的参数类似；主冷却剂系统采用强迫循环或自然循环运行模式，一般采用自然循环的反应堆运行参数较低。

蒸汽发生器普遍采用列管式或螺旋管式直流蒸汽发生器，由于产生过热蒸汽，因此可以取消汽水分离设备，简化结构，缩小尺寸。采用直流蒸汽发生器可以简化系统，增强装置的静态特性和机动性能，提高效率。但由于在运行中不进行排污和炉内水处理，并且直流蒸汽发生器内过冷、蒸发、过热段长度随负荷变化，无论一回路还是二回路的扰动，都将导致各传热区间的变化和出口气温波动，所以对自动控制系统的要求比较高，这也为小型压水堆的设计带来一定的难度。

小型压水堆的反应性控制更加多样化，除传统控制方式外，还采用可燃毒物吸收体以展平堆芯功率，包括在燃料芯块表面涂硼，或者将铒（Er）以 Er_2O_3 的形式混合在燃料中。为消除硼稀释对反应性带来的影响，一些小型堆设计（如 KLT-40S，CAREM-25，SCOR 等）采用无硼运行方式。

（2）结构特点

压水堆的布置形式有：一体化布置、紧凑式布置或分散式布置。在役的小型压水堆以紧凑式或分散式布置为主，研究中的小型压水堆则以一体化布置方式为主。一体化布置方式省去了大口径的冷热管道，消除了大破口失水事故发生的可能；同时由于一回路流动阻力降低，大大提高了反应堆的自然循环能力；小型压水堆多采用非能动安全系统，这样可以提高反应堆的固有安全性，降低发生核事故的概率。

在直流蒸汽发生器的选择中，俄罗斯采用列管式直流蒸汽发生器，美国、日本、韩国等多采用螺旋管式直流蒸汽发生器。直管式直流蒸汽发生器结构紧凑，二回路压力损失小，但由于其传热管与筒体热膨胀存在差异，造成传热管与管板处应力集中无法消除，影响设备的运行安全。而螺旋管式直流蒸汽发生器可消除由于热膨胀产生的机械应力，对流致振动具有高阻抗特性，同时具有换热面积大、可靠性高等优势，故而盘管式直流蒸汽发生器的应用更加广泛。

在反应性控制方面，美国的 IRIS 和阿根廷的 CAREM 一体化压水堆中，都采用了内置的控制棒驱动机构以避免弹棒事故的发生，也避免控制棒驱动机构管座的复杂焊接及焊缝泄漏。但因整个控制棒驱动机构都在压力容器内，其使用条件非常恶劣。

由于小型压水堆压力容器内的结构复杂，所以对于反应堆和蒸汽发生器的检修及换料比较麻烦。在小型压水堆设计中主要通过降低功率密度和使用可燃毒物的方法尽量延长换料周期。同时，降低堆芯功率密度还可以增大热工水力裕度。此外，高温气冷堆中使用的卵形或棱柱形燃料形式，包括带包壳的颗粒燃料，都可以在小型压水堆中使用，以提高反应堆的安全性。

（3）经济性

中小型反应堆无意从规模经济中受益。在大多数情况下，SMR 的部署潜力是由它们的能力来支持的，可以满足与目前运营的大型核电厂不同的市场需求，例如，那些需要更好的分布式电源或更好的匹配情况的市场。中小型反应堆可以提供更灵活的选址和更多的产品种类，满足产能增量、投资能力或需求增长之间的匹配关系。

值得注意的是，小型或中型反应堆并不一定意味着是小型或中型核电厂。像任何核电厂一样，那些使用 SMR 的核电厂可以在一个地点建造许多反应堆机组。除此之外，创新的 SMR 概念还为具有 2 个、4 个或更多反应堆模块的发电厂配置提供支持。单位或模块可以随着时间的推移逐步增加，从经验、时间和施工进度中获益，并以最小的风险资本创造更有吸引力的投资。

人们普遍认为，SMR 的目标是那些正在考虑首次引入或大规模扩大核电的国家，而这些国家目前要么没有核基础设施，要么仅拥有小型核电基础设施。然而，事实上大多数创新的 SMR 设计都旨在满足发达国家和发展中国家的各种应用。SMR 在全球核能系统中的预期作用可能是在世界所有地区增加可用的清洁能源供应系统，以获得清洁、经济和多样化的能源产品。在涉及阿根廷、巴西、中国、克罗地亚、法国、印度、印度尼西亚、意大利、日本、韩国、立陶宛的国家或国际研究与发展（R&D）计划中提出了超过 45 项创新的 SMR 概念和设计[27]。

1.2.3　小型压水堆技术发展趋势

目前，小型核动力研究的许多方面都是借鉴于大型反应堆，而小型压水堆有其自身的特点，还需不断进行以下方面的研究：

（1）自然循环能力

在主冷却剂系统设计中采用自然循环原理，取消主泵等能动设备，增强冷却剂自然循环能力，堆芯衰变热的移出即可以采用正常余热排出系统，还可采用非能动余热排出系统，同时也允许反应堆采用自然循环功率运行模式，以提高运行的安全性。

（2）先进的燃料设计、制造和燃烧过程

目前世界上在役的小型压水堆大多使用技术较成熟的棒状燃料元件，但板状燃料元件及弥散型燃料的研究也在不断进行中，将各种形式的燃料用于反应堆中并发挥其最大优势也是小型压水堆的一个研究方向。在燃料的制造和燃烧过程中，保证燃料的经济性和安全性，通过增加可燃毒物以降低燃耗、减小堆芯功率密度等方式提高换料周期。

（3）非能动装置及系统的设计和使用

能够对非预期的瞬态现象非能动地作出反应，通过堆芯材料的热传导和主冷却剂系统的自然对流可将热量转移到压力容器边界，但需要外部附加冷却以将热量排出至最终热阱（如大气）。小型核电厂在诸多方面都比大型动力装置能更好地适应这种热传导：首先，堆芯功率的降低将导致衰变功率降低；其次，较小的堆芯体积使得衰变热向压力容器边界的传热效率提高；最后，从压力容器外表面排出热量的效率提高。由于具有这些优势，小型反应堆比大型反应堆更容易利用非能动的概念来保证反应堆的安全。

（4）"设计保障安全"的设计概念

充分利用小型反应堆的容量和尺寸，尽可能多地消除事故原因及减轻事故后果，简化电厂的复杂性，同时减少需要维护的系统、结构和部件的数量。在发展大型商业核电厂的早期，最具挑战性的假想事故是大直径冷却剂管道的双端剪切断裂。这种破口会造成冷却剂迅速从压力容器中流失，导致堆芯裸露，从而造成燃料元件的烧毁并产生大量的放射性物质泄漏。为了减轻类似事故后果，大型电厂设计时增加了复杂的安全注射系统，大量增加初期建造和日常维护成本。小型堆设计时通过消减主冷却剂管道来消除这样的事故漏洞，特别是一体化反应堆设计时将主冷却剂系统整合到一个压力容器内，从而完全避免了大破口失水事故的发生。基于固有安全的理念，小型反应堆的设计达到了高度的安全性，不仅取消了一些能动系统，而且还取消了一些非能动安全系统以及一些设备的双重布置。这些简化的设计同时也降低了投资成本。

（5）监测和控制技术研究

小型堆在正常运行和发生事故时，更多地依赖反应堆的自调自稳特性来保证反应堆的安全。在某些情况下，甚至可以依靠反应堆的负反馈特性实现自动负荷跟踪控制。由于小型反应堆的功率较小，在通过许多单元模块来组成大功率输出装置的设计中，必须充分研究和验证多堆多机的控制系统模式。此外，一些特殊用途的小型反应堆采用无人值守的运行方式，需要开发额外的在线仪器来满足装置的故障预测及诊断。

（6）不停堆情况下的维修与检查

例行的维修与检查对于当前大型电厂的经济性有很大的挑战性，如能在不停堆的情况下进行这些工作，可以较大程度上提高小型反应堆的经济性。例如，可采用局部检测、机器人检修等方法。

（7）提高二回路系统能量转换效率

通过提高堆芯出口温度或使用先进的能量转换循环（如布雷顿循环）来提高能量转换效率，延长换料周期。

（8）提高反应堆燃耗

对于小型反应堆来说，燃耗越高废物越少，使总燃料循环成本降低、容量因子提高，延长堆芯寿命并优化维修（包括在线维修）状况，提高经济性。

（9）采用合并的联合循环

某些情况下可使用反应堆热力循环以外的热量用于加热、区域供热、制造淡水等。

1.2.4　一体化反应堆的研究

一体化反应堆具有体积小、质量轻、固有安全性好、自然循环能力高、系统简单、布置紧凑等特点，特别适合于中小型核电厂和船用核动力装置。

一体化反应堆之所以被称为一体化，是因为可将其堆芯、蒸汽发生器、冷却剂泵、稳压器等系统的初级组件都安装在压力容器内部，取消主管道，实现冷却剂在堆内的循环，从根本上消除威胁反应堆安全的大破口事故。这是提高一体化反应堆固有安全性的主要因素，即通过设计消除大破口事故发生的可能性，使系统的安全性大大提高。一体化反应堆设计时将反应堆堆芯布置在压力容器底部，给水管道、蒸汽管道以及和辅助系统的接口都布置在压力容器上部，压力容器中下部不开孔，确保在任何情况下堆芯始终处于被淹没的状态，此外在反应堆压力容器外还设置有第二道容器和蓄水池，简化了容积控制系统和专设安全系统，还可以提高系统运行的经济性。通过模块化实现了灵活的电站容量，这是一体化压水堆以及其他中小型核动力装置的一个重要特色，模块化建造可以缩短建造时间，节省建造成本。

国际上对于一体化压水堆的研究，从实验上和理论上已经开展得比较深入和全面。基于具有 50 年设计、运行和安全分析经验的分散式压水堆成果，国外有关研究和设计机构已在设计方案和技术可行性研究方面积累了较为丰富的经验。俄罗斯和法国的军用一体化压水堆已经在舰艇上得到实际的成功应用；美国在一些海军陆基地已经采用了可移动的中小型一体化压水堆用作电力和淡水供应，民用一体化压水堆方面，美国核管理委员会（简称：美国核管会）已经开始安全评审规程的审核和修订工作，包括人员的配备、评审工具等，为示范堆的建造作储备；韩国热电联供一体化压水堆 SMART 即将进入原型堆测试阶段；国内同样针对一体化轻水堆进行了大量基础研究，包括清华大学提出的一体化核供热堆[28-29]、核动力研究设计院提出的一体化压水堆概念设计[30]等。

1.3　反应堆热工水力分析

反应堆热工水力学研究的内容主要是分析燃料元件内的温度分布、冷却剂的流动和传热特性；预测在各种运行工况下反应堆的运行特性，以及在各种瞬态和事故工况下的压力、温度、流量等热力参数随时间的变化过程。通过额定工况下的稳态分析，在初步设计阶段对各种方案进行对比，协调各个系统之间的匹配关系，并最终确定反应堆的结构和运行参数。通过瞬态分析，可以预测反应堆在各种工况下的安全特性，提出安全保护系统动作的整定值和动作时间、确定专用安全设施的性能要求、制定合理的运行方式和操作规程。

1.3.1　正常运行期间

在反应堆正常运行期间，为了核动力装置的安全运行，确保多道屏障的完整性，燃料最高温度、包壳最高温度和冷却剂温度是最主要的热力学参数，也是压水堆稳态设计主要关注的准则参数。

（1）燃料最高温度

燃料元件芯块内最高温度应低于其相应燃耗下的熔化温度。目前反应堆中普遍使用的是氧化铀燃料，可以承受的最高燃料温度约为 2 800 ℃（即氧化物的熔点），但是经过辐照后，这个熔点温度会下降到 2 650 ℃左右。一般在反应堆稳态热工设计中，选择的燃料芯块中心最高温度的限值大约为 2 200～2 450 ℃之间。

（2）包壳表面最高温度

在核反应堆运行的任何情况下都应该限制包壳表面最高温度并避免出现临界热负荷，防止燃料包壳温度过高而熔化，造成放射性物质泄漏的严重事故。

包壳表面最高温度和临界热通量是核反应堆设计以及正常稳态及瞬态运行时关注的两个主要热工水力参数。包壳温度（T_{clad}）是由燃料棒表面热通量（q''）、冷却剂温度（T_{bulk}）和传热系数（h）共同决定的，如式（1.1）所示：

$$T_{\text{clad}} = T_{\text{bulk}} + q''/h \tag{1.1}$$

包壳的热工设计准则为，在反应堆正常运行期间不允许燃料包壳发生沸腾危机，此时传热条件恶化会引起包壳温度在极短时间内快速升高而超过包壳的熔点，造成包壳烧毁。

（3）冷却剂温度

反应堆正常运行时必须保证燃料元件和堆内构件得到充分冷却，一般通过限制反应堆冷却剂的进出口温度和稳压器温度来实现。冷却剂整体沸腾产生的传热恶化、温差应力、热冲击及流动不稳定会对反应堆的安全带来严重威胁。

表 1.3 中给出了几种常用工质的主要热力参数比较，包括传热系数、热通道中的表

面热通量及正常稳态运行条件下的包壳-冷却剂温差和最高包壳温度。表中所示的参数都是基于当前反应堆中所使用的特定材料给定的，如 PWR、PHWR、BWR 中使用的是锆合金，AGR 和 SFR 中使用的是不锈钢材料。

流体的传热系数主要由工质的物理性质决定，特别是热导率和流体速度决定了单相流动换热能力，而两相流的传热系数显著高于单相流的传热系数。传热系数越高，对于换热温差的需求越小，可以限制包壳表面最高温度。

表 1.3　正常稳态运行条件下反应堆的典型热力参数

反应堆	传热系数/ (W/m² · ℃)	热通道中的热通量/ (W/m²)	包壳-冷却剂温差/ ℃	最高包壳温度/ ℃
PWR/PHWR（单相水）	30.000	1.5×10^6	50	350～380
BWR（沸水）	60.000	1.0×10^6	16	300～320
SFR（液态钠）	55.000	2.0×10^6	36	700～750
GCR/AGR（高温 CO_2）	≈1.000	1.0×10^6	≈100	750～800

（4）临界热负荷

水冷反应堆的其中一个热力学指标是避免出现临界热流密度（CHF）。也就是说，要避免出现偏离核态沸腾（DNB），这会导致传热的明显恶化，并使包壳温度超过限值。通常用临界热流密度比（DNBR）来定量表示这个限值条件，DNBR 的定义如式（1.2）所示：

$$DNBR = \frac{临界热流密度}{实际热流密度} \tag{1.2}$$

"理想"反应堆冷却剂的特性之一是有"明确的相态"，或者说在反应堆的稳态或瞬态运行期间冷却剂不会发生相变。但是在目前所使用的冷却剂中，只有氦气或二氧化碳等气体工质可以满足无相变的标准。而液态金属冷却反应堆，如 SFR 和 MSR，在设计时就避开了反应堆堆芯内冷却剂发生相变或沸腾的可能工况，因此冷却剂在所有实际运行过程中均为液相状态。

对于水冷反应堆，虽然在反应堆堆芯出口处的冷却剂温度低于相应压力下的饱和温度，然而燃料包壳表面温度却高于相应压力下的饱和温度，因此在包壳表面附近的冷却剂可能发生过冷沸腾现象。此时如果反应堆功率进一步增加，热流密度增大可能会引起包壳表面发生气泡聚结或蒸气覆盖，阻碍了液体与包壳表面的接触，使得包壳不能被充分冷却，就会形成偏离核态沸腾（DNB）现象。因此，临界热流密度（CHF）决定了水冷反应堆稳态运行的热力学限值。

堆芯内 DNBR 的最小值称为最小临界热流密度比，或最小烧毁比。当 DNBR＝1

时，表示燃料元件表面要发生沸腾临界。一般核动力装置稳态工况下应保证最小烧毁比 $DNBR_{min}=2.0\sim2.2$，正常动态工况下，$DNBR_{min}>1.3$。

1.3.2 异常或事故条件

（1）堆芯衰变热

核裂变反应会产生大量的裂变产物，这些裂变产物的半衰期差别较大。即使在反应堆停堆后，裂变产物或封闭在燃料包壳内部的裂变碎片的放射性衰变仍然会持续放出大量衰变热。

一般采用反应堆停堆后的堆功率与反应堆初始功率的比值来衡量衰变热的大小。衰变热的大小可以采用 ANS 标准方法[31]或式（1.3）近似计算：

$$f(t)=\frac{0.066}{(\varepsilon+t)^{0.2}} \tag{1.3}$$

其中，t 为时间（s），系数 $\varepsilon=0.066^5=1.252\times10^{-6}$ s。

反应堆停堆后的典型衰变热份额曲线如图 1.1 所示。

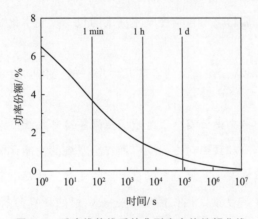

图 1.1 反应堆停堆后的典型衰变热份额曲线

采用不同方法得出的衰变热份额曲线存在一定差异，但是曲线的变化趋势基本相同。在反应堆停堆后的数秒内，堆芯衰变热骤降至初始功率的 5% 以下，而后反应堆功率份额会继续缓慢下降。即使在反应堆停堆 1 h 以后，堆芯衰变热仍占反应堆初始功率的 1.3%，甚至是在反应堆停堆 1 d 以后，堆芯衰变热份额仍然达到反应堆初始功率的 0.6% 左右，而这些热量必须被及时导出堆芯以防止燃料元件因过热而损毁。

（2）应急堆芯冷却系统

反应堆在正常运行以及异常甚至事故条件下，也必须保证核反应堆的充分冷却，以保护公众健康和安全。当发生冷却剂失流事故时，如果衰变热不能及时导出，燃料元件的温度会持续上升，当包壳温度达到 1 020~1 070 K 时开始肿胀，1 223 K 时开始穿孔，1 273~1 373 K 时会发生明显的锆水反应，2 030 K 时包壳开始熔化，放射性物质泄漏。

美国核管会发布的用于生产和利用核设施的联邦法规 10CFR50.46 中明确规定[32]："任何以铀氧化物颗粒作为燃料，锆合金作为包壳的水冷堆都必须设置应急堆芯冷却系统（ECCS），其设计必须保证在假想的冷却剂丧失事故下，计算的冷却能力满足 ECCS 行为的接受准则。ECCS 冷却能力的计算应基于可接受的评价模型，并在大量不同尺寸、不同位置，以及其他需要考虑的特性下进行冷却剂丧失事故（LOCA）计算，以确保其在最严重的 LOCA 工况中的冷却能力。"

美国联邦法规 10CFR50.46 中详细规定了 ECCS 行为的接受准则：

1）包壳峰值温度：计算出的燃料元件包壳最高温度不得超过 2 200 ℉（1 204 ℃）。

2）最大包壳氧化层厚度：经计算的包壳的总氧化值不应超过氧化前包壳厚度的 0.17 倍。

3）最大的氢气产量：计算的由包壳与水或蒸汽发生化学反应产生的氢气总量不应超过燃料包壳中所有金属锆（不包括充气室周围的包壳）发生化学反应所产生的氢气量的 0.01 倍。

4）可冷却的几何形状：计算出的堆芯几何形状的变化应能够保证其具有足够的冷却能力。

在所有的反应堆中都会设置安全系统或应急堆芯冷却系统以保证事故条件下反应堆的安全。包括应急堆芯冷却系统在内的反应堆安全系统的性能评估都需要进行瞬态热工水力计算，以检验反应堆安全系统是否满足上述瞬变和设计基准事故标准。水冷反应堆的实际热工水力过程极其复杂，往往需要建立一系列的计算分析模型来描述其物理过程，对于一些特殊的物理现象还需进行试验分析和模型验证。

1.4 反应堆热工水力研究方法

通常主回路的温度和压力是选择冷却剂和确定电厂热效率的关键参数，同时也是反应堆热工分析的主要参数。还有其他一些因素，例如燃料芯块的最高温度、燃料元件包壳表面的临界热流密度、主冷却剂流量、蒸汽发生器的工作特性等也是反应堆热工水力分析所关心的重要参数。由于冷却剂的输热能力是限制反应堆功率输出的主要因素，当反应堆物理、结构等方面的设计出现矛盾时，往往需要通过热工水力分析进行协调。

针对正常运行和瞬变（包括事故工况）的核反应堆热工水力学研究始于 20 世纪 60 年代，经过几十年的发展已经非常成熟。反应堆热工分析中，通常使用基于棒束的原型试验数据来开发经验关系式以确定燃料棒表面的临界热流密度。子通道分析程序可以提供具有合理准确度的棒束通道内局部热工水力特性，被用于补充或增强对棒束通道内临界热流密度的预测能力，但是还需要继续进行机理模型的研究以改进子通道分析程序的保真度。计算机速度和容量的提升允许更多地使用计算流体动力学（CFD）和计算多流体动力学（CMFD）工具来预测核反应堆内稳态和瞬态流场的分布特性，用于解决传统的一维或粗糙三维系统分析程序无法很好地预测的一些重要热工水力现象，如热冲击、硼稀释或迁移、热分层、上下腔室或安全壳中的搅混现象等。

1.4.1 基本研究方法

国内外针对压水堆运行规律与安全特性的研究，研究范围相对比较宽广，既涉及具体部件的运行安全性能，也包含了反应堆系统的运行规律和安全特性，在研究思路上可以归纳为实验研究和理论研究两类。

（1）实验研究方法

实验是对抽象的知识理论所做的现实操作，用来检验和探明某种行为操作的结果或某事物在特定情形下所表现出的行为，用来检测、研究系统的正常操作或临界操作的运行过程、运行状况和运行条件范围等。实验测量方法真实可信，是进行理论分析和数值模拟的基础，但是实验往往受到模型尺寸、各种环境因素、安全和测量精度的影响，需要花费巨大的人力、物力及时间投入，并且需要对实验结果进行量化分析。采用实验研究方法可以针对核动力系统的运行规律，以及意外事件下的瞬态响应特征给出清晰合理的解释，并形成可靠的实验数据库，由此制定出针对实际装置的运行操作规程，同时实验结果也被作为程序验证的基准。根据实验目的和规模，实验可以分为整体效应试验和单项效应试验。

单项效应试验有两种类型，一种侧重于基本现象或过程，例如在汽液相界面处的质量和能量交换、两相流型、临界流量、临界热流密度等，这些试验数据主要用于实现系统分析程序中所使用的守恒方程的封闭；另一种侧重于开发适当的反应堆部件模型，例如主管道破口处的喷放模型、离心泵或喷射泵的模型，或用于评估系统分析程序对于一些特殊部件（如应急堆芯冷却水注入期间的 PWR 下降段）的计算能力。

整体效应试验是在反应堆系统的缩比试验装置中进行的，目的是获得整个系统的动态响应数据。这些数据可以用来评价系统分析程序是否能够正确计算如 LOCA 或轻水堆瞬态期间的系统热工水力学行为，以及部件间的相互作用。由于核动力系统体积庞大、设备众多，并且带有潜在的放射性风险，因此，整体效应试验往往采取相似比例实验装置来进行，通过对核动力系统或设备实际物理尺寸和运行条件的比例缩小，建立缩比实验装置研究系统的运行规律和设备特性。进一步通过相似原理，将实验总结出的现象和规律推广到实际系统的运行条件，从而获得核动力装置的运行规律。

（2）理论研究方法

理论研究主要是从数学物理方程和计算机数值方法出发研究反应堆系统的运行规律，对系统过程用数学物理方法进行建模，所用到的方法主要有：集总参数法、分布参数法和黑箱模型。

理论研究的主要步骤为：首先，确定理论研究的目的和所要达到的预期目标；其次，对所研究的系统进行合理的简化假设，并根据假设建立合适的数学物理方程；然后，考虑采用数学解析的方法或数值逼近方法来获得计算结果，采用合适的工具编制计算程序；最后，将计算结果与实验结果比较，确定模型是否合适，进行仿真实验，使用模型分析具体问题。

一体化压水堆设计和安全分析所关心的主要热工水力现象有：堆芯的流动与传热特性、临界热负荷、窄缝通道的两相传热特性、高热流密度传热特性、系统关键部位（如堆芯、蒸汽发生器）的压降特性、冷却剂自然循环流动、稳压器内热分层和喷雾冷凝现象、再淹没现象以及潜在的两相流动不稳定性、安全注射时的反向流动现象等。由于热工水力过程的复杂性和运行条件的多样性，通常需要构建热工水力实验设施来研究这些新条件下的特性，因此试验是关注的重点，但是通过系统理论研究方法可以掌握反应堆系统的热工安全特性，从而支撑先进设计方案、测试并证明设计的合理性以及运行的安全性。

1.4.2 核反应堆安全分析

遵循纵深防御安全理念的水冷反应堆结构中设置了 3 道重要的安全屏障以防止裂变产物释放到环境中[33]。这 3 道安全屏障分别是：1）燃料包壳，包容燃料芯块内所有的裂变产物；2）一回路压力边界，压力容器和整个一回路系统的管道和部件是能承受高温高压的密封体系，可防止放射性物质泄漏到反应堆厂房中；3）安全壳，密封的安全壳是防止放射性物质泄漏的最后一道安全屏障，可以包容因包壳或主冷却系统泄漏而释放到环境中去的所有放射性物质。在核反应堆安全分析中，需要对这 3 道安全屏障的完整性进行评价。

（1）核安全分析方法

从热工水力学的角度来看，两相流研究经历了由机理性台架到大型试验装置，由简单数学模拟到复杂系统分析程序的发展历程，而安全分析方法也随着瞬态两相流知识的发展而演变。

美国原子能委员会最初的法规要求采用一系列保守假设或模型用于应急堆芯冷却系统的评价，以确保有足够的安全阈度。这些保守模型涉及以下几个方面：1）LOCA 中的热源；2）包壳的肿胀和破损以及燃料棒的热力参数；3）喷放现象；4）喷放后以及应急堆芯冷却系统的排热。这些保守假设被世界上许多国家所采用。然而，美国核设施安全委员会的研究表明保守模型偏离真实情况程度较大，并不一定会产生保守效果。

1988 年，美国核管会对联邦法规 10CFR 50.46 进行了补充，允许使用最佳估算方法作为保守模型分析方法的替代方法。但是最佳估算模型必须进行不确定性评估，在足够高的概率下证明燃料包壳峰值温度、局部最大氧化份额等不会超过设计准则。最佳估算加不确定性分析方法最初主要用于大破口失水事故分析，后来逐步成为核电厂安全分析的一种趋势。

保守性分析方法和最佳估算分析方法已经在很多国家中分别使用，目前核安全分析导则已经允许使用最佳估算程序，但是在某些方面仍然需要加入保守的数据假设，相应地进行灵敏度分析或不确定性分析。尽管各个国家的核安全分析导则中并没有给出保守性分析方法和最佳估算分析方法的明确定义，但是基本观点大致相同[34]。保守模型是在某物理过程中，在许可的标准范围内采用的一种悲观估计，相应的保守程序则是所有保守模型的综合。最佳估算模型则是运用当前掌握的数据和跟现象有关的知识对电厂在事故中的所有响应作了一个接近现实的估计。最佳估算程序是指没有特意偏向于悲观的估计，有着充分详细的模型和相关性来描述瞬态现象的相关过程。

采用保守方法是为了保证在既定标准下，电厂的响应被限定在为其而设的保守值之内。举例来说，应用在临界热流密度（PCT）上的保守性方法是为了保证能完全控制电厂行为，即：$PCT_{保守} > PCT_{真实}$。

保守性方法对事故的发生选择了相对悲观的后果，因此基于保守性方法的安全分析程序必须在一个可接受的标准范围内使用这些保守数据。而最佳估算方法保证了预测不确定的电厂行为中包含了真实值，对事故的发生选择了接近现实的后果，也就是说最佳估算方法确保了电厂能确定预期的既定行为，同样对于临界热流密度有：$PCT_{最佳估算} - PCT_{不确定性} < PCT_{真实} < PCT_{最佳估算} + PCT_{不确定性}$。

关于电厂的真实响应和保守响应之间的准确差值，保守性分析方法并不能给出确切的定义。而在最佳估算方法中，使用不确定性评估针对这个差值给出了直接的测量方法。这样一来，最佳估算方法排除了分析估算中存在的不确定性的保守值，同时也在可接受的大范围内为法规和电厂操作之间建立了更加和谐的平衡。

（2）**核安全分析程序**

在核反应堆分析中，根据方程的求解方法，数值程序可以分为频域程序和时域程序[34]两种类型。频域程序是通过对控制方程（根据输运方程、两相质量、动量和能量守恒方程）的线性化和拉普拉斯转换开发而来，如 NUFREQNP、LAPUR5、STAIF、FABLE、ODYSY、MATSTAB、HIBLE、K2 等，这些程序均采用多通道两相流模型，堆芯则采用了点堆模型或多维中子动力学模型。时域程序是根据偏微分方程开发而来，通过数值积分方法获得非线性特征，考虑时间的影响，比较常用的时域法非线性分析程序有：RAMONA-5、RELAP5、TRACG、RETRAN-3D、ATHLET、CATHARE、CATHENA、DYNAS-2、DYNOBOSS、BWR-EPA、EUREKA-RELAP5、PANTHER、QUABOX/CUBBOX-HYCA、SABRE、SIMULATE-3K、STANDY、TOSDYN-2、TRAB 等，这些程序均采用多通道两相漂移流模型或两流体模型，堆芯则采用了点堆模型或多维中子动力学模型。根据应用领域，数值程序又可以分为热工水力系统程序（THSC）、中子动力学程序（NKC）、严重事故分析程序（SAAC）等。

实际上，在反应堆运行过程中可能会发生各种类型的事故，所涉及到的物理现象主要有：堆芯中子动力学行为、主冷却系统和主蒸汽系统热工水力学、设备工程力学、放射性核素迁移等。为了预测这些不同的物理现象，目前已经开发了不同的安全分析评价模型或程序用来判断核动力系统设计方案能否经受住各类工况的冲击。核动力系统安全分析评价模型和程序主要包括[35-38]：

1）系统分析程序

用于分析整个核动力系统的热工水力瞬态特性。国际上具有代表性的系统审评程序有：美国核管会的 TRACE、RELAP5，法国的 CATHARE，德国的 ATHLET 以及韩国的 MARS 等。

2）堆芯中子物理分析程序

包括两部分，第一部分为反应堆多维中子时空动力学程序，用于分析堆内中子通量的时空特性；第二部分为堆芯燃料管理程序，可用来计算寿期初及寿期末不同燃耗的反应堆物理参数。这些程序有：ANS、PARCS、CASMO、SIMULATE、HEXBU-3D、MEKIN 等。

3）部件分析程序

主要用于分析单一部件的详细热工水力特性和载荷特性，如堆芯或蒸汽发生器部件特性分析程序 COBRA-TF、堆芯子通道分析程序 COBRA 和 VIPRE、安全壳行为分析程序 CONTEMPT、堆内构件载荷分析和反应堆下降段流场分析程序 ANSYS-CFD（CFX，FLUENT）。

4）燃料元件行为分析程序

用于分析燃料元件在事故过程中或正常瞬变中的热力学响应以及内部气体的行为，目的在于预计燃料元件的工作状况和完整性，如 FRAPCON/FRAPTRAN 程序。

5）放射性后果分析程序

用于事故后放射性释放量及剂量率的估算，进行放射性后果分析，如 ACTCODE 等。

（3）两相沸腾流动

对热工水力过程的数值模拟仍旧存在着很大的不确定因素，主要难点在于对两相流的建模和求解，如气液两相流动过程中发生的流型转换、相界面附近剪切力的相互影响、相变发生的机理以及流型的过渡、不同流型区的传热模型等。目前这些模型仍旧是建立在大量经验和假设的基础上，对系统热工水力瞬态特性的分析能力和精度在很大程度上取决于所选用的两相流模型以及求解方法。两相流模型中的结构关系式大多采用了经验关系式，其数值求解采用离散近似方法，因此，必然会影响结果的不确定性。目前常用的两相流数学模型主要有：均匀流模型、混合物模型、漂移流模型、两流体模型和多流体模型[39-40]。

1）均匀流模型

均匀流模型假定汽、液两相介质流速相同，两相之间处于热力平衡状态，取两相平均参数作为定性参数，然后根据单相均匀介质流动特性建立两相流方程，只是在结构关系式中体现出两相流的特征。这种方法在两相流速均比较高或两相均匀混合（如泡状流）的情况下，计算精度可以满足要求。由于不考虑两相交界面处的相互作用，当两相之间的流速相差较大或存在非均匀混合时（如临界流、汽液分层等过程），均匀流模型的误差会比较大，尽管可以采用补充结构关系式的方法来弥补这一误差，但这种方法本质上具有较大的局限性。

2）混合物模型

混合物模型将两相流当作是一个整体的混合物进行处理，这样就构成了三方程模型（混合物质量守恒、混合物动量守恒和混合物能量守恒）。部分混合物模型还考虑了界面传递特性和相间的扩散和脉动作用，使得求解变量大大减少，计算量降低。混合物模型主要用于确定汽液两相流的混合物特性，不能够准确反映热量、压力和压差以外的两相流局部特性参数。此外，由于混合物模型对界面特性进行了简化处理，扩散与脉动特性较难处理。

3）漂移流模型

漂移流模型考虑了汽泡的分布和汽液两相之间的相对滑移对两相流动的影响，这种模型具有均匀流模型的特点，又能够表现出两相流的局部特性，可以满足很多场合的分析要求，因此英美国家的学者多采用这种分析模型。配合不同的关系式，漂移流模型可以由 3～5 个守恒方程构成方程组。

4）两流体模型

两流体模型是目前公认比较完善的两相流模型，对汽、液两相分别建立质量、动量和能量守恒方程（6 个场方程），同时考虑汽、液两相之间的质量、动量和能量交换（3 个界面传递方程），可以反映各种物理现象之间的内在机理，原则上两流体模型可以描述两相流中的各种复杂工况，难点在于场方程的数目较多，还要补充大量结构关系式，求解困难且计算量非常庞大。由于相交界面（相与壁面、相与相之间）的摩擦压降模型和一些结构关系式（如传热、流动）难以采用数学推导方法得到准确的模型，从而使得这种完善的数学模型的计算精度受到一定程度的影响。

5）多流体模型

多流体模型对重要的流动区域进行更为细致的建模，典型的例子是环状弥散流模型，流场除考虑两流体模型里的液相和汽相外，还考虑汽核中可能夹带的液体。因此，两流体模型是多流体模型的一个特例。

1.4.3　多尺度耦合方法

由于反应堆结构极其复杂，堆内流场具有非稳态、多物理场耦合等特性，而堆内部件之间存在相互影响及严格的匹配要求。基于集总参数模型的一维系统分析程序无法真实地描述冷却剂在反应堆内的流场特性，CFD 模型可以很好地描述反应堆内部结构细节，并预测流体的多维流动特性，但是反应堆内结构的整体尺度（米）以及细节尺度（微米）相差几个数量级，要在统一的较为精细的尺度上进行整体的数值模拟和分析是极其困难的。

以往人们的工作主要集中于开发一些复杂的系统分析程序，希望利用这些程序完成所有的计算工作。但是，目前几乎所有的系统程序在局部现象的模拟上仍存在着固有的不足。于是，国际上提出了多尺度耦合模拟的方法，通过不同尺度模型之间的耦合，充分吸取宏观尺度简洁高效和微观尺度更加精确的优点,这是研究反应堆内复杂问题的典型方法。

(1) 多尺度划分规则

从计算机模拟尺度上来分析,当前核动力装置或核电厂的安全分析计算程序可分为3个等级:系统程序、部件程序和CFD程序[41-42]。

1) 系统程序

当前的热工水力系统分析程序(如TRAC、RELAP5、CATHARE)关注于系统尺度(节点的长度约为10 cm或更大),多采用一维守恒方程和经验关系式来模拟主冷却剂系统的特性。这些系统程序旨在预测反应堆一回路和二回路系统的整体行为。使用这些系统分析程序在针对如反应堆压力容器的模拟时,虽然可以使用粗糙的三维节块(约有1 000个节点)来计算流体的搅混特性,但该数量的节点并不足以衡量三维搅混的效果。因此,系统分析程序并不能充分考虑局部的特性,如ECC注入时可能出现的热冲击、压力容器内的三维流动混合特性、硼稀释过程、抑压池内的气泡动力学特性等。

2) 部件程序

部件程序主要针对核反应堆系统的具体部件,如用于分析堆芯燃料组件热工水力特性的COBRA程序、蒸汽发生器稳态计算程序等。部件程序(如子通道分析程序)的空间分辨率约为1 cm,因为在垂直于燃料棒的方向上子通道节点的尺寸与燃料棒间距有关。与单通道模型不同,子通道模型考虑了相邻通道间冷却剂在流动过程中存在的交混效应(即质量、能量和动量交换),联立各个子通道,沿着堆芯轴向从进口逐步推进到出口,从而得到各个子通道沿轴向的温度、压力、焓值分布情况。部件程序可以考虑更多的细节,为反应堆设计提供支持。

3) CFD程序

随着近年来计算机性能和CPU运算能力的快速提高,针对关键部件的微尺度模拟计算变得更加容易。采用CFD程序使得模拟的尺度更进一步缩小,可以为核反应堆系统内流体的流动过程提供详细的三维信息。CFD程序使用基于雷诺平均的纳维斯托克斯(RANS)或大涡模拟(LES)技术,具有1 mm或更小(介观尺度)的平均尺度,可以在足够的时间和尺度分辨率条件下预测流体的温度场,以研究反应堆结构的受压热冲击、热分层或热疲劳等问题。在直接数值模拟(DNS)和伪DNS程序中的特征长度为微米量级(微观尺度)。DNS程序允许在非常小的区域内进行局部模拟,并可用于开发更多宏观或者中等尺度模型的闭合关系式。对于两相流的模拟,在基本流体方程的求解中添加界面跟踪模型(ITM)以预测每个界面位置随时间的演变。

CFD 模拟对计算机硬件特别是 CPU 的计算性能要求极高,针对两相界面传递模型还有待继续研究和完善。因此,在实际的反应堆热工水力分析中,根据分析问题的需要,往往会选择系统分析程序进行大尺度模拟,而对于局部细节问题或精细尺度模拟时才考虑采用 CFD 方法进行分析。

表 1.4 总结了上述 4 类程序的主要特征。

表 1.4　4 类程序的主要特征

	系统程序	部件程序	CFD 程序	DNS 与伪 DNS 模型
模型类型	0 维、1 维或多孔介质 3 维	多孔介质 3 维,子通道分析	RANS 3D 与 LES	没有单相模型
节点数量	数百节点,3 维模块 1 000 左右	$10^3 \sim 10^5$	$10^6 \sim 10^8$	$10^6 \sim 10^8$
应用方式	反应堆正常运行或事故工况	燃料设计,换热器设计,核热耦合瞬态分析	单相流动中的搅混问题,硼稀释,MSLB,PTS,热疲劳,热分层,两相 CHF	基本的流动过程:简单几何中的湍流,沸腾,泡状流……
计算时间	在单处理器上几个小时	单处理器几天,多处理器几小时	大规模并行计算机上数天到数周	大规模并行计算机上数天到数周

(2) 多尺度耦合方法

在轻水反应堆的实际和假设瞬态、事件和事故中,可能发生非常复杂的热工水力现象。由于仅在非常有限的情况下才可能进行全尺寸或全系统实验,因此对于大部分的瞬态及事故过程需要采用数值模拟方法进行分析。当前,反应堆运行特性的研究侧重于热平衡计算和宏观性能分析,而数值研究多局限于单一部件的稳态问题,很少考虑堆内部件的耦合特性。因此,基于多尺度耦合技术,应用现代计算机仿真技术理论,结合计算流体力学、数值传热学、中子动力学、高性能并行求解技术等相关学科,建立反应堆多尺度耦合模型,揭示反应堆内多物理场耦合的一般性规律,明确不同运行条件下堆芯的物理热工耦合特性,可以为反应堆在特殊条件下的运行提供理论基础和技术支持。

热工水力多尺度模拟包括系统、部件和局部 3 个尺度。系统尺度主要是针对整个复杂的反应堆回路系统,适合采用系统程序进行模拟,如 RELAP5、RETRAN、CATHARE 等。这些程序通常假设流体的流动是一维的,采用集总参数的方法可以对整个系统进行快速计算。部件尺度主要是针对反应堆堆芯、蒸汽发生器或热交换器等具有多孔介质特征的部件,采用子通道分析程序模拟,如 COBRA 系列、VIPRE 系列、FLICA 系列等。这类程序中的水力学模型增加了横向流方程,可以较好地模拟通道间的搅混现象。局部尺度是指针对呈现出强烈三维流动的大空间区域采用 CFD 程序进行模拟，如 FLUENT、CFX、STAR-CD 等。这些程序直接求解流体力学基本方程，并包含多种成熟的湍流模型，能够对空间进行精细的三维计算，可得到参数的三维分布。

在系统、部件和局部 3 种尺度的模拟中，网格划分尺寸逐次减小，而网格数量则逐次增加，因此将其称为多尺度模拟方法。在传统的分析方法中，3 个尺度模拟几乎都是去耦进行，通常由系统分析程序提供子通道和 CFD 分析所需的边界条件，而子通道和 CFD 计算的结果并不反馈到系统分析程序中，这种模拟方式往往需要引入较多的假设，从而影响了分析的精度和真实性。因此，可以通过 3 者间的相互作用关系将其耦合起来，综合利用各程序的优点，即所谓的多尺度耦合模拟。

从数值求解的角度出发，可以将多尺度耦合分为强耦合与弱耦合 2 种。强耦合是将各尺度的基本方程联立求解，也称为基于求解的耦合；弱耦合是指每一尺度上利用单独的程序模拟，通过交界处的数据交换来实现耦合，所以也称为基于数据的耦合或者程序间耦合。强耦合将得到非常复杂的非线性方程组，一般而言数值求解特别困难。而弱耦合可以充分利用已有的程序，耦合实现也相对容易。但是弱耦合仅依靠边界条件的交换，有可能带来稳定性和收敛性的问题。

程序耦合过程中的空间划分和时间层迭代也有多种方法。空间上的划分可以是区域分离或者区域重叠（部分或全部）。这两种划分情况可以根据分析问题的需要进行选择。在时间层迭代上则分为显式、隐式和半隐式耦合方法。显式耦合时程序间每个时间步不需要进行迭代，计算速度快但稳定性较差；相反，隐式耦合中每步的迭代计算能够保证边界条件的一致性，计算更加稳定。

（3）数值反应堆

随着计算机的快速发展和超算的应用，开展反应堆多物理、多尺度、多过程耦合成为可能。数值反应堆通过构建一个虚拟堆，在其上开展多物理过程研究，把过去孤立的过程耦合起来，去掉各种简化和近似，向高保真、精密计算逼近。研究手段由实验驱动、工程导向，向科学数值模拟转变。

1）美国的 CASL 计划[43]

CASL（The Consortium for Advanced Simulation of Light Water Reactors）计划的核心是构建一个虚拟反应堆（来自运行成熟有实验测试数据的反应堆），用于研究多物理、多尺度过程，特别是极端事故下的应急处理，并建立专家参考数据库。其最终目标是在超级计算机平台上，开展中子动力学、热工水力学、结构力学、水化学、燃料性能等过程的模拟研究，掌握数值模拟计算方法、存储等关键核心技术，用于反应堆堆芯物理分析、燃料设计及性能优化、极端事故分析及预测等方面。研究范围从核燃料找矿、提纯、燃料制备、核电厂运行、核废料二次提炼、高放废物的掩埋全过程，形成完整的研究体系，建立精密的三维模拟平台，形成完整的高分辨率数值模拟软件体系。借助高性能并行计算机，进一步提高反应堆设计运行的经济性、安全性和可靠性。

CASL 计划主要是通过应用先进的建模和模拟能力解决以下涉及反应堆运行和安全的问题[44]：

①反应堆单位功率的建造和运行成本

通过提高运行功率和使用寿命以降低现有反应堆成本。通过提高新型反应堆设计功率和设计使用寿命来实现该目标；

②反应堆废料的产生

通过提高反应堆的燃耗，减少反应堆运行所产生的废料；

③反应堆安全研究

通过预测计算，可以提供高置信度的反应堆设计裕量，对反应堆组件在事故状况下的性能做出准确预测。

2）欧洲提出的 NURESIM 项目

在可持续核能技术平台（SNETP）的背景下，欧洲提出了 NURESIM 项目，其目标是：在一个项目内组建聚集顶级国际水平专家的联合团队；将一批程序集成到 NURESIM 平台，得到定义集成标准的经验反馈；在堆芯物理和热工水力方面改进计算方法和发展先进模型；开发通用函数用于多物理耦合；实现一套敏感度和不确定度（S&U）分析方法；通过与实验和基准题的对比来确认平台的可靠性；取得显著进步来满足工业需求。通过历时 4 年研究（2005—2008 年），NURESIM 初步建立了反应堆模拟平台的基本架构，并形成了一个真正的多物理模拟环境的初步原型。

在 NURESIM 完成后，在其基础上又规划了 NURISP 项目（2009—2012 年），NURISP 在 NURESIM 平台基础上集成了新的程序，并在平台集成、模型开发、耦合技术、不确定性分析及验证方面使用了新的方法，进一步拓展、完善了 NURESIM 项目的平台。在 NURESIM5 个子项目的基础上增加了网络通信子项目。NURISP 项目的平台，主要应用是在二代及三代压水堆、沸水堆及 VVER 堆型中，并适当考虑了四代堆型的适用性。

2011 年福岛事故发生后，在 NURESIM 的平台基础上确立了核反应堆安全仿真平台 NURESAFE 项目（2013 年至今）。NURESAFE 项目成立的初期目标是在 NURESIM 及 NURISP 项目发展的平台基础上，利用最先进的仿真工具针对欧洲用户的安全分析需要，开发一个可靠的用于轻水堆事故分析的仿真平台。随着更多用户的加入（如 AREVA、ENEA、NCBJ 等），NURESAFE 的目标提升到为终端用户开发、验证、交付一个用于轻水反应堆安全分析、运行和工程设计的综合集成应用平台。该平台将用更高的精度和可靠性来增强安全相关参数的仿真预测能力。同时，集成到平台上的单个模型、求解器、程序以及耦合功能将通过模拟运行核反应堆相关运行工况序列、实验及电厂数据进行验证。NURESAFE 项目主要集中于解决几个安全相关的事故模拟，如蒸汽管线破口（MSLB）、ATWS、LOCA、PTS 等。

参考文献

[1] SAHA P. Nuclear. Reactor Thermal-Hydraulics：Past，Present and Future[M]. ASME Press：2017.

[2] KEMENYJ G. The Accident at Three Mile Island-The Need for Change：The Legacy of TMI [R]. Report of the President's Commission，1979.

[3] HENRY R E. TMI-2：An Event in Accident Management for Light-Water-Moderated Reactors[R]. American Nuclear Society. La Grange Park，2011.

[4] International Nuclear Safety Advisory Group，INSAG-7. The Chernobyl Accident：Updating of INSAG-1. Safety Series No. 75-INSAG-7[R]. International Atomic Energy Agency，Vienna，1992.

[5] World Nuclear Association. Chernobyl Accident 1986. WNA web site. http://www. world-nuclear. org/information-library/safety-and-security/safety-of-plants/chernobyl-accident. aspx，2016.

[6] Tokyo Electric Power Company. Fukushima Nuclear Accident Analysis Report[R]. Japan，2012.

[7] International Atomic Energy Agency. The FukushimaDaiichi Accident [R]. Report by the Director General，Vienna，2015.

[8] International Atomic Energy Agency. Energy，Electricity and Nuclear Power Estimates for the Period up to 2050[R]. Vienna：Reference Data Series No. 1，2015 Edition，IAEA，2015.

[9] IAEA. Natural circulation in water cooled nuclear power plants：phenomena，models，and methodology for system reliability assessments[R]. IAEA-TECDOC-1474，

2005：6-11，26-27.

[10] IAEA. Status of innovative small and medium sized reactor designs 2005[R]. Vienna：IAEA-TEC DOC-1485，2006：1-72.

[11] GE Energy. The ABWR Plant General Description[R]. Wilmington，NC，2006.

[12] International Atomic Energy Agency. Status of advanced light water reactor designs[R]. Vienna：IAEA-TECDOC-1391，2004.

[13] SCHULZ T L. Westinghouse AP1000 advanced passive plant[J]. Nuclear Engineering and Design，2006，236：1 547-1 557.

[14] HINDS D，MASLAK C. Next-generation nuclear energy：The ESBWR [J]. Nuclear News，2006，49(1)：35-40.

[15] GE Hitachi Nuclear Energy. The ESBWR Plant General Description[C]. Wilmington，NC，2011.

[16] Atomic Energy Canada Limited (AECL). ACR-1000 Technical Summary[R]. Mississauga，Ontario，2007.

[17] MARQUES J G. Review of Generation-Ⅲ/Ⅲ＋ Fission Reactors [R]. Chapter 22 of Nuclear Energy Encyclopedia：Science, Technology, and Applications, First Edition, Edited by S. B. Krivit, J. H. Lehr, and T. B. Kingery, John Wiley & Sons, Inc. , 2011.

[18] 陈世君. 国外舰船一体化压水堆技术发展趋势及其应用前景[J]. 国外核动力，2003，24(1)：1-11.

[19] 刘聚奎，唐传宝. 俄罗斯一体化压水堆 ABV-6M 综述[J]. 核动力工程，1997，18(3)：279-283.

[20] 刘聚奎. 法国一体化压水堆 CAP 评述[J]. 核动力工程，1990，11(1)：43-47.

[21] 陈炳德. 日本的几种小型核动力反应堆[J]. 国外核动力，2002，23(5)：8.

[22] 陈炳德. 日本小型核动力反应堆及其技术特点[J]. 核动力工程，2004，25(3)：6.

[23] BLACK R. Nuclear regulatory commission workshop：Small Modular Reactors (SMRs)[C]. America，2009：1-7.

[24] U.S. NRC. Advance Reactor[EB/OL]. www. nrc. gov/reactors/advanced. html.

[25] IAEA. Status of small reactor designs without on-Site refueling[C]. IAEA-TEC-DOC-1536，2007：53-63.

[26] IAEA. Design features to achieve defence in depth in small and medium sized reac-

tors[R]. IAEA Nuclear Energy Series No. NP-T-2.2, 2009：85-246.

[27] HEWITT G F, COLLIER J G. Introduction to Nuclear Power[C]. Second Edition, Taylor & Francis. New York, 2000.

[28] WANG D Z, GAO Z Y, ZHANG W X. Technical design features and safety analysis of the 200 Mw nuclear heating reactor [J]. Nucl Eng Des, 1993, 143：1-7.

[29] 李卫华, 张亚军, 郭吉林, 等. 一体化核供热堆Ⅱ型的开发及应用前景初步分析 [J]. 原子能科学技术, 2009(43)：215-218.

[30] 秦忠. 中国一体化反应堆核电厂创新安全壳设计研究[J]. 核动力工程, 2006, 27 (6)：91-93.

[31] ANSI/ANS-5.1-2005. Decay Heat Power in Light Water Reactors [R]. American Nuclear Society, La Grange Park, IL, 2005.

[32] U. S. Nuclear Regulatory Commission. 10CFR 50.46 Acceptance criteria for emergency core cooling systems for light-water nuclear power reactors. (Last Reviewed/Updated December 2, 2015), http://www.nrc.gov/reading-rm/doc-collections/cfr/part050 /part050-0046.html.

[33] SEHGAL B R. Light Water Reactor (LWR) Safety. Nuclear Engineering and Technology [J]. 2006 38(8)：697-732.

[34] 刘建阁, 彭敏俊, 李磊. 沸腾系统流动不稳定性实验和数值研究综述[C]//第十一 届全国反应堆热工流体会议论文集. 哈尔滨, 2009.

[35] 赵兆颐, 朱瑞安. 反应堆热工流体力学[M]. 北京：清华大学出版社, 1992：178-180.

[36] U. S. NRC. Computer Codes[EB/OL]. www.nrc.gov/about-nrc/regulatory/research/comp-codes.

[37] France Advanced Safety Code for PWR-CATHARE[EB/OL]. www-cathare.cea.fr.

[38] ANSYS[EB/OL]. www.ansys.com.cn.

[39] 阎昌琪. 气液两相流[M]. 哈尔滨：哈尔滨工程大学出版社, 1995：38-106.

[40] Bindi Chexa. Two-phase pressure drop technology for design and analysis [J]. Electric Power Research Institute, 1999：1-8.

[41] IAEA. Use and development of coupled computer codes for the analysis of accidents at nuclear power plants[R]. IAEA-TECDOC-1539, 2003：1-12.

[42] Horst Glaeser. International perspective on the quality of thermal hydraulic com-

puter codes and user influence in application of thermal-hydraulic codes ［C］. IAEA training course on evaluation of uncertainties in Best Estimate （BE） accident analysis for advanced PWRs，China，2009.

［43］Consortium for Advanced Simulation of LWRs （CASL）. A Project Summary ［R/OL（2016-06-22）］. http://web. ornl. gov/sci/nsed/docs/CASL _Project_Summary. pdf.

［44］Consortium for Advanced Simulation of LWRs （CASL）. Enabling Modeling and Simulation Technology for Nuclear Power ［R/OL］ （2016-06-22）. http://www. casl. gov/about-casl. shtml （Accessed on June 22，2016）.

［45］于平安，朱瑞安，喻真烷 . 反应堆热工分析［M］. 北京:原子能出版社，2001.

［46］杨世铭，陶文铨 . 传热学［M］. 北京:高等教育出版社，2010.

［47］阎昌琪 . 气液两相流［M］. 哈尔滨:哈尔滨工程大学出版社，2010.

［48］陈文振，于雷，郝建立 . 核动力装置热工水力［M］. 北京：中国原子能出版社，2013.

［49］刘建阁 . IP200 一体化压水堆运行与安全研究［D］. 哈尔滨:哈尔滨工程大学，2011.

第 2 章　反应堆热工水力分析

核反应堆正常功能的实现需要有发生链式裂变反应的堆芯区域,并且核裂变反应的速率能够按照预期目标进行有效的控制。最重要的是,核反应所产生的热量必须能够通过冷却剂系统的流动带出且转换为有用功。

核裂变反应发生在反应堆堆芯内,堆芯的输热能力与反应堆的结构以及冷却剂的流动特性密切相关。特别是一些新型反应堆设计时采用了板状的燃料元件,冷却剂在闭式窄缝通道内的流动和传热特性与常规棒束通道内显著不同。因此,在进行反应堆内的热工水力分析时,不仅要弄清楚堆内的热源及其分布、了解核燃料的传热特性,而且要弄清楚与堆内冷却剂流动有关的流体力学问题。

2.1　反应堆热功率

2.1.1　核裂变和产热

自然界中只有少数重原子核同位素是可裂变的,目前最重要的可裂变核是 ^{233}U、^{235}U、^{238}U、^{232}Th 和 ^{239}Pu。典型的易裂变原子核是 ^{233}U、^{235}U 和 ^{239}Pu,这些原子核可以由任意能量的中子轰击引起裂变。^{238}U 和 ^{232}Th 只能由高能中子轰击才能引起裂变。自然界中天然存在的易裂变核只有 ^{235}U。

热中子反应堆中,当中子轰击 ^{235}U 原子核后,其裂变反应式为:

$$^{235}_{92}\text{U} + ^{1}_{0}n \rightarrow [^{236}_{92}\text{U}] \rightarrow X_1 + X_2 + v^{1}_{0}n + E \tag{2.1}$$

^{235}U 核吸收一个中子后生成的同位素 ^{236}U 极其不稳定,很容易发生裂变反应,生成的裂变产物包括若干个中等质量的裂变碎片,若干个中子以及一定的能量(E)。由裂变反应产生的新中子会引发新的裂变反应,进而形成持续的链式裂变反应,如图 2.1 所示。核反应堆运行时必须保证中子的产生率和消失率保持平衡。大型压水堆电厂中大都

采用控制棒、固体可燃毒物和硼酸溶液相结合的控制方式,而一些小型压水堆中取消了添加硼酸溶液,采用控制棒结合可燃毒物的控制方式。

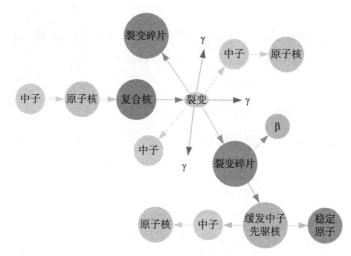

图 2.1　核裂变过程示意图

反应堆内裂变能的释放与可裂变核的种类和分布有关,而裂变能的分布则与堆的类型、堆芯的形状以及堆内燃料、控制棒、慢化剂、冷却剂、反射层等的布置有关。实际测定的裂变同位素 ^{235}U、^{238}U 或 ^{239}Pu 每次裂变释放的总能量的平均值约为 200 MeV[1]。

2.1.2　堆芯功率分布

(1) 裂变能的空间分布

堆芯内热源的分布是和中子通量成正比的。对于热中子反应堆来说,可以假定90%以上的裂变能在燃料元件内部转化为热能,约5%的总裂变能在慢化剂中转化为热能,而其余不足5%的总裂变能则是在反射层、热屏蔽等部件中转换为热能。也就是说,在一个均匀裸堆内热能的空间分布与燃料元件内中子通量密度的分布密切相关。

理论上热中子通量密度的径向分布为零阶贝塞尔函数分布型式,轴向为余弦函数分布型式。但是对于大多数的压水堆来说,由于燃料的布置、控制棒、水隙、空泡以及燃料燃耗等的影响,堆芯的释热率分布将偏离这个理论空间分布。

(2) 裂变能的时间分布

当反应堆堆芯内发生核裂变反应时,约有90%的能量是在裂变瞬间释放出来的。而裂变产物和中子俘获产物则要经过一段时间后才会发生 β 和 γ 衰变而释放出能量,这些放射性衰变的时间可能持续几秒到几年不等。对于刚启动的新堆,其燃耗较小,由裂变产物衰变产生的能量要小一些，经过一定时间的稳定运行后，衰变过程达到平衡，裂变能量才能达到各种核素所释放的裂变能的平均值。因此，裂变能的分布不仅与空间有关还与时间有关。

核反应堆停堆后，堆芯功率并不能立即下降为零，而是按照一个负的周期迅速衰减，周期的长度最终取决于最长裂变核群的半衰期[2-3]。停堆后的热量来源包括两个方面，一是堆芯某些裂变产物引发剩余裂变产生的功率（包括裂变碎片动能、裂变时的瞬发 β 和 γ 射线能），另一部分是裂变产物衰变时放出 β 和 γ 射线在堆内转化成热能所产生的功率。而且，由于燃料布置不同，堆内各处功率的衰减是不同的，所以堆内热源的空间分布随时间变化。

2.1.3　堆芯功率分布的影响因素

(1) 燃料布置对堆芯功率的影响

早期的压水堆一般采用燃料元件在堆芯内的均匀布置方案，其优点是燃料制造和布置方便。但是，由于堆芯中心区的中子通量密度较大，这种燃料均匀布置会造成堆芯径向功率分布极不均匀，在中心区出现一个较高的功率峰值，给反应堆的运行造成安全隐患。

现代大型压水堆通常采用燃料分区布置的方案。根据中子通量密度的空间分布规律，通常沿堆芯径向分为三区，在堆芯外围布置浓度最高的燃料元件，在堆芯中心区布置浓度最低的燃料元件，中间区的燃料元件浓度介于两者之间。因为堆的功率近似与中子通量密度和可裂变核的浓度（N）的乘积成正比，这样的布置方案使中心区的功率下降而外围区的功率上升，整个堆芯的功率得到展平[1]。

(2) 控制棒的影响

为了抵消剩余反应性，提高运行操作的灵活性，在反应堆各个组件内都布置了一定数量的控制棒和可燃毒物。控制棒是中子的强吸收体，一般由热中子吸收截面大的物质如 B、Ag、In、Cd、Hf 等制成，通过改变堆芯中子的非裂变吸收和泄漏量来控制反应性，主要有以下两个方面的影响。

首先，控制棒均匀的布置在具有较高中子通量密度的区域，通过大量吸收中子，使得控制棒周围的中子通量密度大幅下降，而远离控制棒的区域中子通量密度上升。因此，在大型压水堆中采用合理的控制棒布置方案可以有效展平堆芯径向功率分布。

其次，随着反应堆燃耗的加深，逐渐提出控制棒来维持反应堆功率。在寿期初控制棒插入得比较深，轴向中子通量密度分布峰值向堆芯的底部偏移。在寿期末，控制棒几乎全部提出，同时由于堆芯底部的燃耗较高，中子通量密度分布峰值会向堆芯的顶部偏移。

（3）水隙及空泡的影响

轻水反应堆堆芯中，燃料元件盒之间存在的水隙以及栅距的变化和控制棒提起时所留下的水隙都会引起附加慢化作用，使该处的中子通量密度上升。因而堆芯局部功率峰值增大，增大了功率分布的不均匀程度。

某些情况下，由于"过冷沸腾"，在堆芯个别通道的出口处会有少量蒸汽产生。蒸汽的密度相对水而言要小得多，对中子的慢化能力减弱会导致堆芯局部反应性下降。在发生堆芯沸腾的事故条件下，这种空泡引起的负反应性反馈效应可以显著减轻事故的严重后果。

（4）反射层的影响

由于反射层的存在，使得热中子和快中子的泄漏减少。有的快中子会在反射层内慢化为热中子，这部分热中子一部分泄漏到堆外，一部分向堆内扩散，使得堆芯外围的热中子通量密度有所升高，因而功率也有相应提高。

2.2　反应堆冷却剂系统

反应堆冷却剂系统通过冷却剂的循环将反应堆堆芯产生的热量导出，传递给蒸汽发生器二次侧工质，是核动力装置一回路的核心系统。

2.2.1　冷却剂的特征

冷却剂的作用是将堆芯产生的热量输送到用热的设备，防止由于裂变产生的热量使堆芯温度上升太高。在异常和事故工况下，也应确保反应堆的冷却条件。

（1）冷却剂的选择

选择冷却剂最重要指标的就是载热性能要好，因此需要冷却剂具有较高的比热容和传热速率。较高的比热容有助于减少通过堆芯的冷却剂的质量流量和冷却剂温升，而较高的传热速率有助于保持包壳温度接近冷却剂温度。从这个角度来说，类似于液态金属（例如钠）这样具有高导热率的流体是很好的冷却剂材料，而诸如氦气或低热导率的气体则不适合作为冷却剂。

冷却剂在反应堆内流动，长期承受大量中子辐照，这就要求冷却剂必须具有良好的核特性。一方面要求冷却剂具有较低的中子吸收特性，以便有足够数量的中子可用于裂变反应。从这个角度来看，重水和气体具有明显优势；另一方面，要求冷却剂具有很好的相容性。即使在反应堆堆芯内的高温和高辐照条件下，冷却剂也不能腐蚀堆芯和主冷却系统。

冷却剂还必须有明确的相态，以保证在正常和事故条件下反应堆的安全。从这个角度来看，具有较高沸点的液态金属（如钠或铅铋合金）是合适的冷却剂，并且这类冷却剂可以在较低的压力下运行。而轻水和重水冷却反应堆必须在高压下运行，以获得更高的堆芯出口温度。

反应堆系统中冷却剂的存量非常高，可达数百吨。因此，反应堆冷却剂应当容易获得，而且价格不高。轻水是理想的冷却剂材料，而且轻水的黏度较低，仅需要很小的泵压头就可以轻松实现冷却剂在反应堆内的强迫循环。

没有任何一种流体能够符合上述所有的理想特征。然而，水（轻水和重水）具有上述多种特征，所以在当今运行的大多数反应堆系统中使用水作为冷却剂。

（2）慢化剂的选择

压水堆中用水作冷却剂的同时也可以用其作为慢化剂。只有热中子反应堆中使用慢化剂来减缓裂变中子速度以维持裂变反应。为了达到慢化的目的，质量数接近中子的轻原子核对中子的慢化最有利。同时也要选择中子吸收截面尽可能小的慢化剂，轻水、重水和石墨都是良好的慢化剂。在轻水反应堆中使用水作为慢化剂，在重水堆中的慢化剂是重水，在一些先进的反应堆如高温气冷堆中是以石墨为慢化剂。

2.2.2　反应堆的类型

目前全世界约有 440 座核电机组在运行，其中绝大多数是轻水堆（LWR），其余为重水堆（PHWR）和先进气冷堆（AGR）等。轻水堆中约有 75% 为压水堆（PWR），其余为沸水堆（BWR）。

（1）压水堆

压水堆使用轻水作为冷却剂和慢化剂，其特征是反应堆内的水保持在高压状态（通常为 11～16 MPa），避免水在堆芯内沸腾而导致流动不稳定和传热恶化。我国投入建造和运行的绝大多数核电厂都是压水堆型。压水堆核动力装置主要由一回路系统、二回路系统（汽轮发电机系统）及其他辅助系统组成。压水堆运行时，冷却剂流过堆芯吸收核燃料裂变释放的能量后，通过蒸汽发生器将热量传递给二回路产生蒸汽，然后高温高压的蒸汽进入汽轮机做功，带动发电机发电。

（2）沸水堆

沸水堆同样以轻水作为慢化剂和冷却剂。沸水堆是一个直接的热力循环，在反应堆压力容器内直接产生饱和蒸汽，省去了压水堆中的蒸汽发生器。沸水堆由压力容器、燃料元件、控制棒和汽水分离器等组成。汽水分离器在堆芯的上部，它的作用是把蒸汽和水滴分开、防止水滴进入汽轮机，造成汽轮机叶片损坏。沸水堆运行时，冷却水从反应堆底部流进堆芯，在堆芯内被加热后温度升高并逐渐气化，最终形成蒸汽和水的混合物，经过汽水分离器和蒸汽干燥器，产生压力为 7.2 MPa 的饱和蒸汽，推动汽轮发电机发电。

（3）重水堆

重水堆以重水作慢化剂，用轻水或重水作冷却剂。重水堆可以直接利用天然铀作为核燃料，采用不停堆更换燃料的方式。加拿大 CANDU 堆的反应堆为一个水平放置的排管容器，其中盛满低温低压的重水慢化剂，慢化剂通过强迫循环进行冷却。排管容器内贯穿有许多根装有燃料棒束的水平压力管，蒸汽发生器和主回路水泵安装在反应堆的两端并与压力管相连。冷却剂流经燃料管道将核裂变产生的热量带出堆芯，在蒸汽发生器内加热二次侧的水产生蒸汽，以供给汽轮机发电，使热能转换为机械能，机械能转换为电能。

（4）气冷堆

气冷堆是指用石墨慢化、二氧化碳或氦气冷却的反应堆。气体流经堆芯，把热量带到热交换器，再由另一路冷却剂对氦气冷却，降温后的氦气又回到堆芯继续冷却反应堆，形成闭式循环回路。气冷堆中使用的氦气具有化学惰性和良好的化学稳定性，而且高温气冷堆的冷却剂出口温度可提高到 750 ℃ 以上，能够提高装置的热效率。另外，气体的诱生放射性低，泄漏时也不会对堆芯反应性造成过大影响。高温气冷堆具有热效率高（40%～41%）、燃耗深（最大高达 20 MW·d/tU）、转换比高（0.7～0.8）等优点。

（5）快堆

快堆是一种以快中子引起易裂变核 ^{235}U 或 ^{239}Pu 等发生链式裂变反应的堆型。^{239}Pu 发生裂变反应时放出的快中子，被装在外围再生区的 ^{238}U 吸收，使其转变成易裂变的 ^{239}Pu，可将铀资源的利用率提高到 60%～70%。快堆是当今唯一实现增殖的堆型，反应堆运行时裂变燃料的产出大于消耗，裂变燃料会越烧越多。截至 2014 年底，有两座快中子增殖反应堆（FBR）在运行，第三座快中子增殖反应堆 BN-800 于 2016 年在俄罗斯投入运行。

目前在建的大多数核反应堆都属于压水堆型，而其中的绝大多数反应堆正在中国建造。一些沸水堆、重水堆和快中子增殖反应堆也正处于不同的施工建设阶段。表 2.1 给出了各类反应堆的数量和容量（统计时间截至 2014 年 12 月）。

表 2.1 各类型反应堆的数量和容量（截至 2014 年 12 月）

类型	数量	净容量/GWe
PWR（高压轻水冷却反应堆）	277	257.2
BWR（沸水轻水冷却反应堆）	80	75.5
PHWR（高压重水冷却反应堆）	49	24.6
GCR（气冷石墨慢化反应堆）	15	8.2
LWGR（轻水冷却石墨慢化反应堆）	15	10.2
FBR（快中子增殖反应堆）	2	0.6
总数	438	376.2

2.3 板状燃料堆芯的传热分析

按燃料元件几何形状，可分为棒状、板状、管状和球状等燃料元件形式。大型压水堆核电厂多采用技术相对成熟的棒状燃料元件，多个燃料棒以正方形、六角形或圆形阵列组合在一起形成燃料棒束或组件。在先进小型反应堆，如研究堆和动力堆中，多采用燃料富集度更高的板状燃料元件。板状燃料元件换热面积大，中心温度低，可以采用多种形式，如平板形、弧形、圆筒形、组合型等。

与棒状燃料元件相比，板状燃料元件具有以下优势：

1）可以压制成很薄的片状燃料板，从而增大核燃料的换热面积；

2）板状燃料一般采用铀锆合金或铀与其他金属材料的合金材料，因此核燃料的热导率远远高于一般的陶瓷燃料，核燃料中心温度低；

3）采用弥散型燃料元件，可以获得高燃耗、高热导率，并且燃料元件尺寸稳定，具有较高强度、延展性和耐腐蚀特性。

2.3.1 板状燃料元件导热

燃料元件的导热是指依靠热传导将燃料元件中由于裂变产生的热量，从温度较高的燃料芯块内部传递到温度较低的包壳外表面的过程。由于板状燃料元件厚度小，而且通常采用导热率较好的金属作为燃料芯块基体，燃料导热性能好，因此采用板状燃料元件的反应堆，堆芯平均功率密度高，燃料芯体温度低，有利于减少反应堆体积并提高安全性。

板状燃料元件一般是采用双面冷却的形式，燃料芯块内裂变释放的热量经导热过程传给燃料包壳，再由对流换热经包壳传给冷却剂。图 2.2 给出了厚度为 δ 的板状燃料元件的导热示意图。由于燃料元件一般为长而薄的平板，轴向导热热阻远大于横向导热热阻，因此可以忽略其轴向导热，用一维瞬态热传导方程来求解燃料中心的温度。

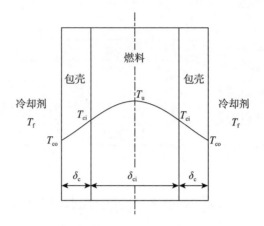

图 2.2 板状燃料元件温度分布示意图

T_f—冷却剂温度；T_{ci}—燃料包壳内表面温度；T_{co}—燃料包壳外表面温度；

T_u—燃料中心温度；δ_{ci}—燃料芯块厚度；δ_c—燃料包壳厚度

对于一个双面冷却、且冷却条件相同的板状燃料元件，其芯块的导热属于有内热源的固体导热问题，燃料芯块和燃料包壳内的导热可以分别用式（2.2）和式（2.3）表示：

$$(\rho c_p)_u \frac{\partial T_u}{\partial t} = \lambda_u \frac{\partial^2 T_u}{\partial x^2} + q'''_u \tag{2.2}$$

$$(\rho c_p)_c \frac{\partial T_c}{\partial t} = \lambda_c \frac{\partial^2 T_c}{\partial x^2} \tag{2.3}$$

式中：ρ ——密度，kg/m^3；

c_p ——比定压热容，$J/(kg \cdot K)$；

x ——长度，m；

t ——时间，s；

λ ——热导率，$W/(m \cdot K)$；

q'''_u ——燃料芯块功率密度，W/m^3。

假设燃料芯块和包壳压实紧密接触，两者之间没有接触热阻，则包壳内表面和燃料芯块之间为连续性边界条件，则

燃料左侧：

$$\left(\lambda \frac{\partial T}{\partial x}\Big|_{\delta c}\right)_u = \left(\lambda \frac{\partial T}{\partial x}\Big|_{\delta c}\right)_c \text{和} \ T_c\big|_{x=\delta c} = T_c\big|_{x=\delta c} = T_{cil} \tag{2.4}$$

燃料右侧：

$$\left(\lambda \frac{\partial T}{\partial x}\bigg|_{\delta_c+\delta_u}\right)_u = \left(\lambda \frac{\partial T}{\partial x}\bigg|_{\delta_c+\delta_u}\right)_c \text{ 和 } T_c\big|_{x=(\delta_c+\delta_u)-} = T_u\big|_{x=(\delta_c+\delta_u)+} = T_{cir} \qquad (2.5)$$

式中：T_{cil}——燃料包壳左侧内表面温度，K；

$\quad\quad T_{cir}$——燃料包壳右侧内表面温度，K；

$\quad\quad \delta_u$——燃料芯块厚度，m；

$\quad\quad \delta_c$——燃料包壳厚度，m。

包壳外表面和冷却剂之间为第三类边界条件，则

板状燃料元件左表面处有：

$$\lambda_c \frac{\partial T}{\partial x}\bigg|_0 = h_1(T_{col} - T_{fl}) \qquad (2.6)$$

板状燃料元件右表面处有：

$$-\lambda_c \frac{\partial T}{\partial x}\bigg|_{2\delta_c+\delta_u} = h_r(T_{cor} - T_{fr}) \qquad (2.7)$$

式中：T_{col}——燃料包壳左侧外表面温度，K；

$\quad\quad T_{cor}$——燃料包壳右侧外表面温度，K；

$\quad\quad T_{fl}$——燃料包壳左侧冷却剂温度，K；

$\quad\quad T_{fr}$——燃料包壳右侧冷却剂温度，K；

$\quad\quad h_1$、h_r——左右两侧通道冷却剂的对流换热系数。

按照燃料板两侧冷却剂冷却条件是否相同，燃料内温度分布是否沿中心线呈对称分布，板状燃料元件导热问题可分为对称冷却问题和非对称冷却问题。

(1) 对称冷却问题

当燃料板两侧冷却剂的热工水力条件完全相同时，冷却剂对燃料板两侧的冷却能力相同，板状燃料元件内的温度呈对称分布，燃料芯块的最高温度位于燃料板几何中心线处[4]。此时，由于燃料元件左右两侧温度分布完全对称，可只取一半的燃料元件计算燃料板内的温度分布。

计算中可作如下假设：1) 由于燃料板长而薄，燃料轴向长度和宽度远大于燃料厚度，因此忽略堆芯轴向和宽度方向的导热，仅考虑燃料厚度方向的导热；2) 芯块和包壳的热物性按芯块和包壳的平均温度计算；3) 由于芯块中存在内热源，因此芯块内温度分布用二次曲线近似，只起导热作用的包壳内温度分布用直线近似；4) 包壳和芯块紧密结合在一起，不考虑接触热阻。

对导热方程式 (2.2) 和 (2.3) 沿空间坐标积分，可得：

$$\frac{d\overline{T_u}}{dt} = \frac{2}{(\rho c_p)_u \delta_u}(q'''_u \delta_u/2 - q_{uc}) \qquad (2.8)$$

$$\frac{\mathrm{d}\overline{T_{\mathrm{c}}}}{\mathrm{d}t}=\frac{2}{(\rho c_{p})_{\mathrm{c}}\delta_{\mathrm{c}}}(q_{\mathrm{uc}}-q_{\mathrm{cf}}) \tag{2.9}$$

燃料芯块和包壳之间的热流密度 q_{uc}，以及燃料包壳和冷却剂之间的热流密度 q_{cf} 可分别采用式（2.10）和式（2.11）表示：

$$q_{\mathrm{uc}}=\frac{\overline{T_{\mathrm{u}}}-\overline{T_{\mathrm{c}}}}{(R_{\mathrm{u}}+R_{\mathrm{c}})} \tag{2.10}$$

$$q_{\mathrm{cf}}=\frac{\overline{T_{\mathrm{c}}}-T_{\mathrm{f}}}{(R_{\mathrm{c}}+R_{\mathrm{f}})} \tag{2.11}$$

式中：$\overline{T_{\mathrm{u}}}$——燃料芯块平均温度，K；

$\quad\ \overline{T_{\mathrm{c}}}$——燃料包壳平均温度，K；

$\quad\ R_{\mathrm{u}}$——燃料芯块导热热阻，K·m²/W；

$\quad\ R_{\mathrm{c}}$——燃料包壳导热热阻，K·m²/W；

$\quad\ R_{\mathrm{f}}$——燃料包壳与冷却剂之间的对流换热热阻，K·m²/W。

根据燃料温度分布形状假设，并利用燃料芯块和包壳交界面处连续性边界条件，可以得到燃料中心最高温度 T_{uo}、包壳内表面温度 T_{ci} 和包壳外表面温度 T_{co} 的计算式：

$$T_{\mathrm{uo}}=\frac{(3R_{\mathrm{u}}+2R_{\mathrm{c}})\overline{T_{\mathrm{u}}}-R_{\mathrm{u}}\overline{T_{\mathrm{c}}}}{2(R_{\mathrm{c}}+R_{\mathrm{u}})} \tag{2.12}$$

$$T_{\mathrm{ci}}=\frac{R_{\mathrm{c}}\overline{T_{\mathrm{u}}}+R_{\mathrm{u}}\overline{T_{\mathrm{c}}}}{R_{\mathrm{c}}+R_{\mathrm{u}}} \tag{2.13}$$

$$T_{\mathrm{co}}=\frac{R_{\mathrm{f}}\overline{T_{\mathrm{c}}}+R_{\mathrm{c}}\overline{T_{\mathrm{f}}}}{R_{\mathrm{c}}+R_{\mathrm{f}}} \tag{2.14}$$

（2）不对称冷却问题

当燃料板两侧热工水力条件不同时，冷却剂对燃料板两侧的冷却能力不同，此时燃料最高温度并不在燃料几何中心线上，就形成了不对称冷却问题。这主要是由于燃料板的设计尺寸不同或加工精度有偏差，造成组件内部冷却剂通道宽度不一致，或者由于燃料辐照肿胀鼓泡、燃料表面结垢、堆内材料碎片阻塞冷却剂通道等原因导致的。不对称冷却问题的分析难点在于难以确定燃料最高温度的位置，不能通过直接积分得到燃料芯块平均温度与燃料内部各界面温度的关系式。一些热工水力分析程序将燃料芯块划分为多个网格点，用有限差分法求解出各点温度[5]，也有研究者是通过迭代计算求解燃料内部的温度分布[6]，但是这两种方法计算效率都不高。一种改进的集总参数模型是利用Hermite插值积分，给出边界温度、热流密度和温度平均值之间的关系来求解板状燃料元件的不对称冷却问题[7-9]。

对于 $[a, b]$ 区间上的连续函数 $f(x)$，Hermite 两点插值积分表达式为

$H_{0,0}$ 近似：

$$\int_a^b f(x)\mathrm{d}x = \frac{b-a}{2}\left[f(a)+f(b)\right] \tag{2.15}$$

$H_{1,1}$ 近似：

$$\int_a^b f(x)\mathrm{d}x = \frac{b-a}{2}\left[f(a)+f(b)\right] + \frac{(b-a)^2}{2}\left[f'(a)-f'(b)\right] \tag{2.16}$$

即可给出温度平均值、边界热流密度和温度之间的关系。

使用 $H_{1,1}$ 近似计算燃料芯块的积分平均温度：

$$\overline{T_u} = \frac{1}{\delta_u}\int_{\delta_c}^{\delta_c+\delta_u} T_u = \frac{1}{2}(T_{cil}+T_{cir}) + \frac{\delta_u}{12}\left(\left.\frac{\partial T}{\partial x}\right|_{\delta_c} - \left.\frac{\partial T}{\partial x}\right|_{\delta_c+\delta_u}\right)_u \tag{2.17}$$

使用 $H_{0,0}$ 近似计算燃料包壳积分平均温度和积分平均热流密度：

$$\overline{T_{cl}} = \frac{1}{2}(T_{cil}+T_{col}) \tag{2.18}$$

$$\overline{T_{cr}} = \frac{1}{2}(T_{cir}+T_{cor}) \tag{2.19}$$

$$\int_{\delta_c}^{\delta_c+\delta_u} \frac{\partial T}{\partial x}\mathrm{d}x = T_{cir}-T_{cil} = \frac{\delta_u}{2}\left(\left.\frac{\partial T}{\partial x}\right|_{\delta_c} + \left.\frac{\partial T}{\partial x}\right|_{\delta_c+\delta_u}\right)_u \tag{2.20}$$

$$\int_0^{\delta_c} \frac{\partial T}{\partial x}\mathrm{d}x = T_{cil}-T_{col} = \frac{\delta_c}{2}\left(\left.\frac{\partial T}{\partial x}\right|_{\delta_c} + \left.\frac{\partial T}{\partial x}\right|_0\right)_c \tag{2.21}$$

$$\int_{\delta_c+\delta_u}^{2\delta_c+\delta_u} \frac{\partial T}{\partial x} + \mathrm{d}x = T_{cor}-T_{cir} = \frac{\delta_c}{2}\left(\left.\frac{\partial T}{\partial x}\right|_{2\delta_c+\delta_u} + \left.\frac{\partial T}{\partial x}\right|_{\delta_c+\delta_u}\right)_c \tag{2.22}$$

对导热方程式（2.2）和式（2.3）在空间坐标进行积分，并应用边界条件式（2.4）~式（2.7）同时代入式（2.17）~式（2.22），可以得到燃料芯块、左侧包壳和右侧包壳平均温度的微分方程：

$$(\rho c_p)_u \delta_u \frac{\mathrm{d}\overline{T_u}}{\mathrm{d}t} = \lambda_c\left(\left.\frac{\partial T}{\partial x}\right|_{\delta_c+\delta_u} - \left.\frac{\partial T}{\partial x}\right|_{\delta_c}\right)_u + q'''_u\delta_u = \lambda_u\frac{6}{\delta_u}(-2\overline{T_u}+T_{cil}+T_{cir}) + q'''_u\delta_u$$

$$\tag{2.23}$$

$$(\rho c_p)_c \delta_c \frac{\mathrm{d}\overline{T_{cl}}}{\mathrm{d}t} = \lambda_c\left(\left.\frac{\partial T}{\partial x}\right|_{\delta_c} - \left.\frac{\partial T}{\partial x}\right|_0\right)_c = \lambda_u\frac{2}{\delta_u}(3\overline{T_u}-2T_{cil}-T_{cir}) - h_l(T_{col}-T_{fl})$$

$$\tag{2.24}$$

$$(\rho c_p)_c \delta_c \frac{\mathrm{d}\overline{T_{cr}}}{\mathrm{d}t} = \lambda_c\left(\left.\frac{\partial T}{\partial x}\right|_{2\delta_c+\delta_u} - \left.\frac{\partial T}{\partial x}\right|_{\delta_c+\delta_u}\right)_c = \lambda_u\frac{2}{\delta_u}(3\overline{T_u}-2T_{cir}-T_{cil}) - h_r(T_{cor}-T_{fr})$$

$$\tag{2.25}$$

联立方程式（2.17）～式（2.25）可得到关于燃料左右两侧芯块和包壳内外表面温度的方程组：

$$T_{col} + T_{cil} = 2\overline{T_{cl}} \tag{2.26}$$

$$T_{cor} + T_{cir} = 2\overline{T_{cr}} \tag{2.27}$$

$$(1 + 2A_1)T_{cil} + A_1 T_{cir} - (1 + B_1)T_{col} = 3A_1\overline{T_u} - B_1 T_{fl} \tag{2.28}$$

$$(1 + 2A_r)T_{cir} + A_r T_{cil} - (1 + B_r)T_{cor} = 3A_r\overline{T_u} - B_r T_{fr} \tag{2.29}$$

式（2.28）～式（2.29）中，系数 $A_1 = \dfrac{\delta_c}{\delta_u}\dfrac{\lambda_{cl}}{\lambda_u}$，$A_r = \dfrac{\delta_c}{\delta_u}\dfrac{\lambda_{cr}}{\lambda_u}$，$B_1 = \dfrac{\delta_c}{2}\dfrac{h_1}{\lambda_{cl}}$，$B_r = \dfrac{\delta_c}{2}\dfrac{h_r}{\lambda_{cr}}$。

求解方程式（2.26）～式（2.29）即可求得燃料内部各界面温度。若假设燃料芯块内温度分布为二次曲线形式 $T_u = ax^2 + bx + c$，则可根据 δ_c 和 $\delta_c + \delta_u$ 处温度和热流密度值，求出系数 a、b 和 c，从而求出燃料最高温度和所在位置。

2.3.2 单相对流换热

换热过程是燃料元件包壳外表面与冷却剂之间直接接触时的热交换，即热量由包壳外表面传递给冷却剂的过程。对于板状燃料元件位置 z 处的表面对流换热量可用牛顿冷却定律求得，即

$$q_1(z) = h(z)F_1[t_{cs}(z) - t_f(z)] \tag{2.30}$$

式中：$q_1(z)$——位于 z 处单位长度燃料元件的线功率，W/m；

$\quad\quad F_1$——单位长度燃料元件的外表面积，m^2；

$\quad\quad h(z)$——位于 z 处包壳和冷却剂之间的换热系数，W/（m^2·℃）；

$\quad\quad t_{cs}(z)$——位于 z 处的包壳外表面温度，℃；

$\quad\quad t_f(z)$——位于 z 处的冷却剂温度，℃。

使用式（2.30）计算包壳的外表面温度 $t_{cs}(z)$ 时，关键在于求出对流换热系数 $h(z)$。对于不同性质的冷却剂以及不同的工况，计算 $h(z)$ 的关系式会有很大不同。

在反应堆正常运行时，单相液是堆芯内对流换热的主要方式。

（1）大流量强迫对流换热

当 $Re \geqslant 2\,300$ 时，处于大流量强迫对流换热模式。计算这种情况下的换热系数的经验关系式较多，在计算时可以根据实际工况进行选择。

1）迪图斯-贝尔特（Dittus-Boelter，简称 D-B）关系式[10]

D-B 公式是形式较简单且应用最广的单相对流换热关系式，其表达式为：

$$Nu = 0.023Re^{0.8}Pr^n \tag{2.31}$$

式中：Nu——努谢尔特数，$Nu = \dfrac{hDe}{\lambda}$；

Re——雷诺数，$Re = \dfrac{\rho u De}{\mu}$；

Pr——普朗特数，$Pr = \dfrac{\mu c_p}{\lambda}$。

当流体被加热时 $n = 0.4$，被冷却时 $n = 0.3$。

该关系式适用于流体与传热壁面温度差不是很大的工况（对于气体不超过 50 ℃，对于水不超过 20～30 ℃，油类不超过 10 ℃）。

迪图斯-贝尔特关系式的实验验证范围：$10^4 < Re \leqslant 1.2 \times 10^5$，$0.6 \leqslant Pr \leqslant 120$，$L/De \geqslant 60$。

2）西德-塔特（Sider-Tate）关系式[10]

当流体与壁面的温差较大时，可以采用西德-塔特关系式计算对流换热系数，其表达式为：

$$Nu = 0.027 Re^{0.8} Pr^{1/3} \left(\frac{\mu_f}{\mu_w}\right)^{0.14} \tag{2.32}$$

式中：μ_f 是按流体主流温度取值的流体黏性系数，Pa·s；

μ_w 是按壁面温度取值的流体黏性系数，Pa·s；

其余物性均以流体主流温度作为定性温度取值。

西德-塔特关系式的实验验证范围：$Re \geqslant 10^4$，$0.7 \leqslant Pr \leqslant 16\,700$。

3）格林尼斯基（Gnielinski）关系式[10]

格林尼斯基关系式的表达形式为：

$$Nu = \frac{(f/8)(Re - 1\,000) Pr_f}{1 + 12.7\sqrt{f/8}(Pr_f^{2/3} - 1)} \left[1 + \left(\frac{De}{L}\right)^{2/3}\right] c_t \tag{2.33}$$

对液体：$c_t = \left(\dfrac{Pr_f}{Pr_w}\right)^{0.11}$，$\dfrac{Pr_f}{Pr_w} = 0.05 \sim 20$

对气体：$c_t = \left(\dfrac{T_f}{T_w}\right)^{0.45}$，$\dfrac{T_f}{T_w} = 0.5 \sim 1.5$

式中：Pr_w——按壁面温度 T_w 计算得到的普朗特数；

f——管内湍流流动的达西阻力系数，$f = (1.82\lg Re - 1.64)^{-2}$。

格林尼斯基关系式的实验验证范围为：$2\,300 \leqslant Re \leqslant 10^6$，$0.6 \leqslant Pr \leqslant 10^5$。

对于气体冷却剂，格林尼斯基关系式可以进一步简化为：

$$Nu = 0.021\,4(Re^{0.8} - 100) Pr^{0.4} \cdot \left[1 + \left(\frac{De}{L}\right)^{2/3}\right]\left(\frac{T_f}{T_w}\right)^{0.45} \tag{2.34}$$

实验验证范围：$2\,300 \leqslant Re \leqslant 10^{6}$，$0.6 \leqslant Pr \leqslant 1.5$，$0.5 \leqslant \dfrac{T_{f}}{T_{w}} \leqslant 1.5$。

对于液体冷却剂，格林尼斯基公式可以进一步简化为：

$$Nu = 0.012(Re^{0.87} - 280)Pr^{0.4} \cdot \left[1 + \left(\frac{d}{L}\right)^{2/3}\right]\left(\frac{Pr_{f}}{Pr_{w}}\right)^{0.11} \tag{2.35}$$

实验验证范围：$2\,300 \leqslant Re \leqslant 10^{6}$，$1.5 \leqslant Pr \leqslant 500$，$0.5 \leqslant \dfrac{Pr_{f}}{Pr_{w}} \leqslant 20$。

4）Hausen 关系式[11]

Hausen 关系式的表达形式为：

$$Nu = 0.037\left[1 + 0.333\left(\frac{De}{L_{t}}\right)^{2/3}\right](Re^{0.75} - 125)Pr^{0.42}\left(\frac{\mu_{f}}{\mu_{w}}\right)^{0.14} \tag{2.36}$$

式中：L_{t}——板状燃料总长度，m。

5）Petukhov 关系式[11]

Petukhov 关系式的表达形式为：

$$Nu = \frac{fRePr}{8X}\left(\frac{\mu_{f}}{\mu_{w}}\right)^{0.11} \tag{2.37}$$

其中，$X = 1.07 + \dfrac{900}{Re} - \dfrac{0.63}{1 + 10Pr} + 12.7(Pr^{2/3} - 1.0)\left(\dfrac{f}{8}\right)^{0.5}$

Petukhov 关系式是基于非常广泛的实验数据得到的，它不仅考虑了流体物性、流道尺寸对换热系数的影响，还考虑了流动阻力的影响，更适用于矩形通道。

该关系式的适用范围：$104 < Re < 5 \times 10^{6}$，$0.5 < Pr < 200$，$0.08 \leqslant \mu_{w}/\mu_{b} \leqslant 40$，预测偏差为 $\pm 6\%$。

6）修正的（D-B）关系式

一些研究者通过实验研究发现[12-13]，矩形通道单相对流换热系数比 D-B 关系式预测值小约 11%，因此在 D-B 关系式的基础上对实验数据进行整理，得到的实验关联式为：

$$Nu = 0.020\,4\,Re^{0.8}Pr^{0.4} \tag{2.38}$$

实验验证范围：$0.5 \leqslant P \leqslant 5\ \text{MPa}$，$27 \leqslant G \leqslant 375\ \text{kg/m}^{2} \cdot \text{s}$。

板状燃料元件往往功率密度大，表面热流密度高，燃料元件表面和冷却剂之间的温差较大，此时需要考虑冷却剂物性（黏度）变化对对流换热系数造成的影响。式(2.38)中除 D-B 形式的关系式外都考虑了这一点，其中 Petukhov 关系式考虑因素较多，比其他关系式更适用于板状燃料高通量反应堆[14]。

（2）小流量强迫对流换热

当 $Re \leqslant 1\,000$ 时认为是小流量对流换热，主要使用 Collier 关系式和 Kays 关系式计算单相强迫对流换热系数，一般使用以下两个关系式中的较大值。

1）Collier 关系式[15]

Collier 关系式表达形式为：

$$Nu = 0.17\, Re^{0.33}\, Pr^{0.43} \left(\frac{Pr}{Pr_\mathrm{w}}\right) Gr^{0.1} \tag{2.39}$$

式中：Gr——格拉晓夫数，$Gr = \dfrac{De^3 \rho_\mathrm{f}^2 g\beta\Delta T}{\mu_\mathrm{f}^2}$；

β——体胀系数，K^{-1}。

该关系式可用于垂直上升流动的加热管及垂直下降流动的冷却管。

适用范围：$Re < 2\,000$；$L/d > 50$。

2）Kays 关系式[15-16]

定热流密度条件下，不同高宽比截面的矩形通道充分发展层流流动的努谢尔特数如表 2.2 所示。

表 2.2　不同高宽比条件下矩形通道充分发展层流流动努谢尔特数

高宽比	0	1/8	1/4	1/3	1/2	1/1.4	1
Nu	8.235	6.6	5.35	4.77	4.11	3.78	3.63

可以采用如式（2.40）的拟合公式计算：

$$Nu = 8.235(1 - 2.042\,1\gamma + 3.085\,3\gamma^2 - 2.475\,3\gamma^3 + 1.578\gamma^4 - 0.186\,1\gamma^5)$$

$$\tag{2.40}$$

式中：γ——矩形通道截面的高宽比。

式（2.40）是在定热流密度条件下得到的，对于热流密度沿流道高度变化工况，可按式（2.41）进行修正：

$$Nu' = Nu \left(\frac{\mu_\mathrm{f}}{\mu_\mathrm{w}}\right)^{0.14} \tag{2.41}$$

（3）自然对流换热

流体的自然对流是指由流体内部密度梯度所引起的流体的运动，而密度梯度通常是由流体本身的温度场所引起的，因此自然循环流动的强度取决于流体内部温度梯度的大小。

自然对流换热同强迫对流换热一样可以采用牛顿冷却关系式来计算换热量，但是自然循环运动微分方程中必须考虑温度梯度引起的浮升力和流体本身的重力。因此，自然对流换热关系式的一般形式为：

$$Nu = f(Gr \cdot Pr) = C\,(Gr \cdot Pr)_m^n \tag{2.42}$$

式中：Gr——格拉晓夫准则数；

C、n——取决于物体的几何形状、放置方式以及热流方向和 $Gr \cdot Pr$ 的范围等；

m——指取 $t_m = (t_f + t_w)/2$ 作为定性温度。

可以使用 Churchill and Chu 关系式和 Hoffmann 关系式计算纯自然对流换热系数。

1）Churchill-Chu 关系式

Churchill-Chu 关系式的表达形式如下：

$$Nu_z = 0.825 + \frac{0.387 \, (Gr \cdot Pr)^{1/6}}{\left[1 + \left(\frac{0.492}{Pr} \right)^{9/16} \right]^{8/27}} \tag{2.43}$$

2）Hoffmann 关系式

对于层流，Hoffmann 关系式的表达形式为：

$$Nu_{z, m} = 0.60 \, (Gr_z^* \cdot Pr)_m^{1/5} \quad (10^5 < Gr_z^* < 10^{11}) \tag{2.44}$$

对于紊流，Hoffmann 关系式的表达形式为：

$$Nu_{z, m} = 0.17 \, (Gr_z^* \cdot Pr)_m^{1/4} \quad (10^{13} < Gr_z^* \cdot Pr < 10^{16}) \tag{2.45}$$

式中：Gr_z^*——修正的格拉晓夫数，$Gr_z^* = Gr_z \cdot Nu_z = \rho^2 g \beta q z^4 / \lambda \mu^2$；

z——特征长度，从换热起始点算起的竖直距离，m。

2.3.3 两相沸腾换热

流动沸腾通常是指冷却剂流经加热通道时发生的沸腾，通常发生在强迫循环工况，如沸水堆中发生的就是流动沸腾换热，压水堆正常运行工况以及事故工况下也会出现这种工况。图 2.3 给出了垂直加热管道内的各种流型和相应的传热区域。实验中假定过冷液体以一定的速率流过加热管道，并使用较低的热通量沿传热管长度均匀加热，保证液体在加热管道内完全蒸发。

图 2.3 中，加热通道的底部为单相对流传热区 A。该区内液体和壁面温度都会增加，虽然部分区段加热面壁温高于饱和温度，但仍低于形成气泡所需的壁面过热度值。A 区的下游为欠热泡核沸腾区 B，在主流液体过冷的情况下邻近壁面处会发生气泡成核并且形成初始蒸汽。A 区和 B 区之间的边界为沸腾起始点。在欠热沸腾区 B 中，通过壁面传递的热量一部分用于使液体温度从过冷状态增加到饱和状态，另一部分则用来产生蒸汽。因为由气泡成核和搅动引起的传热系数提高，B 段中壁面温度基本上保持恒定，仅比饱和温度高几摄氏度。

当主流液体温度达到饱和状态时，进入泡核沸腾区 C 和 D。此时壁温保持接近饱和温度，流型开始由泡状流转变为弹状流和环状流。在整个泡核沸腾区，因沸腾的作用，传热系数极高。同时由于含气率不断增大，两相流速增加，沿途传热系数略有升高，壁

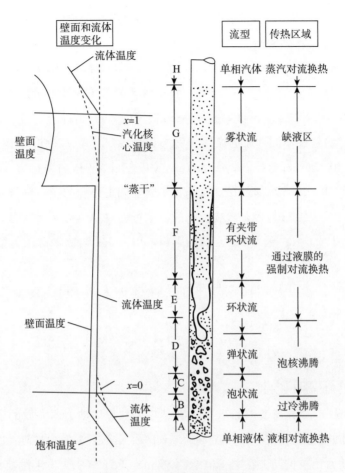

图 2.3　流动沸腾的传热区域

面温度略有下降。在强制对流蒸发区（E 和 F）中，通过液膜中的强制对流将热量从壁面传到液体与气泡的交界面处，导致液膜表面液体的持续蒸发。液膜因不断蒸发和液滴夹带，逐渐变薄，膜流体的流速增大，管壁对液膜的传热系数增加，壁面与主流之间的温差进一步下降。

在蒸汽含气率达到某些临界值时，液膜完全蒸发，这种转变被称为"干涸"。在干涸点的下游，与加热面接触的液体完全消失，壁面传热系数降低导致壁面温度显著升高。干涸的临界条件通常限制了加热通道的热通量值，这个特定的热功率值被称为"临界功率"。将干涸点和单相蒸汽区域（H）之间的区域称为缺液区（G）。

（1）欠热沸腾起始点

当主流欠热度较低时，由于热力学不平衡，会在近加热壁面处产生汽泡，形成过冷沸腾。工程中将区分单相流动和两相流动的分界点称为过冷沸腾起始点（Onset of Nuclear Boiling，ONB）[17]。对于板状燃料堆芯，为了避免局部沸腾而诱发流动不稳定，往往要求避免堆芯内出现泡核沸腾[18]，因此有必要对过冷沸腾进行预测。通常采用以下关系式来预测过冷沸腾起始点。

1）Bowring 关系式[19]

Davis 与 Anderson 用分析法导出管内强迫对流的沸腾起始点满足式（2.46）：

$$q_{ONB} = (\lambda_{ls} h_{fg} \rho_{gs} / 8\sigma T_s)(T_w - T_s)^2_{ONB} \qquad (2.46)$$

Bowring 针对各种不同性质的流体，引入普朗特数对式（2.46）加以修正：

$$q_{ONB} = (\lambda_{ls} h_{fg} \rho_{gs} / 8\sigma T_s)[(T_w - T_s)/Pr_1]^2_{ONB} \qquad (2.47)$$

式（2.46）和（2.47）都是在普通圆管实验基础上得到的。一些研究者认为在窄通道中，对大尺寸流道沸腾起始点影响较小的因素可能对窄通道流动沸腾起始点产生较大的影响[20]，并引入了 Re 数以考虑流动的影响，引入 Eu 数以考虑压力的影响，从而得到了新的拟合关系式：

$$q_{ONB} = C(\lambda_{ls} h_{fg} \rho_{gs} / 8\sigma T_s)[(T_w - T_s)/Pr_1]^2_{ONB} \qquad (2.48)$$

系数 C 按照下式计算，

$$C = 5\,545\,Re^{-0.8} Eu^{-0.123} \qquad (2.49)$$

式中：Eu——欧拉数，$Eu = P\rho/G^2$。

2）萨哈-朱伯（Saha-Zuber）关系式[17]

Saha 和 Zuber 认为冷沸腾起始点必须满足热力和流体动力两方面的限制。在低流速下，气泡脱离受热力控制，在某一恒定的 Nusselt 数（Nu）下发生过渡；在高流速下，气泡脱离受流体动力效应控制，在某一恒定的 Stanton 数下（St）发生过渡。Saha-Zuber 关系式被认为是预测过冷沸腾净蒸汽产生点精度较高的一个模型，具体表达形式为：

当 $Pe \leqslant 70\,000$ 时，

$$Nu = \frac{qDe}{\lambda_f(T_s - T_b)} = 455 \qquad (2.50)$$

$$\Delta T_b = 0.002\,2qDe/\lambda_f \qquad (2.51)$$

当 $Pe > 70\,000$ 时，

$$St = \frac{q}{Gc_p(T_s - T_b)} = 0.006\,5 \qquad (2.52)$$

$$\Delta T_b = 154q/Gc_p \qquad (2.53)$$

3）Bergles-Rohsenow 关系式[19]

对于 $0.1 \sim 13.6$ MPa 的水，Bergles 和 Rohsenow 建立了确定气泡产生起始点的实验拟合关系式，其表达形式为：

$$(T_w - T_s)_{ONB} = 0.556 \left[\frac{q}{1\,082P^{1.156}} \right]^{0.463P^{0.0234}} \qquad (2.54)$$

4）Jens-Lottes 关系式[17, 19]

其表达形式如下：

$$T_s - T_b = \frac{q}{h} - 25\,(q/10^6)^{0.25}\exp\left(-\frac{P}{6.2}\right) \tag{2.55}$$

式中：P——冷却剂局部压力，MPa；

h——对流换热系数，W/(m^2·K)，可按 D-B 公式计算。

日本原子能研究所（JAERI）实验研究发现，对于矩形窄通道过冷沸腾起始点，Saha-Zuber 关系式预测值在低流量条件下与实验结果符合较好，而 Bowring 关系式在高流量条件下预测能力较好[21]。Bergles-Rohsenow 关系式对于轻水冷却剂有良好的预测能力，且该关系式适用范围较广，但计算结果相对保守[19]。在板状燃料反应堆热工水力分析程序 PARET 和 THAC-PRR 都采用 Bergles-Rohsenow 关系式计算过冷沸腾起始点。

（2）过冷沸腾传热

当液体主流尚未达到饱和温度，即处于过冷状态，而加热壁面处已经开始产生气泡时的换热形式称为过冷沸腾换热。

1）Jens 和 Lottes 关系式

Jens 和 Lottes 综合了水工质垂直向上流的欠热沸腾实验数据，得出以下用于计算低欠热沸腾传热的关系式：

$$\Delta T_{sat} = 25q^{0.25}e^{-P/6.2} \tag{2.56}$$

公式适用范围：流道直径 D=3.63～5.74 mm，压力 P=0.7～17.2 MPa，温度 T=115～340 ℃，质量流速 G=（11～1.05）×10^4 kg/（m^2·s），热流密度 q≤12.5 MW/m^2。

2）Thom 关系式

Thom 利用自己的实验数据对 Jens 和 Lottes 关系式进行了修正[22]，得到的欠热沸腾关系式为：

$$T_w - T_b = 22.65q^{0.5}e^{-P/8} \tag{2.57}$$

（3）饱和沸腾传热

从主流温度达到饱和温度到临界热流密度点的传热，称为饱和沸腾传热。涉及泡状流、弹状流和环状流。在饱和沸腾区内，单相强迫对流、沸腾气化和两相对流传热 3 种传热机理的相对贡献随含气率、流型不同而变化，一般采用一种通用的指数形式叠加来表示两相传热系数：

$$h_{TP} = [(h_{NCB})^n + (h_c)^n]^{1/n} \tag{2.58}$$

目前已经发展了多种按流型不同综合的经验关系式，但是这些关系式受实验数据的影响，相互之间的差别较大。

1）Chen 关系式[19]

Chen 关系式是目前计算饱和沸腾换热系数应用最广的关系式，在大型热工水力计算程序中都有应用。Chen 关系式认为在饱和泡核沸腾区和两相强制对流区内均存在两种基本传热模式：泡核沸腾传热和强制对流传热，并且这两种传热模式是随有关参数变化而逐步过渡的，其影响是选加的。

Chen 关系式的具体表达形式为：

$$h = h_1 + h_b \tag{2.59}$$

采用单相 Dittus-Boelter 型关系式估算强迫对流传热系数，

$$h_1 = 0.023F \left[\frac{G(1-x)D}{\mu_1} \right]^{0.8} (Pr_f)^{0.4} \frac{\lambda_1}{D} \tag{2.60}$$

采用池式沸腾 Forster-Zuber 型关系式估算泡核沸腾传热系数，

$$h_b = 0.00122S \left[\frac{k_1^{0.79} C_{pl}^{0.45} \rho_1^{0.49}}{\sigma^{0.5} \mu_1^{0.29} h_{fg}^{0.24} \rho_g^{0.24}} \right] \Delta T_{sat}^{0.24} \Delta p_{sat}^{0.75} \tag{2.61}$$

式中：ΔT_{sat}——壁面过热度；

Δp_{sat}——与 ΔT_{sat} 相对应的压差；

F、S——对流增强因子。

F 和 S 计算式为：

$$F = \begin{bmatrix} 1.0, & X_{tt}^{-1} < 0.1 \\ 2.35 (X_{tt}^{-1} + 0.213)^{0.736}, & X_{tt}^{-1} > 0.1 \end{bmatrix} \tag{2.62}$$

$$S = \begin{bmatrix} 0.1, & Re_{TP} \geqslant 70.0 \\ [1 + 0.42 (Re_{TP})^{0.78}]^{-1}, & 32.5 \leqslant Re_{TP} < 70.0 \\ [1 + 0.12 (Re_{TP})^{1.14}]^{-1}, & Re_{TP} < 32.5 \end{bmatrix} \tag{2.63}$$

其中，

$$Re_{TP} = \frac{G(1-x)De}{\mu_f} F^{1.25} \times 10^{-4} \tag{2.64}$$

$$X_{tt}^{-1} = \left(\frac{x}{1-x} \right)^{0.9} \left(\frac{\rho_1}{\rho_g} \right)^{0.5} \left(\frac{\mu_g}{\mu_1} \right)^{0.1} \tag{2.65}$$

Chen 关系式也可用于过冷沸腾换热计算，此时需要对 F 因子进行修正。

$$F' = \begin{cases} F - 0.2(T_s - T_b)(F-1), & T_b \geqslant T_s - 5 \\ 1, & T_b < T_s - 5 \end{cases} \tag{2.66}$$

许多研究者认为，在窄缝流道中由于气泡尺寸和流道间隙大约在同一个数量级，因而气泡在生长过程中受到挤压发生变形，从而对泡核沸腾产生影响。而窄缝间隙对饱和沸腾换热的影响程度与表征气泡变形程度的无量纲约束数（Confinement Number）N_{conf} 有密切关系，N_{conf} 定义为[23]：

$$N_{conf} = \sqrt{\frac{\sigma}{g(\rho_1 - \rho_g)}} / D \tag{2.67}$$

N_{conf} 数是表征表面张力和重力的相对大小的无量纲参数。表面张力在汽液两相界面上由分子内聚力所产生，能改变汽液两相界面面积。当界面面积极小时，相应的静平衡状态是稳定的；当界面的面积极大时，对应不稳定状态。界面曲率引起表面张力的变化不仅影响平衡的稳定，对体系的分子势也要产生影响，而重力的影响基本上是不变的，所以 N_{conf} 数的变化反映了表面张力的变化情况。有学者根据实验结果，通过引入 N_{conf} 数对 Chen 关系式中泡核沸腾 h_b 传热系数关系式进行了修改。修改后 h_b 的关系式为：

$$h_b = 0.001\,22S\left[\frac{k_1^{0.79}C_{pl}^{0.45}\rho_1^{0.49}}{\sigma^{0.5}\mu_1^{0.29}h_{fg}^{0.24}\rho_g^{0.24}}\right]\Delta T_{sat}^{0.24}\Delta p_{sat}^{0.75}N_{conf}^m \tag{2.68}$$

当 $N_{conf} \leqslant 1$ 时，$m = 0$；

当 $N_{conf} > 1$ 时，对于过冷沸腾 $m = 0.13$；对于饱和沸腾 $m = 0.7$。

2）Gungon-Winterton 关系式[19]

1986 年 Gungon 和 Winterton 根据以水、制冷剂以及乙二醇等为工质，在竖直向上、向下和水平流动工况得到的 3 693 组实验数据，开发了一种新的饱和沸腾基本关系式：

$$h_{TP} = Fh_1 + Sh_b \tag{2.69}$$

式中，h_1 为强迫对流传热系数，按 Dittus-Boelter 关系式计算，计算时 h_1 和 Re_1 均以当地液相流量 $G(1-x)$ 为基础。h_b 为泡核沸腾传热系数，按照 Cooper 关系式计算：

$$h_b = 55P_r^{0.12}(-0.434\,3\ln P_r)^{-0.55}M^{-0.5}q^{2/3} \tag{2.70}$$

式中：P_r——折合压力，$P_r = P/P_{crit}$；

　　　M——工质的分子量。

对流增强因子 F 按照式（2.71）计算：

$$F = 1 + 2\,400Bo^{1.16} + 1.37\left(\frac{1}{X_{tt}}\right)^{0.86} \tag{2.71}$$

式中：Bo——沸腾数，$Bo = q/Gh_{fg}$。

对流增强因子 S 按照式（2.72）计算：

$$S = [1 + 1.15\times10^{-6}E^2Re_1^{1.17}]^{-1} \tag{2.72}$$

Gungon-Winterton 关系式同样可以进行欠热沸腾区的换热计算，其表达形式为：

$$q = h_1(T_w - T_1) + Sh_b(T_w - T_s) \tag{2.73}$$

Gungon-Winterton 关系式拟合数据库中的饱和沸腾数据的平均偏差为 21.4%，比

Chen 关系式拟合偏差小，欠热沸腾数据的平均偏差为 25%。

3）Warrier 关系式[24]

Warrier 等对间隙为 0.75 mm 的窄矩形通道沸腾换热特性进行了实验研究，认为目前常用的沸腾换热关系式均不能很好地预测窄通道的沸腾换热系数，他们根据自己的实验数据重新拟合出了一个新关系式，其表达形式为：

$$\frac{h_{tp}}{h_{sp\text{-}FD}} = 1 + 6.0 Bo^{1/6} - 5.3(1 - 855 Bo) x^{0.65} \tag{2.74}$$

式中：$h_{sp\text{-}FD}$——充分发展层流对流传热系数。

常规流道内的流动沸腾换热机理已经非常复杂，窄流道内的流动沸腾换热预测就更加困难，所以尽管目前进行了较多的实验研究工作，也积累了大量的实验数据，拟合出众多实验关联式，但是这些关联式的预测结果相差很大。一些研究者曾根据各自的矩形窄通道沸腾换热实验数据对目前一些常规通道和窄通道沸腾换热实验关系式进行评价[25-26]，他们发现 Chen 关系式的预测值和实验结果偏差在 45% 以内；Gungon-Winterton 关系式的预测偏差在 50% 左右；Warrier 关系式对间隙小于 1 mm 的矩形通道计算结果符合较好，偏差在 25% 左右，而对于间隙超过 1 mm 的矩形通道的计算结果偏差较大，超过 50%。

（4）膜态沸腾传热

沸腾临界后为膜态沸腾传热，其换热机理十分复杂，公开发表的文献中关于矩形通道膜态沸腾传热的研究很少。一些系统分析程序中广泛采用 Bromley 关系式计算模态沸腾换热[27]，其具体表达形式为：

$$h = 0.62 \left[\frac{\lambda_{vf}^3 \rho_g (\rho_1 - \rho_g) h'_{fg}}{C \mu_{vf}(T_w - T_s)} \sqrt{\frac{(\rho_1 - \rho_g)}{\sigma}} \right]^{0.25} Mul_\alpha \tag{2.75}$$

$$C = 2\pi \left[\frac{\sigma}{g(\rho_1 - \rho_g)} \right]^{0.5} \tag{2.76}$$

式中：h'_{fg}——修正汽化潜热，$h'_{fg} = h_{fg} + 0.5 c_p (T_w - T_s)$；

λ_{vf}、μ_{vf}——在膜温度下的蒸汽参数；

Mul_α——空泡份额修正系数，$Mul_\alpha = 1.0 - C_2(3C_2 - 2C_2^2)$。

（5）单相蒸汽对流换热

单相蒸汽对流换热的计算也相应分为大流量区、小流量区和过渡区。在大流量区（$Re \geqslant 2\,300$）选用 Dittus-Boelter 关系式（2.31），小流量区（$Re \leqslant 1\,000$）选用 Kay 关系式（2.41），过渡区采用线性插值计算对流换热系数。纯蒸汽自然循环换热系数计算则可选择 McAdams 关系式[5]。其表达式为：

$$Nu = 0.59 (PrGr)^{0.25} \tag{2.77}$$

2.4 板状燃料堆芯的水力学分析

与棒状燃料堆芯相比，板状燃料堆芯有其特殊性。首先由于两者几何结构形式不同，需要将燃料导热方程置于不同形式的坐标下进行求解。而且板状燃料使得堆芯冷却剂通道之间彼此相隔，各流道之间不存在冷却剂的搅混，为闭式燃料栅格，因此可以采用一维流动和传热方程作为热工水力基本模型。采用平板燃料的堆芯冷却剂流道为高宽比很大的矩形窄流道，其流动与传热特性与常见的圆管和棒束通道不同，需要选择适用于矩形窄通道的传热系数、阻力系数、空泡份额、临界热流密度等关系式作为辅助方程。

2.4.1 并联通道流量分配

采用板状燃料的反应堆中，堆芯冷却剂通道为闭式矩形窄通道，这些通道仅在堆芯进出口处的上下腔室相连接，通道内冷却剂不存在流动搅混，当某个流道出现不利的热工水力条件时，可能使得该通道热工水力条件变得恶化而导致燃料元件烧毁。因此采用多通道模型对板状燃料堆芯进行热工水力分析时，首先需要解决的就是并联通道的流量分配问题。在流量分配计算中，通常是在冷却剂通道进出口的上下腔室连接处各取一个等压面，根据并联通道压力损失相等的规律进行流量分配。很多研究者以这一规律为基础建立模型，通过迭代完成板状燃料堆芯流量分配稳态计算[28-29]，一些文献中还给出了加速流量分配迭代计算速度的方法[6]。但是这种迭代计算方法局限于流量分配稳态计算，在变工况计算时流量瞬态分配计算就十分必要，为此可以采用以下闭式并联通道流量瞬态分配模型。

如图 2.4 所示有 n 个闭式并联通道，每个通道在轴向上划分 m 个控制体，每个通道截面积为 A_i，长度为 L。对于每个控制体均满足以下动量守恒方程，

$$\frac{\partial}{\partial t}\left(\frac{W}{A}\right) + \frac{\partial}{\partial z}\left(\frac{W^2}{\rho'_m A^2}\right) = -\frac{\partial P}{\partial z} - \frac{fW|W|}{2De\rho_m A^2} - \frac{\xi W|W|}{\rho_m A^2} - \rho_m g \tag{2.78}$$

将方程两边乘以 $\mathrm{d}z/A_i$ 并沿通道长度 L 积分可得 i 通道冷却剂流量瞬态变化方程，

$$\frac{L}{A_i}\frac{\partial W_i}{\partial t} = (P_{\text{in}} - P_{\text{out}}) - \int_0^L \frac{\partial}{\partial z}\left(\frac{W_i^2}{\rho A_i^2}\right)\mathrm{d}z - \int_0^L \left(\frac{fW_i^2}{2\rho A_i^2 D_e}\right)\mathrm{d}z - \int_0^L \rho g\,\mathrm{d}z - \sum_M \frac{\xi W_i^2}{2\rho A_i^2} \tag{2.79}$$

式（2.79）左端为惯性压降，是由于流量瞬态变化引起的附加压降，右端分别为加

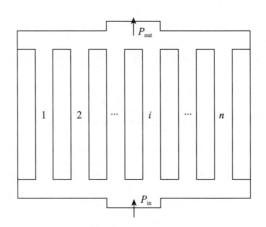

图 2.4 并联通道流量分配示意图

速压降、摩擦压降、重位压降和局部压降。

各冷却剂通道质量流量 W_i 和冷却剂总流量 W_t 之间满足以下方程：

$$\frac{\partial W_t}{\partial t} = \sum_{i=1}^{n} \frac{\partial W_i}{\partial t} \tag{2.80}$$

在计算中堆芯入口参数均为已知，待求的物理量有各通道质量流量 W_i、出口等压面压力 P_{out} 以及各控制体比内能 u，其中 u 可以由以下能量守恒方程求出，

$$\rho_m \frac{\partial u}{\partial t} + W \frac{\partial}{\partial t} \frac{(u + P/\rho_m)}{A} = \frac{q_w P_h}{A} \tag{2.81}$$

各通道质量流量 W_i 和出口等压面压力 P_{out}，这 $n+1$ 个参量则由总流量守恒方程（2.80）及 n 个通道的流量瞬态变化方程（2.79），总共 $n+1$ 个方程联立求解得出。

$$\begin{cases} \frac{L}{A_1} \frac{\partial W_1}{\partial t} = (P_{in} - P_{out}) - \int_0^L \frac{\partial}{\partial z}\left(\frac{W_1^2}{\rho A_1^2}\right) \mathrm{d}z - \int_0^L \frac{f W_1^2}{2 De \rho A_1^2} \mathrm{d}z - \int_0^L \rho g \, \mathrm{d}z - \sum_m \frac{\zeta W_1^2}{2\rho A_1^2} \\[2mm] \frac{L}{A_2} \frac{\partial W_2}{\partial t} = (P_{in} - P_{out}) - \int_0^L \frac{\partial}{\partial z}\left(\frac{W_2^2}{\rho A_2^2}\right) \mathrm{d}z - \int_0^L \frac{f W_2^2}{2 De \rho A_2^2} \mathrm{d}z - \int_0^L \rho g \, \mathrm{d}z - \sum_m \frac{\zeta W_2^2}{2\rho A_2^2} \\[2mm] \qquad\qquad\qquad\qquad\qquad\qquad\qquad \vdots \\[2mm] \frac{L}{A_n} \frac{\partial W_n}{\partial t} = (P_{in} - P_{out}) - \int_0^L \frac{\partial}{\partial z}\left(\frac{W_n^2}{\rho A_n^2}\right) \mathrm{d}z - \int_0^L \frac{f W_n^2}{2 De \rho A_n^2} \mathrm{d}z - \int_0^L \rho g \, \mathrm{d}z - \sum_m \frac{\zeta W_n^2}{2\rho A_n^2} \\[2mm] \qquad\qquad\qquad \frac{\partial W_t}{\partial t} = \sum_{i=1}^{n} \frac{\partial W_i}{\partial t} \end{cases}$$

$$\tag{2.82}$$

求解方程组（2.82）时，若方程右侧各项中冷却剂流量 W_i 均取显式 W_i^n，这样方程组（2.82）可以整理成一个关于各通道流量 W_i 和出口等压面压力 P_{out} 的线性方程组，可采用简单消元法求解，但是显式格式受稳定性限制较大，需要取较小的时间步长；若

方程右侧各项中冷却剂流量 W_i 均取隐式 W_i^{n+1} ，这样方程组（2.82）可整理成一个非线性方程组，可以采用拟牛顿迭代法求解以加快收敛速度。

2.4.2　窄缝通道压降计算

管内流动的压降主要包括：摩擦压降、加速压降、重位压降、局部压降。其中，加速压降、重位压降的计算比较简单。局部压降计算的关键在于局部阻力系数的选取和计算[17]。而流动摩擦压降计算的关键在于摩擦阻力系数的求解。

（1）单相摩擦阻力系数模型

通常按照达西（Darcy）关系式[1]计算单相流动摩擦压降，即

$$\Delta P_f = f \frac{L}{De} \frac{\rho u^2}{2} \tag{2.83}$$

式中：f——达西-魏斯巴赫（Darcy-Weisbach）摩擦阻力系数。

摩擦阻力系数与流体的流动性质（层流与紊流）、流动状态（充分发展流动和未充分发展流动）、受热情况（等温流动与非等温流动）、表面粗糙度、通道的几何形状等因素有关。因此计算摩擦阻力时需要根据具体工况选择合适的阻力系数关系式。根据 Re 的大小将单相流体流动划分为层流区、过渡区和紊流区。

1）充分发展层流摩擦阻力系数

当 $Re \leqslant 1\,000$ 时认为流动处于层流区，此时摩擦阻力系数为：

$$f = C/Re \quad Re < 1\,000 \tag{2.84}$$

式中系数 C 的取值与矩形流道截面高宽比有关，C 的取值如表 2.3 所示。

表 2.3　不同高宽比条件下矩形通道充分发展层流流动系数 C 取值

高宽比	0	1/10	1/5	1/2	1/1.67	1/1.25	1
C	96	85	76	63	60	58	57

在应用时可采用式（2.85）计算，

$$C = 96(1 - 1.355\,3\gamma + 1.946\,7\gamma^2 - 1.701\,2\gamma^3 + 0.956\,4\gamma^4 - 0.253\,7\gamma^5) \tag{2.85}$$

式中：γ——矩形通道截面高宽比。

2）充分发展紊流摩擦阻力系数

当 $Re \geqslant 2\,300$ 时认为流动处于紊流区。一些研究者的实验研究结果表明，窄通道紊流阻力系数仍可按普通管道的关系式计算，其结果偏差不大[14, 24, 30]。常用的关系式为[31]

①伯拉修斯（Blausius）关系式

$$f = \frac{0.316\,4}{Re^{0.25}} \quad 2\,300 \leqslant Re \leqslant 3 \times 10^4 \tag{2.86}$$

②麦克亚当斯（McAdams）关系式

$$f = \frac{0.184}{Re^{0.2}} \qquad 3 \times 10^4 \leqslant Re \leqslant 10^6 \tag{2.87}$$

③尼古拉泽（никурадзе）关系式

$$\frac{1}{\sqrt{f}} = -0.4 + 4.0 \log(Re \cdot \sqrt{f}) \tag{2.88}$$

④科尔-布鲁克（Cole-Brook）关系式

$$\frac{1}{\sqrt{f}} = -2 \lg\left(\frac{\varepsilon}{3.71De} + \frac{2.51}{Re\sqrt{f}}\right) \tag{2.89}$$

式中：ε——壁面粗糙度，m。

但是上式计算需要迭代，增加了程序的复杂性，为了便于计算采用以下形式，

$$f = 0.0055\left[1 + \left(20\,000\,\frac{\varepsilon}{De} + \frac{10^6}{Re}\right)^{1/3}\right] \tag{2.90}$$

一些研究者针对板状燃料反应堆（McMarster Nuclear Reactor）MNR 水力特性的研究指出，Cole-Brook 关系式得到的摩擦阻力系数 f_c 是基于圆管内流动，应用于矩形通道时需要进行修正，文献中给出的修正式为：

$$f_{\text{rec}} = k_{\text{corr}} f_c \tag{2.91}$$

式中：k_{corr}——修正系数，可采用式（2.92）给出，

$$k_{\text{corr}} = 1.097 - 0.117\gamma + 0.083\gamma^2 \tag{2.92}$$

以上所有摩擦阻力系数均是在冷态等温流动条件下得到的。对于受热非等温流动，需要考虑黏度变化对阻力系数的影响，可以采用 Sieder-Tate 提出的关系式进行修正[32]：

$$f_{\text{no}} = f_{\text{eu}} \cdot \left(\frac{\mu_{\text{w}}}{\mu_{\text{f}}}\right)^{0.6} \tag{2.93}$$

式中：f_{no}——非等温流动摩擦系数；

　　　f_{eu}——等温流动摩擦系数；

　　　μ_{w}——按壁面温度取值的流体动力黏度，Pa·s；

　　　μ_f——按主流平均温度取值的流体动力黏度，Pa·s。

3）过渡区摩擦阻力系数

过渡区（$1\,000 < Re < 2\,300$）摩擦阻力系数可以通过层流区端点处 $Re = 1\,000$ 和湍流端点处 $Re = 2\,300$ 对应关系式计算结果的线性插值得到。

（2）两相流压降计算

两相流动摩擦压降的计算通常采用先计算全（分）液相压降折算因子，然后利用这些系数乘以相应的单相摩擦压降，从而得到两相摩擦压降。计算过程如式（2.94）和式

（2.95）所示[19]：

$$-\left(\frac{dP_f}{dz}\right)_{tp} = -\left(\frac{dP_f}{dz}\right)_{lo} \Phi_{lo}^2 \tag{2.94}$$

$$-\left(\frac{dP_f}{dz}\right)_{tp} = -\left(\frac{dP_f}{dz}\right)_{l} \Phi_{l}^2 \tag{2.95}$$

式中：$\left(\dfrac{dP_f}{dz}\right)_{tp}$ ——两相流总摩擦压降梯度，Pa/m；

　　　$\left(\dfrac{dP_f}{dz}\right)_{lo}$ ——全液相摩擦压降梯度，Pa/m；

　　　$\left(\dfrac{dP_f}{dz}\right)_{l}$ ——分液相摩擦压降梯度，Pa/m；

　　　Φ_{lo}^2 ——全液相摩擦因子；

　　　Φ_{l}^2 ——分液相摩擦因子。

　　两相摩擦压降的计算关键在于全液相压降折算因子的计算。目前虽然在此方面进行了大量的研究工作，但是至今尚无一个公认的通用计算式，各计算式的计算结果差别也较大。常用的两相摩擦倍增因子计算式如下所示。

1）伯拉休斯关系式

两相摩擦压降全液相倍增因子 Φ_{lo}^2 的计算关系式可写为：

$$\Phi_{lo}^2 = \left[1.0 + x\left(\frac{\rho_l}{\rho_g} - 1\right)\right]\left[1.0 + x\left(\frac{\mu_l}{\mu_g} - 1\right)\right]^{-0.25} \tag{2.96}$$

2）奇斯霍姆（Chisholm）关系式

当 $G \leqslant G^*$ 时：

$$\Phi_f^2 = \left[1 + \frac{C}{X_{tt}} + \frac{1}{X_{tt}^2}\right] \tag{2.97}$$

当 $G > G^*$ 时：

$$\Phi_f^2 = \left[1 + \frac{\overline{C}}{X_{tt}} + \frac{1}{X_{tt}^2}\right]\psi \tag{2.98}$$

$$C = \left[\lambda + (C_2 - \lambda)\left(\frac{v_g - v_l}{v_g}\right)^{0.5}\right]\left[\left(\frac{v_g}{v_l}\right)^{0.5} + \left(\frac{v_l}{v_g}\right)^{0.5}\right] \tag{2.99}$$

其中，$C_2 = G^*/G$。

$$\psi = \left[1 + \frac{C}{\Gamma} + \frac{1}{\Gamma^2}\right] \Big/ \left[1 + \frac{\overline{C}}{\Gamma} + \frac{1}{\Gamma^2}\right] \tag{2.100}$$

$$\overline{C} = \left[\left(\frac{v_g}{v_l}\right)^{0.5} + \left(\frac{v_l}{v_g}\right)^{0.5}\right] \tag{2.101}$$

$$\Gamma = \left(\frac{x}{1-x}\right)^{(2-n)/2} \left(\frac{\mu_1}{\mu_g}\right)^{n/2} \left(\frac{v_1}{v_g}\right)^{1/2} \tag{2.102}$$

$$X_{tt} = \left(\frac{1-x}{x}\right)^{(2-n)/2} \left(\frac{\mu_1}{\mu_g}\right)^{n/2} \left(\frac{v_g}{v_1}\right)^{1/2} \tag{2.103}$$

对于光滑管：$G^* = 2\,000$，$n = 0.25$，$\lambda = 0.75$；

对于粗糙管：$G^* = 1\,500$，$n = 0$，$\lambda = 1.0$。

3）洛克哈特-马蒂内里（Lockhart-Martinelli）关系式[17]

该关系式中分液相折算系数 Φ_l^2 按照式（2.104）计算：

$$\Phi_l^2 = 1 + \frac{C}{X} + \frac{1}{X^2} \tag{2.104}$$

式中：X^2——马蒂内里参数，$X^2 = \left(\frac{\mathrm{d}P_f}{\mathrm{d}z}\right)_l \big/ \left(\frac{\mathrm{d}P_f}{\mathrm{d}z}\right)_g$。

其中分液相、分气相摩擦压降可按单相摩擦阻力关系式计算。

系数 C 的取值按照各相单独流过相同管径管道时层流和紊流组合状态而定，若两相均为层流则 $C=5$；若液相为层流，汽相为紊流则 $C=12$；若液相为紊流，汽相为层流则 $C=10$；若两相均为紊流则 $C=20$。区分层流紊流的临界雷诺数为 $Re=1\,000$。

有研究者认为当 Lockhart-Martinelli 关系式用于窄通道内两相摩擦阻力计算时，需要对其进行修正。通过加入窄缝间隙对两相阻力系数的影响，对 L-M 关系式中的系数 C 进行的修正如下所示[33]：

$$C = 21\,[1 - \exp(-0.319De)] \tag{2.105}$$

之后通过引入无量纲约束数 N_{conf} 对式（2.105）进行了改进[34]。

对于水/空气混合物有：

$$C = 21\,[1 - \exp(-0.674De/N_{conf})] \tag{2.106}$$

对于水/蒸汽混合物有：

$$C = 21\,[1 - \exp(-0.142De/N_{conf})] \tag{2.107}$$

其中，无量纲约束数 N_{conf} 按式（2.69）计算。

（3）局部阻力系数模型

局部压降是指流体在流道的进出口、阀门、弯头和堆芯中元件定位格架等处产生的压降。由于流体运动的复杂性，在这些位置处所产生的压降一般只能由实验确定。只有对简单的几何形状，才能由理论分析给出结果。在堆芯中包含流量分配孔板、堆芯下栅格板等不同形式的堆内构件，这些堆内构件的局部阻力通常由实验测定。对于板状燃料堆芯来说，还存在流道截面突然扩大和流道截面突然缩小的情况。

局部形阻压降的水力现象本质上是一样的，所以局部压降损失计算公式的结构形式也是相同的，但是公式中的局部形阻系数对不同的局部阻力来讲是不同的。

计算局部压降损失的普遍公式为：

$$\Delta P_{c} = \frac{\xi W^{2}}{2\rho A^{2}} \tag{2.108}$$

式中：ξ——局部形阻系数，通常由实验来确定。

2.4.3　空泡份额计算

空泡份额是两相流动沸腾传热和压降计算中的重要参数，在均匀流模型中空泡份额 α 等于容积含气率 β，采用漂移流模型时 α 与 β 之间关系为：

$$\alpha = \left[1 + \left(\frac{1-\beta}{\beta} \right) S \right]^{-1} \tag{2.109}$$

采用漂移流模型时，不能从基本方程中直接求解空泡份额，需要补充计算关系式。目前关于矩形窄通道内空泡份额计算模型的研究还比较少，但是米洛保尔斯基的研究表明，流动管道内径对截面含汽率的影响不大，当水力直径 $De < 7\sqrt{\sigma / [g(\rho_{l} - \rho_{g})]}$ 时，De 对 α 已无明显影响，因此可以采用常规管道空泡份额计算式。

空泡份额和滑速比的关系可由以下关系式确定。

(1) 班可夫（Bankoff）关系式[17]

$$\alpha = K\beta = \frac{K}{1 + \left(\frac{1-x}{x} \right) \frac{\rho_{g}}{\rho_{l}}} \tag{2.110}$$

式中：β ——容积含气率；

　　　K ——班可夫系数，$K = 0.71 + 1.45 \times 10^{-8} P$。

(2) 班可夫-詹斯（Bankoff-Jens）关系式

$$\alpha = K_{bj}\beta = \frac{K_{bj}}{1 + \left(\frac{1-x}{x} \right) \frac{\rho_{g}}{\rho_{f}}} \tag{2.111}$$

$$K_{bj} = K_{b} + (1 - K_{b})\alpha^{r} \tag{2.112}$$

$$K_{b} = 0.71 + 0.29 \frac{P}{P_{crit}} \tag{2.113}$$

$$r = 3.53 + 0.0266P + 0.0118P^{2} \tag{2.114}$$

（3）史密斯（Smith）关系式[9]

$$\alpha = \left\{1 + \frac{\rho_g}{\rho_1}\left(\frac{1}{x}-1\right)e + \left(\frac{\rho_g}{\rho_1}\right)^{0.5}\left(\frac{1}{x}-1\right)(1-e)\left[\frac{1+\left(\frac{1}{x}-1\right)e\frac{\rho_g}{\rho_1}}{1+\left(\frac{1}{x}-1\right)e}\right]^{0.5}\right\}^{-1}$$

(2.115)

当 $e=0.4$ 时由式（2.115）计算得到的结果和大多数实验结果符合较好。当 $P=0.1\sim14.8$ MPa，管径 $De=6\sim38$ mm 时，计算误差为 $\pm10\%$。

（4）米洛保尔斯基关系式[35]

米洛保尔斯基关系式考虑了水力直径、质量流速和压力对截面含气率的影响。

$$S = 1 + \frac{13.5(1-P/P_{crit})}{Fr_1^{5/12} Re_1^{2/12}}$$

(2.116)

式中：Fr_1——液相弗劳德数，$Fr_1 = \frac{G^2}{gDe\rho_1^2}$；

P_{crit}——临界压力。

（5）奥奇马金关系式[35]

$$S = 1 + \frac{0.6+1.5\beta^2}{4Fr_1^{0.5}}(1-P/P_{crit})$$

(2.117)

适用于极微细管道（$De \leqslant 0.5$ mm）空气/水混合物空泡份额的计算式，

$$\alpha = \frac{0.036\sqrt{\beta}}{1-0.945\sqrt{\beta}}$$

(2.118)

但是式（2.118）对于其他尺寸窄通道的适用性尚未得到验证。

2.4.4 临界热流密度计算

临界热流密度（CHF）是用于考察反应堆设计和运行安全的一个十分重要的参数。目前对于圆管或棒束通道的 CHF 研究比较深入，取得了大量的实验数据，也拟合出一些可信度较高的关系式。但是对于较大高宽比的矩形通道，其两相流动和传热特性与圆管或其他通道有相当差异，因此现有的针对普通管道的实验结果不能简单地类推到矩形通道上。

（1）W-3 公式[1]

W-3 公式是由美国西屋公司提出的，它是由均匀加热通道的实验数据拟合得到的，既可用于圆形通道、棒束通道，也可用于矩形通道。

均匀加热情况下的 W-3 公式为：

$$q_{CHF, eu} = f(P, x_e, G, D_h, h_{in}) = 3.145 \times 10^6 \xi(P, x_e) \zeta(G, x_e) \psi(D_e, h_{in})$$

$$(2.119)$$

其中，

$$\xi(P, x_e) = (2.022 - 0.062\,38P) + (0.172\,2 - 0.014\,27P) \times$$
$$\exp[(18.177 - 0.598\,7P)x_e]$$
$$(2.120)$$

$$\zeta(G, x_e) = \left[0.148\,4 - 1.596x_e + 0.172\,9x_e|x_e|\left(\frac{G}{10^6}\right) \times 0.204\,8 + 1.037\right] \times$$
$$(1.157 - 0.869x_e)$$
$$(2.121)$$

$$\psi(De, h_{in}) = [0.266\,4 + 0.835\,7\exp(-124.1De)] \times$$
$$[0.825\,8 + 3.41 \times 10^{-6}(h_1 - h_{in})]$$
$$(2.122)$$

W-3 公式的适用范围是：$P = 6.677 \sim 15.39$ MPa；$x_e = -0.15 \sim +0.15$；$G = (2.44 \sim 24.4) \times 10^6$ kg/m^2·h；$De = 0.005\,08 \sim 0.017\,8$ m；通道高度 $L = 0.254 \sim 3.66$ m；$h_{in} \geqslant 930$ kJ/kg；加热周长与润湿周长之比为 $0.88 \sim 1.0$；对于轴向非均匀加热还需要引入热流密度不均匀因子进行修正。

(2) Mirshak 关系式[36]

$$q_{CHF} = 15.1(1 + 0.119\,8\,V)(1 + 0.009\,14\,\Delta T_{sub})(1 + 0.19P) \qquad (2.123)$$

实验验证范围：$V = 1.5 \sim 13.7$ m/s；$P = 0.172 \sim 0.586$ MPa；$De = 5.3 \sim 11.7$ mm；$\Delta T_{sub} = 5 \sim 75$ K。

(3) Gambill-Thorgerson 关系式[37]

Gambill 在 Thorgerson 等工作的基础上，提出了用于美国先进中子源堆（ANSR：Adavanced Neutron Source Reactor）CHF 的计算式：

$$q_{CHF} = \frac{(f/8)\,Re_b\,Pr_b\,(\mu_b/\mu_w)^{0.11}\left[1 + \frac{1}{3}\,(De/L)^{2/3}\right]\left(\frac{\lambda_b}{De}\right)}{(1 + 3.4f) + \left(11.7 + \frac{1.8}{Pr_b^{1/3}}\right)(f/8)^{1/2}\,(Pr_b^{2/3} - 1)}(\Delta T_{sub} + \Delta T_{sat})$$

$$(2.124)$$

式中：$f = 7.413/Re^{0.545}$；

ΔT_{sat}——壁面过热度，$\Delta T_{sat} = (35.792 - 0.095\,3T_{sat})\left(\frac{q_{CHF}}{10^6}\right)^{0.25}$；

下标 b——定性温度取流体的平均温度。

实验验证范围：$V = 4.5 \sim 53$ m/s；$P = 0.9 \sim 3.9$ MPa。

(4) Bernath 关系式[38]

$$q_{CHF} = h_c(T_{wc} - T_b) \tag{2.125}$$

$$h_c = \left(\frac{10890De}{De + D_i} + sV \right) \times 5.678\,263 \tag{2.126}$$

若 $De \leqslant 0.034\,08$ m，则 $s = 48/De^{0.6}$；若 $De > 0.034\,08$ m，则 $s = 90 + 10/De$。

$$T_{wc} = 57\ln P - \frac{54P}{P+15} - \frac{V}{4} + 273 \tag{2.127}$$

(5) Sudo 关系式[39-41]

Sudo 等根据平板状燃料反应堆得到的 95 个临界热流密度实验数据归纳总结出了 Sudo 关系式。该关系式是基于机理模型而提出的，可以用于窄矩形和圆形通道临界热流密度的计算，适用于入口为过冷水的工况。就流向和流量而言，Sudo 关系式适用于向上（包括自然对流）、向下流动和零流量工况。

$$q_{CHF1}^* = 0.005 \mid G^* \mid^{0.611} \tag{2.128}$$

$$q_{CHF2}^* = (A/A_h)\Delta T_{sub,\,in}^* \mid G^* \mid \tag{2.129}$$

$$q_{CHF3}^* = 0.7 \frac{A}{A_h} \frac{(\delta/\lambda)^{0.5}}{[1 + (\rho_g/\rho_l)^{0.25}]^2} \tag{2.130}$$

$$q_{CHF4}^* = 0.005 \mid G^* \mid^{0.611} \left(1 + \frac{5\,000}{\mid G^* \mid} \Delta T_{sub,\,o}^* \right) \tag{2.131}$$

$$G_1^* = \left[\frac{0.005}{(A/A_h)\,\Delta T_{sub,\,in}^*} \right]^{2.5707} \tag{2.132}$$

式中：A ——流道截面积，m^2；

A_h ——流道受热面积，m^2；

$\Delta T_{sub,\,in}^*$ ——无量纲进口过冷度，$\Delta T_{sub,\,in}^* = \dfrac{C_P\,(T_s - T_l)_{in}}{h_{fg}}$；

$\Delta T_{sub,\,o}^*$ ——无量纲出口过冷度，$\Delta T_{sub,\,o}^* = \dfrac{C_P\,(T_s - T_l)_o}{h_{fg}}$；

q^* ——无量纲热流密度，$q^* = \dfrac{q_{CHF}}{h_{fg}\sqrt{\lambda \rho_g g \Delta \rho}}$；

G^* ——无量纲质量流速，$G^* = \dfrac{G}{\sqrt{\lambda \rho_g g \Delta \rho}}$，$\lambda = \sqrt{\sigma/[g\,(\rho_{ls} - \rho_{gs})]}$。

当 $G^* \leqslant G_1^*$ 时（中、小流量和零流量），向下流动时采用 $q_{CHF}^* = \max(q_{CHF2}^*, q_{CHF3}^*)$，向上流动时 $q_{CHF}^* = \max(q_{CHF1}^*, q_{CHF3}^*)$；当 $G^* \geqslant G_1^*$ 时（大流量），向上和向下流动都采用 $q_{CHF}^* = \min(q_{CHF2}^*, q_{CHF4}^*)$。

Sudo 关系式的适用范围：$P = 0.1 \sim 4$ MPa；$G = -25\,800 \sim 6\,250$ kg/m²·s；

$\Delta T_{sub,o}^* = 0 \sim 74$；$\Delta T_{sub,in}^* = 0 \sim 213$；$X_{eo} = 0 \sim 1$；$L/De = 8 \sim 240$。

（6）陈宇宙关系式

陈宇宙认为在高流量区 Sudo 关系式预测值偏低，在进行针对中国先进研究堆板状燃料元件的临界热流密度实验后，提出了新的临界热流密度计算关系式。

$$q_{CHF} = 1.193 \times 10^6 \cdot V^{0.5} \cdot (1 + 0.03 \cdot \Delta T_{sub}) \qquad (2.133)$$

式中：V ——冷却剂流速，m/s；

　　　ΔT_{sub} ——过冷度，$\Delta T_{sub} = T_s - T_1$，K。

陈宇宙关系式适用于冷却剂流速大于 3.6 m/s 的工况。

以上大多数关系式都曾应用于板状燃料反应堆临界热流密度计算，例如 Mirshak 关系式被 IAEA 推荐用于研究堆[42]，Gambill 关系式为美国 ANSR 所采用，Sudo 关系式被日本原子能研究所用于 JRR-3 和 JRR-4 设计等。诸多研究表明 Sudo 关系式计算精度较高[43-44]，但是 Sudo 关系式是从低温低压单相流动实验中得到的，因此当堆芯在低温低压并保持单相工况时可采用 Sudo 关系式，当堆芯为高温高压或出现沸腾后则采用 W-3 公式。

参考文献

[1] 于平安，朱瑞安，喻真烷 . 反应堆热工分析[M]. 北京：原子能出版社，2001.

[2] 蔡章生 . 核动力反应堆中子动力学[M]. 北京：国防工业出版社，2005.

[3] LU Q, QIU S, SU G H. Development of a thermal‐hydraulic analysis code for research reactors with plate fuels[J]. Annals of Nuclear Energy, 2009, 36(4): 433-447.

[4] 尤洪君，崔震华，程轶平 . 板状燃料元件热传导模型及其动态仿真[J]. 核科学与工程，2002, 22(1)：59-62.

[5] CO LI T. RELAP5/MOD3 code manual：Volume 1 Code structure, system models, and solution methods[R]. Office of Scientific & Technical Information Technical Reports，1995.

[6] 卢庆，秋穗正，田文喜，等 . 板状燃料元件堆芯流量分配及不对称冷却计算研究[J]. 核动力工程，2008, 29(2)：24-29.

[7] ALHAMA F, CAMPO A. The connection between the distributed and lumped models for asymmetric cooling of long slabs by heat convection[J]. International

Communications in Heat & Mass Transfer, 2001, 28(1): 127-137.

[8] SU J. Improved lumped models for asymmetric cooling of a long slab by heat convection[J]. International Communications in Heat & Mass Transfer, 2001, 28(7): 973-983.

[9] SADAT H. A general lumped model for transient heat conduction in one-dimensional geometries[J]. Applied Thermal Engineering, 2005, 25(4): 567-576.

[10] 杨世铭, 陶文铨. 传热学[M]. 北京: 高等教育出版社, 2006.

[11] ADAMS T M, ABDEL-KHALIK S I, JETER S M, et al. An experimental investigation of single-phase forced convection in microchannels[J]. International Journal of Heat & Mass Transfer, 1998, 41(6/7): 851-857.

[12] 蒲鹏飞. 垂直狭缝流道内单相和两相换热实验及分析模型[D]. 重庆: 重庆大学, 2005.

[13] 文彦, 高超, 秋穗正, 等. 矩形窄缝通道内水稳态和瞬态流动换热特性实验[J]. 核动力工程, 2010, 31(1): 28-32.

[14] CHEN N C J, WENDEL M W, YODER G L. Conceptual design loss-of-coolant accident analysis for the Advanced Neutron Source reactor[J]. Nuclear Technology (United States), 1994, 105:1(1): 104-122.

[15] WANG Z Y, WANG G H. THEATReTM Modeling Techniques Handbook, GSE Power Systems[R]. 2001.

[16] AGOSTINI B, Watel B, BONTEMPS A, et al. Liquid flow friction factor and heat transfer coefficient in small channels: an experimental investigation[J]. Experimental Thermal & Fluid Science, 2004, 28(2/3): 97-103.

[17] 阎昌琪. 气液两相流[M]. 哈尔滨: 哈尔滨工程大学出版社, 1995.

[18] 郝老迷, 李运文. 高通量研究堆堆芯热工水力分析程序 THAS-PC4[J]. 核科学与工程, 1997(1): 12-20.

[19] 徐济鋆. 沸腾传热和汽液两相流[M]. 北京: 原子能出版社, 2001.

[20] 潘良明, 辛明道, 何川, 等. 矩形窄缝流道流动过冷沸腾起始点的实验研究[J]. 重庆大学学报, 2002, 25(8): 51-54.

[21] KURETA M, HIBIKI T, MISHIMA K, et al. Study on point of net vapor generation by neutron radiography in subcooled boiling flow along narrow rectangular channels with short heated length[J]. International Journal of Heat & Mass Trans-

fer，2003，46(7)：1 171-1 181.

[22] 阎昌琪. 核反应堆工程[M]. 哈尔滨：哈尔滨工程大学出版社，2004.

[23] 沈秀中，刘洋，张琴舜. 适于窄缝流动沸腾传热的关系式[J]. 核动力工程，2002，23(1)：80-83.

[24] WARRIER G R，DHIR V K，MOMODA L A. Heat transfer and pressure drop in narrow rectangular channels[J]. Experimental Thermal & Fluid Science，2002，26(1)：53-64.

[25] QU W，MUDAWAR I. Flow boiling heat transfer in two-phase micro-channel heat sinks-I. Experimental investigation and assessment of correlation methods[J]. International Journal of Heat & Mass Transfer，2003，46(15)：2 755-2 771.

[26] WEN D S，YAN Y，KENNING D. Saturated flow boiling of water in a narrow channel：time-averaged heat transfer coefficients and correlations［J］. Applied Thermal Engineering，2004，24(8)：1 207-1 223.

[27] CO L I T. RELAP5/MOD3 code manual. Volume 4，Models and correlations[R]. Office of Scientific & Technical Information Technical Reports，1995.

[28] 刘兴民，陆道纲，刘天才，等. 中国先进研究堆堆芯流量分配的数值模拟[J]. 核动力工程，2003，24(S2)：21-24，63.

[29] 田文喜，秋穗正，郭赟，等. 中国先进研究堆堆芯流量分配计算[J]. 核科学与工程，2005，25(2)：137-142.

[30] 孙中宁，孙立成，阎昌琪，等. 窄缝环形流道单相摩擦阻力特性实验研究[J]. 核动力工程，2004，25(2)：123-127.

[31] HA T，GARLAND W J. Hydraulic study of turbulent flow in MTR-type nuclear fuel assembly[J]. Nuclear Engineering & Design，2006，236(9)：975-984.

[32] 于平安，朱瑞安，喻真烷. 反应堆热工分析[M]. 北京：原子能出版社，2001.

[33] MISHIMA K，HIBIKI T. Some characteristics of air-water two-phase flow in small diameter vertical tubes[J]. International Journal of Multiphase Flow，1996，22(4)：703-712.

[34] ZHANG W，HIBIKI T，MISHIMA K. Correlations of two-phase frictional pressure drop and void fraction in mini-channel[J]. International Journal of Heat & Mass Transfer，2010，53(1)：453-465.

[35] 林宗虎. 汽液两相流和沸腾传热[M]. 西安：西安交通大学出版社，2003.

[36] KAMINAGA M. COOLOD-N：A Computer code for the analyses of steady-state thermal-hydraulics in plate-type research reactors[R]. JAERI，1994.

[37] GAMBILL W R. Advanced neutron source design：burnout heat flux correlation development[C]. ANS/ENS 1988 International Conference：298-307.

[38] KATTO Y. General features of CHF of forced convection boiling in uniformly heated vertical tubes with zero inlet subcooling[J]. International Journal of Heat & Mass Transfer，1980，23(4)：493-504.

[39] SUDO Y,KAMINAGA M. A CHF characteristic for downward flow in a narrow vertical rectangular channel heated from both sides[J]. International Journal of Multiphase Flow，1989，15(5)：755-766.

[40] SUDO Y. Study on Critical Heat Flux in Rectangular Channels Heated from One or Both Sides atPresures Ranging from 0. 1 to 14 MPa[J]. Journal of Heat Transfer，1996，118(3)：680-688.

[41] SUDO Y,KAMINAGA M. Critical heat flux at high velocity channel flow with high subcooling[J]. Nuclear Engineering & Design，1999，187(2)：215-227.

[42] IAEA. Research reactor core conversion from the use of high enriched uranium to the use of low enriched uranium fuels guidebook[R]. IAEA-TECDOC-233. 1980.

[43] 卢冬华，白雪松，黄彦平，等. 扁矩形通道 CHF 试验研究及其 CHF 关系式的分析评估[J]. 核科学与工程，2004，24(3)：242-248.

[44] SUDO Y，魏永仁. 垂直矩形通道中向上流动和向下流动 DNB 热流密度差别的实验研究[J]. 国外核动力，1994,15(5)：16-26.

[45] 于平安，朱瑞安，喻真烷. 反应堆热工分析[M]. 北京:原子能出版社，2001.

[46] 杨世铭，陶文铨. 传热学[M]. 北京:高等教育出版社，2010.

[47] 陈文振，于雷，郝建立. 核动力装置热工水力[M]. 北京：中国原子能出版社，2013.

第3章 直流蒸汽发生器热工水力分析

在核反应堆中，核裂变产生的热量由冷却剂带出，通过蒸汽发生器传递给二回路给水，使其产生具有一定压力、温度和干度的蒸汽。蒸汽发生器是核动力装置中非常重要的一个换热设备，是一二回路的枢纽。蒸汽发生器能否安全、可靠地运行，对整个核动力装置的经济性和安全可靠性有着十分重要的影响[1]。

在一体化反应堆中，大多采用直流蒸汽发生器（OTSG），因为直流蒸汽发生器具有结构紧凑、静态性能好、调节控制快等特点。此外，由于直流蒸汽发生器产生的是过热蒸汽，不需要汽水分离装置及再热设备，简化了系统，同时提高了核动力装置的热效率，因此可以较好地满足一体化反应堆的布置要求。一体化反应堆的性能依赖于所采用直流蒸汽发生器的特性和结构，其中最重要的是直流蒸汽发生器中热交换表面的高度紧凑性和高比功率。同时，直流蒸汽发生器内部还存在着单管和管间脉动，以及水动力特性的不稳定性和整体脉动等问题，这些都需要在直流蒸汽发生器设计时加以考虑并得到有效克服。

3.1 工作原理和结构形式

直流蒸汽发生器二回路工质的流动依靠给水泵的压头来实现，外力强迫二回路工质一次流过传热管，依次经过预热段、蒸发段和过热段，产生过热蒸汽。

直流蒸汽发生器具有以下特点：

1）能够产生过热蒸汽，不需要除湿，对汽轮机的要求有所降低，同时增大了汽轮机内的绝热焓降，提高了核动力装置的热效率；

2）没有结构复杂的汽水分离器，流程阻力小，结构简单、紧凑。与相同容量的自然循环蒸汽发生器相比尺寸小、质量轻；

3）二次侧蓄热量和水容量小，受热面的加热和冷却都容易达到均匀，能够实现快速启动和停止，机动性好。

直流蒸汽发生器的不足之处在于：

1）传热情况复杂，其二次侧包括过冷水、过冷沸腾、饱和沸腾、强制对流、缺液区换热、过热蒸汽等多种工况，各工况下工质与传热管壁面之间的传热机制差别较大；

2）工质一次通过传热管，运行过程中不能像自然循环蒸汽发生器那样排污，对给水品质以及传热管材料抗腐蚀性能要求很高；

3）蒸汽压力对负荷的变动敏感，不论一次侧还是二次侧扰动，都会导致传热管内各传热区段分界线的移动和蒸汽压力的变化，因此需要采用较为复杂的自动调节系统；

4）直流蒸汽发生器内存在两相流动，低负荷工况下容易出现流动不稳定性，使得蒸汽流量和过热蒸汽温度产生周期性波动；

5）由于二回路侧工质完全依靠给水泵提供的压头强迫流动，因而使得给水泵压头增高、消耗功率增大。

按照流程来分，直流蒸汽发生器可分为管外直流式和管内直流式两大类。管外直流是指二回路工质在传热管外流动，一回路冷却剂在传热管内流动；管内直流是指二回路工质在传热管内流动，一回路冷却剂在传热管外流动。在一体化反应堆中所使用的直流蒸汽发生器一般是管内直流式蒸汽发生器。

按传热管形状，直流蒸汽发生器又可分为套管式、螺旋盘管式和直管式。表 3.1 给出了几种一体化反应堆所采用的直流蒸汽发生器的主要结构及运行特点。

表 3.1　中小型一体化压水堆研究的主要技术特点

国家	美国		韩国	阿根廷	日本		俄罗斯	法国
堆型	IRIS	NuScale	SMART	CAREM	MRX	DRX	ABV	SCOR
热功率/MWt	1 000	150	330	100	100	0.75	38	2 000
电功率/MWe	335	45	100	27	/	0.15	/	630
结构形式	螺旋管	螺旋管	螺旋管	螺旋管	螺旋管	螺旋管	直管	U 型管
SG 模块数量	8	2	12	12	2	/	/	1
单模块功率/MW	125	75 * 2	27.5	8.4	/	/	/	2000
传热管外径/mm	17.46	15.875	12	/	19	19	13	19.5
传热管壁厚/mm	2.11	0.9	1.5	/	2.1	1.5	1.5	0.8
传热管内径/mm	13.24	14.075	9	/	14.8	16	10	17.9
单模块传热管数	655	1 012	324	/	388	6	/	11 000
传热管长度/m	32	22.25	15.8	/	42	/	/	16
传热管材料	TT690	Inconel690	钛合金	Inconel690	Inconel800	Inconel800	钛合金	Inconel690
一回路压力/MPa	15.5	7.8	15	12.25	12	8.35	15.41	8.8
一回路入口温度/℃	328.4	287.05	310	326	295.5	298	327	285.4

续表

国家	美国		韩国	阿根廷	日本		俄罗斯	法国
一回路出口温度/℃	292	216.45	270	284	282.5	281.8	245	246.4
蒸汽压力	5.8	2.1	3	4.7	4.02	3	3.14	3.2
给水温度/℃	223.9	33.3	180	200	185	62	106	183
蒸汽温度/℃	317	221.5	274	290	289	242.4	290	237
一次侧流量/（kg/s）	4 712	424	156	410	1 250	8.5	110.3	10 465
二次侧流量/（kg/s）	500	56	152.5	48.7	46.72	0.292	18.6	987

3.2　螺旋管直流蒸汽发生器

螺旋管式直流蒸汽发生器的传热面由大量不同螺距的螺旋盘管组成。与直管式直流蒸汽发生器相比，首先，在换热方面，螺旋管的结构可以实质性地改善传热效率，特别是对于沸腾段和蒸发段内，临界热通量明显增大，而且沿管道的局部横流（即二次环流）以及管内外逆流换热同样可以提高其换热能力；其次，螺旋管的结构可以实现自由膨胀，因此不会产生较大的热应力；最后，螺旋管的布置可以保证设计紧凑，从而减少直流蒸汽发生器占用的空间。因此，基于总寿期成本、设计和制造经验、热工性能以及运行特性的全面考虑，很多核动力装置选择了螺旋管式直流蒸汽发生器。

3.2.1　螺旋管传热分析

由于螺旋管特殊的几何结构，工质在管内流动过程中会不断改变方向，使得螺旋管中的热工水力现象比直管中更为复杂，尤其是两相段流体行为。

直流蒸汽发生器的传热是由温度较高的一回路冷却剂向温度较低的二回路工质进行，一般将蒸汽发生器内的传热过程分为以下几个部分：

1）一回路冷却剂对管壁的强迫对流换热；

2）通过传热管壁和污垢层的导热；

3）传热面管壁对二回路工质的沸腾换热。

在螺旋管式直流蒸汽发生器中，一次侧冷却剂和二次侧工质之间的换热过程和流体的流动过程同时进行，流体的水力特性和换热过程相互影响。对于二次侧工质而言，由于在流动过程中受到离心力的作用，会在横截面上产生二次环流而对流动和换热均造成影响。二次环流可以强化换热，也会带来附加压降，这增加了理论分析的复杂性，因此对于流体在螺旋管内流动和传热的计算模型，通常是根据实验数据进行拟合得出相应的实验关系式，同时在换热和流动关系式中加入考虑了螺旋管几何参数的修正量。

（1）螺旋管内传热计算

1）无相变时的传热模型

由于螺旋管内存在二次环流，在单相区沿流体流动切向方向上会出现流速和温度分布不均匀，管壁外侧的局部对流换热系数高于内侧，而紊动度的增加，使得螺旋管平均换热系数高于直管。

螺旋管内层流流动传热计算可以采用 Schmiat 关系式[2]，其表达式为：

$$Nu = 3.65 + 0.08\left[1 + 0.08\left(\frac{d_i}{D_c}\right)^{0.9} Re^a Pr^{\frac{1}{3}}\right] \tag{3.1}$$

$$a = 0.5 + 0.290\ 3\left(\frac{d_i}{D_c}\right)^{0.194} \tag{3.2}$$

螺旋管内紊流流动的换热系数计算可以采用 Mori-Nakayma 关系式[3]，其表达式为：

$$Nu = \begin{cases} \dfrac{1}{26.2}\dfrac{Pr}{(Pr^{2/3}-0.074)}Re^{4/5}\left(\dfrac{d_i}{D_c}\right)^{1/10}\left\{1+\dfrac{0.098}{[Re\ (d_i/D_c)^2]^{1/5}}\right\}, & Pr \leqslant 1 \\[4mm] \dfrac{1}{41.0}Re^{5/6}Pr^{0.4}\left(\dfrac{d_i}{D_c}\right)^{1/12}\left\{1+\dfrac{0.061}{[Re\ (d_i/D_c)^{2.5}]^{1/6}}\right\}, & Pr > 1 \end{cases}$$

$$\tag{3.3}$$

这一关系式是 Mori-Nakayma 通过理论分析方法结合实验得到的，其中实验工况为 $2\times10^3 < Re < 4\times10^4$，$D_c/d_i$ 分别为 18.7 和 40。

由于传热管内二次环流的影响，使得螺旋管内层流转变为紊流的过程比较平滑，随着 Re 的增大，流动状态会依次出现层流、具有二次环流的层流以及紊流流动，其分界点分别为 Re'_c 和 Re''_c，前者小于直管中临界雷诺数，后者则大于直管中临界雷诺数。通常讨论的螺旋管内的临界雷诺数是指 Re''_c。

计算螺旋管内 Re_c 的公式主要有两种型式[4]：

①Ito 公式

$$Re_c = m\left(\frac{d_i}{D_c}\right)^n \tag{3.4}$$

其中，$m = 2\times10^4$，$n = 0.32$。公式适用范围为：$15 < D_c/d_i < 625$。

②Schmidt 公式

$$Re_c = 2\ 300\left[1 + m\left(\frac{d_i}{D_c}\right)^n\right] \tag{3.5}$$

其中，$m=8.6$，$n=0.45$。当 $D_c/d_i \to \infty$ 时，$Re_c=2\,300$，正是水平圆管的临界雷诺数。

Ito 公式在相关螺旋管直流蒸汽发生器的计算分析程序中得到普遍应用。

2）欠热沸腾起始点

对于螺旋管直流蒸汽发生器的设计、运行及其他工程应用，低欠热沸腾区域的研究更有意义。其中最重要的是确定气泡脱离壁面的轴向位置，因为从这一点开始将不能忽略气泡对流动和传热产生的影响。分析中可以采用萨哈-朱伯（Saha-Zuber）关系式[5]确定气泡脱离壁面起始点位置，

$$T_{FDB}=\begin{cases} T_{sat}-0.002\,2\dfrac{qd_i}{k_f}, & Pe \leqslant 70\,000 \\[3mm] T_{sat}-154\dfrac{q}{G_m c_{pf}}, & Pe > 70\,000 \end{cases} \qquad (3.6)$$

式中：T_{FDB}——气泡脱离壁面起始点的流体温度，℃；

$\qquad T_{sat}$——流体压力对应的饱和温度，℃；

$\qquad c_{pf}$——流体的比定压热容，J/（kg·℃）；

$\qquad q$——流体的热流密度，W/m²；

$\qquad G_m$——流体的质量流速，kg/（m²·s）；

$\qquad k_f$——流体的热导率，W/（m·℃）；

$\qquad Pe$——贝克来数，$Pe=G_m d_i c_{pf}/\lambda$。

3）欠热沸腾区传热模型

对于欠热沸腾区和饱和沸腾区的传热，螺旋管的传热特性同直管相似，因此传热关系式一般是对应用广泛的 Chen 公式进行修正。Chen 公式认为可以将这两区的传热分为两部分，一是考虑沸腾产生的气泡对换热的影响，即泡核沸腾传热，二是考虑强迫对流换热的影响，即强迫对流传热。

Chen 公式中的泡核沸腾传热分量可以很好地应用于评价螺旋管中气液两相核态沸腾[6]，但是由于离心力的作用使得大部分螺旋管道壁面保持湿润，传热能力得到强化，所以对于强制对流传热分量必须选用考虑了螺旋管结构特性的公式进行修正。

欠热沸腾区传热可以采用修正的 Chen 公式，表达式为：

$$h_{TP}=0.023\left[\frac{G_m d_i}{\mu_f}\right]^{0.8}(Pr_f)^{0.4}\frac{k_f}{d_i}M+0.001\,22\,S\left(\frac{k_f^{0.79}c_{pf}^{0.45}\rho_f^{0.49}}{\sigma^{0.5}h_{fg}^{0.24}\rho_g^{0.24}\mu_f^{0.29}}\right)\Delta T_{sat}^{0.24}\Delta P_{sat}^{0.75}\frac{T_w-T_{sat}}{T_w-T_f}$$

$$(3.7)$$

结构修正因子：

$$M = \left[Re \left(\frac{d_i}{D_c} \right)^2 \right]^{0.05} = \left[\frac{G_m d_i}{\mu_f} \left(\frac{d_i}{D_c} \right)^2 \right]^{0.05} \tag{3.8}$$

泡和沸腾抑制因子：

$$S = \begin{cases} [1 + 0.12 \, (Re_{TP})^{1.14}]^{-1}, & Re_{TP} < 32.5 \\ [1 + 0.42 \, (Re_{TP})^{0.78}]^{-1}, & 32.5 \leqslant Re_{TP} < 70 \\ 0.0797, & Re_{TP} \geqslant 70 \end{cases} \tag{3.9}$$

其中，$Re_{TP} = \left[\dfrac{G_m d_i}{\mu_f} \right] \times 10^{-4}$。

4）饱和沸腾区传热模型

适用于饱和沸腾区域的修正的 Chen 公式表达式为：

$$h_{TP} = 0.023 \, F \left[\frac{G_m (1-x) d_i}{\mu_f} \right]^{0.8} (Pr_f)^{0.4} \frac{k_f}{d_i} M +$$
$$0.00122 \, S \left(\frac{k_f^{0.79} c_{pf}^{0.45} \rho_f^{0.49}}{\sigma^{0.5} h_{fg}^{0.24} \rho_g^{0.24} \mu_f^{0.29}} \right) \Delta T_{sat}^{0.24} \Delta P_{sat}^{0.75} \tag{3.10}$$

结构修正因子：

$$M = \left[Re_1 \left(\frac{d_i}{D_c} \right)^2 \right]^{0.05} = \left[\frac{G_m (1-x) d_i}{\mu_f} \left(\frac{d_i}{D_c} \right)^2 \right]^{0.05} \tag{3.11}$$

泡和沸腾抑制因子的计算式与欠热沸腾区相同，其中 Re_{TP} 使用式（3.12）计算：

$$Re_{TP} = F^{1.25} \left[\frac{G_m (1-x) d}{\mu_f} \right] \times 10^{-4} \tag{3.12}$$

F 为雷诺数因子，计算式为：

$$F = \begin{cases} 1.0, & X_{tt}^{-1} \leqslant 0.10 \\ 2.35 \, (X_{tt}^{-1} + 0.213)^{0.736}, & X_{tt}^{-1} > 0.1 \end{cases} \tag{3.13}$$

X_{tt} 为 Martinelli 参数，其值按式（3.14）计算：

$$X_{tt}^{-1} = \left(\frac{x}{1-x} \right)^{0.9} \left(\frac{\rho_f}{\rho_g} \right)^{0.5} \left(\frac{\mu_g}{\mu_f} \right)^{0.1} \tag{3.14}$$

5）干涸点判断

在高含气率区，螺旋管内的流体受到重力作用会在垂直方向上引起汽水分离，使得气相趋向于管内上侧。同时流体受到离心力作用，在水平方向上同样会引起汽水分离，使得气相聚集在管壁内侧。此外，二次环流使得管壁外侧的液膜沿管壁向内侧扩散，维持了内侧壁面的湿润，使得传热恶化推迟发生，因此螺旋管的干涸点含气率高于水平直管。韩国开发的 TASS-SMR[7] 程序对于螺旋管直流蒸汽发生器中干涸点的判断采用了

Kozeki 公式，认为干涸点含气率为 0.8。ONCESG 程序[8]和文献 [9] 搭建的两相段数学模型均采用了对于圆管适用性良好的 Biasi 公式。利用电加热螺旋管试验装置的实验数据整理得到了计算 x_{dryout} 的公式[10]如下所示：

$$x_{\text{dryout}} = 1 - 4 \times 10^{-4} q - 0.010\ 9\ (10^{-3} G_{\text{m}})^2 \left(\frac{D_{\text{c}}}{d_i}\right)^{0.5} \tag{3.15}$$

公式适用范围为：$40 < D_{\text{c}}/d_i < 189$，$300\ \text{kg/}\ (\text{m}^2 \cdot \text{s}) < G_{\text{m}} < 1\ 800\ \text{kg/}\ (\text{m}^2 \cdot \text{s})$。

6）缺液区传热模型

缺液区中的气液两相处于热力学不平衡状态，主要传热途径包括了液滴进入近壁面热边界层后同壁面的碰撞、主流与壁面之间进行的对流传热、主流中过热蒸汽同液滴之间的对流传热以及壁面与液滴和蒸汽之间的辐射传热。由于换热机理复杂，因此缺少较好的理论模型对其进行描述。在大型热工水力程序中，对于缺液区传热系数的计算采用了插值的方法，即：

$$h_{\text{transition}} = h_{\text{superheated-steam}} + \left(\frac{1.0 - x}{1.0 - x_{\text{dryout}}}\right)^5 (h_{\text{nucleate-boiling}} - h_{\text{superheated-steam}}) \tag{3.16}$$

RELAP5[11]对于缺液区的计算采用了半理论模型，将这一区域的传热分为三部分：热传导、热对流和辐射换热。热传导和热对流模型均在相应的经验关系式基础上进行了修正，使其对于这一区域的换热描述更为精确。由于半理论模型中的不少参数需要实验数据确定，目前缺乏针对螺旋管这一结构的相应关系式。因此，大部分经验关系式主要是基于 Dittus-Boelter 型计算式进行修正，并未考虑热力学不平衡效应。理论分析中，对于缺液区的换热可以采用式（3.17）：

$$Nu = 0.023 y\ (Gd/\mu_{\text{g}})^{0.8} \left[x + \frac{\rho_{\text{f}}}{\rho_{\text{g}}}(1 - x)\right]^{0.8} Pr_{\text{w}}^{0.8} \tag{3.17}$$

其中，

$$y = 1 - 0.1\ (\rho_{\text{f}}/\rho_{\text{g}} - 1)^{0.4}\ (1 - x)^{0.4} \tag{3.18}$$

实验工况为：$Re > Re_{\text{c}}$，D_{c}/d_i 为 10、13.3、25 和 111，$3.9\ \text{MPa} < P < 21.6\ \text{MPa}$。

（2）**螺旋管外传热**

一次侧冷却剂在螺旋管外侧自上而下流动，而压水堆直流蒸汽发生器中螺旋管的倾斜角较小（一般小于 15°），因此管外侧冷却剂的流动近似于横向冲刷管束。假设一次侧冷却剂在流动过程中不发生相变，螺旋管外传热广泛使用描述单相流体外掠管束的 Zhukauskas 关系式[12]：

$$Nu_{\text{f}} = C Re_{\text{f}}^m Pr_{\text{f}}^{0.36} \left(\frac{Pr_{\text{f}}}{Pr_{\text{w}}}\right)^{0.25} \tag{3.19}$$

其中，系数 C 和 m 的取值列于表 3.2。表中 a 为螺旋管横向节距，b 为纵向节距。根据管束的布置方式不同，例如顺排或者叉排，选取相应的传热系数。

表 3.2 Zhukauskas 公式中相关传热系数计算

Re	C		m
	顺排	叉排	
$10^1 \sim 10^2$	0.8	0.9	0.4
$10^2 \sim 10^3$	0.51	0.5	0.5
$10^3 \sim 2 \times 10^5$	0.27	—	0.63
	—	$0.35\,(a/b)^{0.2}, a/b \leqslant 2$	0.60
	—	$0.40, a/b > 2$	0.60
$> 2 \times 10^5$	0.033	$0.031\,(a/b)^{0.2}$	0.8

（3）壁面导热

螺旋管直流蒸汽发生器内的传热包含了两侧流体与管壁的对流换热以及壁面内的导热。壁面热流密度 q 定义为单位传热面积 A 上传递的热流量 Q，即 $q = Q/A$。因此以螺旋管内侧面积为基准的壁面热流密度计算关系式为：

$$q = \frac{\pi d_o (T_p - T_s)}{\dfrac{1}{h_p}\dfrac{d_o}{d_i} + \dfrac{d_o}{2\lambda_w}\ln\dfrac{d_o}{d_i} + R_f + \dfrac{1}{h_s}} \tag{3.20}$$

式中：T_p——一次侧冷却剂温度，℃；

T_s——二次侧流体温度，℃；

h_p——一次侧换热系数，W/（m² · K）；

h_s——二次侧换热系数，W/（m² · K）；

R_f——污垢热阻，根据实验和运行经验，取值一般在（0.26 ~ 0.52）×10⁴ m² · K/W 之间；

λ_w——管壁热导率，W/（m · K）；

d_i、d_o——螺旋管内、外径，m。

3.2.2　螺旋管的阻力计算

（1）螺旋管内阻力计算

流体流动的总压力损失包括了摩擦压降、重位压降和加速压降。对于螺旋管特殊的结构，其摩擦压降的计算较为复杂。

当前研究表明单相和两相工质在螺旋管中的流动行为比直管中更为复杂，而且在相同流率相同管长的情况下，螺旋管中流体流动产生的压降大于直管。对于摩擦损失的研究，理论分析比较困难，主要采用实验方法给出相应的摩擦阻力系数。

1）单相摩擦阻力系数

Dean 提出用无量纲数 De 来体现螺旋管结构对摩擦压降产生的影响：

$$De = Re \sqrt{\frac{d_i}{D_c}} \tag{3.21}$$

Ito 基于实验与理论研究提出了包括层流和紊流摩擦阻力系数 f 计算的关系式，其中层流 f_c 计算关系式为：

$$f_c / f_s = 21.5 De / (1.56 + \lg De)^{5.73}, \quad Re \leqslant Re_c \tag{3.22}$$

式中，f_s——直管层流区的摩擦阻力系数。

实验测量的热工条件为：$13.5 < De < 2\,000$。

紊流阻力系数 f_d 的计算关系式为：

$$f_d = 0.304 Re^{-0.25} + 0.029 (d_i / D_c)^{0.5}, \quad Re > Re_c \tag{3.23}$$

实验测量的热工条件为：$0.034 < Re (D_c / d_i)^2 < 300$。

在单相层流和紊流区域，Ito 提出的关系式计算结果与 SIET 实验设备得出的数据吻合程度最好，在层流区域与实验值的平均误差为 4.03%，在过渡区域与实验值平均误差为 3.77%，在紊流区域与实验值的平均误差为 3.75%，最大误差只有 5.15%，均证明了 Ito 关系式良好的预测能力[13]。

2）两相摩擦阻力系数

两相摩擦压降计算中，Santini 在 Lombardi 拟合得出的垂直向上流动直管内两相压降关系式基础上，基于 SIET 实验获得的实验数据拟合得出螺旋管内两相摩擦阻力系数关系式[14]，其结构形式如式（3.24）所示：

$$dP_f = K(x) \frac{G_m^{1.91} v_m}{d_i^{1.2}} dz \tag{3.24}$$

其中，系数 K 为考虑含气率影响的压降倍增因子，可由式（3.25）计算，

$$K(x) = -0.037\,3x^3 + 0.038\,7x^2 - 0.004\,7\,9x + 0.010\,8 \tag{3.25}$$

实验测量的热工条件为：$192\ \mathrm{kg/(m^2 \cdot s)} < G_m < 811\ \mathrm{kg/(m^2 \cdot s)}$，$1.1\ \mathrm{MPa} < P < 6.3\ \mathrm{MPa}$，$D_c / d_i = 79.8$，$0 < x < 1$。

由式（3.24）可以看出，质量流速对于螺旋管内两相摩擦压降的影响（$\Delta P_f^{盘管两相} \propto G_m^{1.91}$）大于其对垂直光滑管的影响（$\Delta P_f^{直管单相} \propto G_m^{1.8}$，$\Delta P_f^{直管两相} \propto G_m^{1.5}$），证明了由于管道弯曲带来的耗散影响增大。值得一提的是，Santini 在关于两相压降研究的论文中利用实验数据对比了不同的经验关系式，对于超工况下不同关系式的预测结果出现了明

显的差异，进一步说明了螺旋管内两相摩擦压降预测的难度。

基于 Santini 等的实验数据采用 Lockhart-Martinelli 方法拟合得出了新的两相压降计算公式，如式（3.26）所示[13]：

$$\left(\frac{\Delta P}{L}\right)_{\text{tp}} = \Phi_1^2 \left(\frac{\Delta P}{L}\right)_1 \tag{3.26}$$

式中：$(\Delta p/L)_1$——全液相摩擦压降梯度，其中液相摩阻系数计算采用 Ito 公式；

Φ_1^2——全液相折算系数，考虑螺旋管结构特性进行修正后计算方法为：

$$\Phi_1^2 = 0.13\Phi_{\text{lM}}^2 De_1^{0.15} \left(\frac{\rho_{\text{m}}}{\rho_1}\right)^{-0.37} \tag{3.27}$$

De_1 为液相 Dean 数，由式（3.28）计算：

$$De_1 = Re_1 \sqrt{\frac{d_i}{D_c}} = \frac{G_{\text{m}}(1-x)d_i}{\mu_1} \sqrt{\frac{d_i}{D_c}} \tag{3.28}$$

Φ_{lM}^2 为 Martinelli 数，计算公式为，

$$\Phi_{\text{lM}}^2 = \left(1 + \frac{c}{X_{\text{tt}}} + \frac{1}{X_{\text{tt}}^2}\right) \tag{3.29}$$

其中，系数 c 由实验给出。对于直管内的紊流气液两相流动，推荐 $c=20$；对于高压条件下的螺旋管，推荐 $c=10$。

参数 X_{tt} 与前述饱和沸腾及两相强制对流传热区修正的 Chen 公式中 X_{tt} 计算方法相同。

虽然该公式与 SIET 实验值相比的平均相对误差（11.6%）高于 Santini 公式（8.4%），但是与螺旋直径为 0.292 m、管内径为 0.9 cm 的螺旋管流动特性实验中测得数据的平均相对误差为 25.3%，低于 Santini 公式的 46.0%，证明了该公式同样具有良好的预测能力。

（2）螺旋管外阻力计算

HCSG 一次侧的流动阻力计算可参考单相工质横向绕过螺旋式蛇形管束的相关关系式[15]：

$$\Delta P = (a/d_0 - 1)^{-0.5} Re^{-0.2} H\varepsilon(\varphi)\rho v^2/b \tag{3.30}$$

式中：H——螺旋管高度，m；

a、b——螺旋管横向、纵向间距，m；

$\varepsilon(\varphi)$——冲刷角修正系数，取 $\varepsilon(\varphi)=1.0$。

3.2.3 气液相对速度计算

真实含气率 x 表示在两相流动介质中，气相质量流量占混合物总质量流量之比，由

定义可知：

$$x = \frac{\rho_g v_g A_g}{\rho_g v_g A_g + \rho_f v_f A_f} = \alpha \frac{\rho_g}{\rho_m} + \frac{\alpha(1-\alpha)\rho_g \rho_f}{\rho_m G_m} v_r \tag{3.31}$$

真实含气率 x 属于流率，与两相流的流动有关，而静态含气率 x_s 与空泡份额 α 都属于场率，与两相流场的存在情况有关。静态含气率 x_s 定义为：

$$x_s = \frac{\rho_g A_g}{\rho_g A_g + \rho_f A_f} = \alpha \frac{\rho_g}{\rho_m} \tag{3.32}$$

当气液两相处于热平衡状态时，热平衡含气率 x_e 可由热平衡方程计算：

$$x_e = \frac{h_m - h_{f,\,sat}}{h_{fg}} \tag{3.33}$$

可以使用气液相对速度 v_r 来描述两相之间的相对运动。它由分布参数 C_0 以及漂移速度 V_{gj} 决定，

$$C_0 = \frac{\langle \alpha j \rangle}{\langle \alpha \rangle \langle j \rangle} \tag{3.34}$$

$$V_{gj} = \frac{\langle \alpha V_{gj} \rangle}{\langle \alpha \rangle} \tag{3.35}$$

其中，$j = j_f + j_g$ 为液相折算速度 j_f 和气相折算速度 j_g 之和。

当 $V_{gj} = 0$ 和 $C_0 = 1$ 时，表示气液混合均匀流动。当 $V_{gj} \neq 0$, $C_0 > 1$ 时，表示流道中心处截面含气率高于壁面处截面含气率，反之则有 $C_0 \leqslant 1$。许多文献中提出了针对漂移流模型中 C_0 和 V_{gj} 的建议值，但是对于螺旋管直流蒸汽发生器，基于 SIET 螺旋管 CFD 计算拟合得出的空泡份额计算关系式与实验数据符合较好[13]，关系式为：

$$C_0 = 1 + 0.117(1-x) \tag{3.36}$$

$$V_{gj} = 0.001\,6 \tag{3.37}$$

又由于

$$G_m = \rho_f j_f + \rho_g j_g \tag{3.38}$$

可以推导得出各相的相对速度为：

$$v_g = \frac{j_g}{\alpha} = \frac{C_0 G_m + \rho_f V_{gj}}{\rho_f - C_0 \alpha(\rho_f - \rho_g)} \tag{3.39}$$

$$v_f = \frac{j_f}{1-\alpha} = \frac{G_m - \alpha(C_0 G_m + \rho_g V_{gj})}{(1-\alpha)\,[\rho_f - C_0 \alpha(\rho_f - \rho_g)]} \tag{3.40}$$

因此，气液相对速度 v_r 表示为：

$$v_r = \frac{\rho_m V_{gj} - G_m(1 - C_0)}{(1-\alpha)\,[\rho_f - C_0 \alpha(\rho_f - \rho_g)]} \tag{3.41}$$

3.3 套管直流蒸汽发生器

双层套管式直流蒸汽发生器采用双面传热的套管式结构，不仅增大了换热面积，而且采用了窄缝强化传热技术。套管式直流蒸汽发生器的示意图如图 3.1 所示。套管式直流蒸汽发生器运行时，一回路冷却剂自上向下在中心管内（内管内）和套管外（外管外）同时流过传热管一次侧，二次侧工质自下向上流过环形窄缝流道。

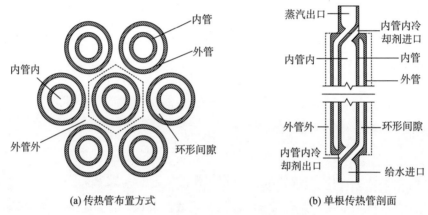

(a) 传热管布置方式　　　　　(b) 单根传热管剖面

图 3.1　套管式直流蒸汽发生器示意图

正常运行时，流经直流蒸汽发生器一次侧的冷却剂保持为单相液态。二回路给水流过直流蒸汽发生器二次侧的过程中不断被一回路冷却剂加热为过热蒸汽。当传热管壁面温度低于起始沸腾所需要的过热度时，流动形式为单相流动，换热模式为单相对流换热。当壁面开始产生气泡时，换热模式进入沸腾换热区。如果液体的温度低于当前压力所对应的饱和温度则为过冷沸腾，相应的流型为泡状流。如果液体温度达到当前压力所对应的饱和温度则为饱和核态沸腾，流型随着气泡的聚集、长大由泡状流转变为弹状流。随着加热过程的不断进行，流体含气率不断增大，将在管中心形成蒸汽芯，而液体则被排挤到壁面附近形成环状液膜，此时的流型被称为环状流，换热模式也会逐渐进入液膜蒸发区。随着含气率继续增大达到某一临界值时，液膜蒸干所对应的点称为干涸点或蒸干点。此时的液相以液滴的形式弥散于气流中，称为雾状流。当气体与壁面直接接触时呈现为湿蒸汽的强迫对流换热，引起换热系数陡降，壁面温度会大幅度上升。当气流中的液滴全部蒸发后，流动转变为单相蒸汽流动，相应的换热模式是蒸汽单相对流换热。

套管式直流蒸汽发生器采用双面加热的套管式传热管，增大了传热面积，使二回路水得到充分加热。此外，由于狭窄的换热通道使汽泡变形，导致汽泡底部与壁面接触的微液膜面积增大，从而使沸腾换热增强，在双面加热环形空间中，由于布置紧凑，单位体积传热面的增加也增加了单位工质空间的汽化核心数，即增大了单位体积的湍动强度，强化了传热[16]。正是由于传热管较大的换热面积和窄环隙流道的强化换热机理，使套管式直流蒸汽发生器的平均换热系数更大，套管两侧的平均沸腾换热温差明显小于圆管。

3.3.1　可移动边界法

套管式直流蒸汽发生器二次侧给水的传热过程比较复杂，包括过冷水、过冷沸腾、饱和沸腾、强制对流蒸发、缺液区和过热蒸汽等多种传热工况。给水被壁面加热向上流过竖直管道，流型由单相液体变成泡状流动、弹状流动、环状流动、滴状流动和单相气体。

不同传热模式下，套管式直流蒸汽发生器二次侧的流体与壁面间的传热情况相差很大，而且不同传热区间长度随负荷工况而变化。如果采用固定边界差分法对流体守恒方程进行离散，此时各节点的大小始终保持不变，使得各传热区的界限不准确，同一个控制体内还可能出现传热机制相差很大的两种甚至多种工况。在这种控制体内，如果选用同一个传热关系式会引入较大的计算误差。同时，由于传热机制的突变，可能造成计算结果出现偏差，造成求解的不连续。解决此问题的一种方法是增加控制体数量，提高模型选择的精度。但是由于直流蒸汽发生器内蒸汽流速较高，必须减小时间步长才能满足科朗特限制条件。因此，不管从节点数量还是时间步长上考虑，都会增加计算量。另一种方式就是采用可移动边界的方法，将控制体界面定义在两种换热工况的交界面上，这样在同一控制体内采用一种传热机制，就可以避免传热模型选择带来的误差。

由于直流蒸汽发生器二次侧各换热区边界随负荷而改变，过冷沸腾起始点和蒸干点也难以确定，所以为了简化二次侧的传热计算，可以将二次侧工质分为 3 个传热区：预热段、蒸发段和过热段。图 3.2 所示为单根套管纵向截面的热力特性示意图。将过冷沸腾、饱和沸腾、强制对流蒸发和缺液区统一为蒸发段，采用拟合关系式进行沸腾传热的计算。

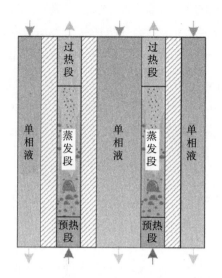

图 3.2　单根套管纵向截面热力特性示意图

根据直流蒸汽发生器的热力学特性，采用移动边界法，按照二次侧工质的状态将其划分为过冷段、沸腾段和过热段 3 个控制体，相应的一次侧也对应划分为 3 段，控制体划分及节点如图 3.3 所示。各区段的边界由水/水蒸气的比焓 h 定义：

1）过冷段：$h < h_{ls}$（h_{ls} 为饱和水比焓）；

2）沸腾段：$h > h_{ls}$ 及 $h < h_{gs}$；

3）过热段：$h > h_{gs}$（h_{gs} 为饱和蒸汽比焓）。

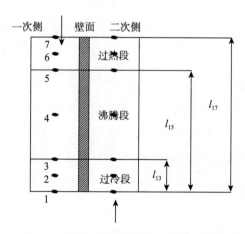

图 3.3　套管式直流蒸汽发生器简化示意图

由于依据传热区域划分边界，因此对于气液两相需要假定其处于热力学平衡状态。在选取两相模型时，更为精细的如四方程或五方程漂移流模型、两流体模型则无法适用。因此，以三方程的均相流模型为例来介绍套管式直流蒸汽发生器的可移动边界模型。均相流模型的基本假设是：两相具有相同的速度，两相之间处于热力平衡状态，可使用合理确定的单相摩阻系数表征两相流动。

均相流模型具体表达形式为[17]：

1）质量守恒方程

$$\frac{\partial \rho}{\partial t} = \mp \frac{\partial G}{\partial l} \qquad (3.42)$$

2）动量守恒方程

$$\frac{\partial (\rho h)}{\partial t} = \mp \frac{\partial (Gh)}{\partial l} + \frac{\partial p}{\partial t} \pm \frac{qP_h}{A} \qquad (3.43)$$

3）能量守恒方程

$$\pm \frac{\partial G}{\partial t} = -\frac{\partial}{\partial l}\left(\frac{G^2}{\rho}\right) - \frac{\partial p}{\partial l} \mp \frac{fG|G|}{2De\rho} - \rho g \qquad (3.44)$$

（1）二次侧方程

套管式直流蒸汽发生器在动态工况下运行时，传热区域的边界随负荷而变化，所以在对应传热区域，利用牛顿莱布尼茨积分公式积分守恒方程[18]。

1）过冷段

将式（3.42）和式（3.43）在过冷段内积分，

$$\frac{\mathrm{d}\rho_{s2} l_{13}}{\mathrm{d}t} - \rho_{s3} \frac{\mathrm{d}l_{13}}{\mathrm{d}t} + D_{s3} - D_{s1} = 0 \qquad (3.45)$$

$$\frac{\mathrm{d}(h_{s2}\rho_{s2} l_{13})}{\mathrm{d}t} - \rho_{s3} h_{s3} \frac{\mathrm{d}l_{13}}{\mathrm{d}t} + D_{s3} h_{s3} \frac{\mathrm{d}l_{13}}{\mathrm{d}t} + D_{s3} h_{s3} - D_{s1} h_{s1} = \frac{Q_2}{A_{s2}} + \frac{\mathrm{d}p_{s2} l_{13}}{\mathrm{d}t} - p_{s3} \frac{\mathrm{d}l_{13}}{\mathrm{d}t}$$

$$(3.46)$$

式中：l_{13} ——过冷段长度，m；

ρ_{s2} ——二次侧过冷段的平均密度，kg/m³；

ρ_{s3} ——二次侧节点 3 处给水的密度，kg/m³；

Q_2 ——过冷段给水所吸收的热流量，W；

D_{s1} ——二次侧节点 1 处给水的质量流速，kg/（m²·s）；

D_{s3} ——二次侧节点 3 处给水的质量流速，kg/（m²·s）；

h_{s1} ——二次侧节点 1 处给水的比焓，J/kg；

h_{s2} ——二次侧节点 2 处给水的比焓，J/kg；

h_{s3} ——二次侧节点 3 处给水的比焓，J/kg；

P_{s2} ——二次侧节点 2 处的压力，Pa；

P_{s3} ——二次侧节点 3 处的压力，Pa。

由于流道中压力-流量的动态响应相比焓-温度进行得快得多，因此可消除动量方程中的动态项。又由于动量方程中的惯性项比摩擦项小得多，动量方程可简化为：

$$p_{s3} = p_{s2} - \rho_{s2} g l_{13} - F_{s2} l_{13} D_{s2}^2 \tag{3.47}$$

其中，F 为摩擦阻力系数 $F = f/2De\rho$。对式（3.47）求导可得

$$\frac{\mathrm{d}p_{s3}}{\mathrm{d}t} = -(\rho_{s2} g + F_{s2} G_{s2}^2 / A_{s2}^2) \frac{\mathrm{d}l_{13}}{\mathrm{d}t} - \frac{F_{s2} G_{s2} l_{13}}{A_{s2}^2} \frac{\mathrm{d}G_{s3}}{\mathrm{d}t} \tag{3.48}$$

根据以上假设可得

$$G_{s2} = (G_{s1} + G_{s3})/2 \tag{3.49}$$

$$h_{s2} = (h_{s1} + h_{s3})/2 \tag{3.50}$$

$$P_{s2} = (P_{s1} + P_{s3})/2 \tag{3.51}$$

并且，由于节点 3 处为饱和水，有

$$\frac{\mathrm{d}h_{s3}}{\mathrm{d}t} = \frac{\partial h_{s3}}{\partial p_{s3}} \Big|_{p_{s3}} \frac{\mathrm{d}p_{s3}}{\mathrm{d}t} \tag{3.52}$$

将式（3.45）、式（3.49）～式（3.52）代入式（3.46），令 $D = G/A$，整理得：

$$\left[\frac{\rho_{s3}(h_{s1} - h_{s3})}{2} + (p_{s3} - p_{s2}) \right] \frac{\mathrm{d}l_{13}}{\mathrm{d}t} + \frac{\rho_{s2} l_{13}}{2} \frac{\mathrm{d}h_{s1}}{\mathrm{d}t} - \frac{l_{13}}{2} \left(1 - \rho_{s2} \frac{\partial h_{s3}}{\partial p_{s3}} \Big|_{p_{s3}} \right) \frac{\mathrm{d}p_{s3}}{\mathrm{d}t}$$

$$= \frac{(G_{s1}/A_{s1} + G_{s3}/A_{s3})(h_{s1} - h_{s3})}{2} + \frac{Q_2}{A_{s2}} \tag{3.53}$$

考虑过冷段中工质传输时滞的影响，将入口焓和流量作如下一阶惯性环节处理。

$$\frac{\mathrm{d}h_{s1}}{\mathrm{d}t} = \frac{h_{fw} - h_{s1}}{\tau_s} \tag{3.54}$$

$$\frac{\mathrm{d}G_{s3}}{\mathrm{d}t} = \frac{G_{s1} - G_{s3}}{\tau_s} \tag{3.55}$$

式中：h_{fw} ——给水比焓，J/kg；

τ_s ——一阶惯性环节的时间常数，$\tau_s = A_s l_{13} \rho_{s2} / 2G_{s1}$。

在沸腾段和过热段中，工质密度较小，流速很高，因此可忽略输送延迟的影响，可得

$$G_{s3} = G_{s4} = G_{s5} = G_{s6} = G_{s7} \tag{3.56}$$

2）沸腾段

沸腾段的质量和能量守恒方程：

$$\left[\rho_{s3}(h_{s3}-h_{s4})+(p_{s4}-p_{s3})\right]\frac{\mathrm{d}l_{13}}{\mathrm{d}t}+\left[\rho_{s5}(h_{s4}-h_{s5})+(p_{s5}-p_{s4})\right]\frac{\mathrm{d}l_{15}}{\mathrm{d}t}+$$

$$\frac{l_{35}}{2}\left(\rho_{s4}\left.\frac{\partial h_{s3}}{\partial p_{s3}}\right|_{p_{s3}}-1\right)\frac{\mathrm{d}p_{s3}}{\mathrm{d}t}+\frac{l_{35}}{2}\left(\rho_{s4}\left.\frac{\partial h_{s5}}{\partial p_{s5}}\right|_{p_{s5}}-1\right)\frac{\mathrm{d}p_{s5}}{\mathrm{d}t}=\frac{G_{s5}(h_{s4}-h_{s5})}{A_{s5}}+\frac{G_{s3}(h_{s3}-h_{s4})}{A_{s3}}+\frac{Q_4}{A_{s4}}$$

$$(3.57)$$

对沸腾段的动量方程求导得

$$\frac{\mathrm{d}p_{s5}}{\mathrm{d}t}=\frac{\mathrm{d}p_{s3}}{\mathrm{d}t}-\left(\rho_{s4}g+F_{s4}G_{s4}^2/A_{s4}^2\right)\frac{\mathrm{d}l_{15}}{\mathrm{d}t}+\left(\rho_{s4}g+F_{s4}G_{s4}^2/A_{s4}^2\right)\frac{\mathrm{d}l_{13}}{\mathrm{d}t}-\frac{2F_{s4}G_{s4}l_{35}}{A_{s4}^2}\frac{\mathrm{d}G_{s3}}{\mathrm{d}t}$$

$$(3.58)$$

3）过热段

过热段的质量和能量守恒方程，

$$\left[\rho_{s5}(h_{s5}-h_{s6})+(p_{s6}-p_{s5})\right]\frac{\mathrm{d}l_{15}}{\mathrm{d}t}+\left[\rho_{s7}(h_{s6}-h_{s7})+(p_{s7}-p_{s6})\right]\frac{\mathrm{d}l_{17c}}{\mathrm{d}t}+$$

$$\rho_{s6}l_{57}\frac{\mathrm{d}h_{s6}}{\mathrm{d}t}-\frac{l_{57}}{2}\frac{\mathrm{d}p_{s5}}{\mathrm{d}t}-\frac{l_{57}}{2}\frac{\mathrm{d}p_{s7}}{\mathrm{d}t}=\frac{G_{s7}(h_{s6}-h_{s7})}{A_{s7}}+\frac{G_{s5}(h_{s5}-h_{s6})}{A_{s5}}+\frac{Q_6}{A_{s6}}$$

$$(3.59)$$

对过热段的动量方程求导得

$$\frac{\mathrm{d}p_{s7}}{\mathrm{d}t}=\frac{\mathrm{d}p_{s5}}{\mathrm{d}t}+\left(\rho_{s6}g+F_{s6}G_{s6}^2/A_{s6}^2\right)\frac{\mathrm{d}l_{15}}{\mathrm{d}t}-\left(\rho_{s6}g+F_{s6}G_{s6}^2/A_{s6}^2\right)\frac{\mathrm{d}l_{17}}{\mathrm{d}t}-\frac{2F_{s6}G_{s6}l_{57}}{A_{s6}^2}\frac{\mathrm{d}G_{s3}}{\mathrm{d}t}$$

$$(3.60)$$

式中：l_{17c}——C 点的高度，m；

l_{17}——换热管长度，m，而 $\mathrm{d}l_{17}/\mathrm{d}t=0$

（2）一次侧方程

不考虑 5～7 段中工质传输时滞的影响，将入口焓和流量作如下一阶惯性环节处理，

$$\frac{\mathrm{d}h_{p7}}{\mathrm{d}t}=\frac{h_{\mathrm{in}}-h_{p7}}{\tau_p}\tag{3.61}$$

$$\frac{\mathrm{d}G_{p5}}{\mathrm{d}t}=\frac{G_{P7}-G_{p5}}{\tau_p}\tag{3.62}$$

式中：τ_p——一阶惯性环节的时间常数，$\tau_p=A_pl_{57}\rho_{p6}/2G_{p7}$；

h_{in}——一次侧冷却剂入口比焓，J/kg。

并且假定

$$G_{p1}=G_{p2}=G_{p3}=G_{p4}=G_{p5}\tag{3.63}$$

与二次侧的过冷段、沸腾段、过热段相对应的一次侧传热区域分别为 1～3 段、3～

5 段、5～7 段换热区。

同理，一次侧冷却剂 5～7 段的质量、能量方程为：

$$\left[\frac{1}{2}\rho_{p5}(h_{p5}-h_{p7})+(p_{p6}-p_{p5})\right]\frac{\mathrm{d}l_{15}}{\mathrm{d}t}+\left[\frac{1}{2}\rho_{p7}(h_{p5}-h_{p7})+(p_{p7}-p_{p5})\right]\frac{\mathrm{d}l_{17c}}{\mathrm{d}t}+$$

$$\frac{1}{2}\rho_{p6}l_{57}\frac{\mathrm{d}h_{p5}}{\mathrm{d}t}+\frac{1}{2}\rho_{p6}l_{57}\frac{\mathrm{d}h_{p7}}{\mathrm{d}t}-\frac{l_{57}}{2}\frac{\mathrm{d}p_{p5}}{\mathrm{d}t}=\frac{1}{2}(h_{p7}-h_{p5})\left(\frac{G_{p7}}{A_{p7}}+\frac{G_{p5}}{A_{p5}}\right)+\frac{Q_{p6}}{A_{p6}}$$

$$(3.64)$$

求导得

$$\frac{\mathrm{d}p_{p5}}{\mathrm{d}t}=-(\rho_{p6}g-F_{p6}G_{p6}^2/A_{p6}^2)\frac{\mathrm{d}l_{15}}{\mathrm{d}t}+(\rho_{p6}g-F_{p6}G_{p6}^2/A_{p6}^2)\frac{\mathrm{d}l_{17}}{\mathrm{d}t}-\frac{F_{p6}G_{p6}l_{57}}{A_{p6}^2}\frac{\mathrm{d}G_{p5}}{\mathrm{d}t}$$

$$(3.65)$$

一次侧冷却剂 3～5 段的质量、能量方程为：

$$\left[\frac{1}{2}\rho_{p5}(h_{p3}-h_{p5})+(p_{p5}-p_{p4})\right]\frac{\mathrm{d}l_{15}}{\mathrm{d}t}+\left[\frac{1}{2}\rho_{p3}(h_{p3}-h_{p5})+(p_{p4}-p_{p3})\right]\frac{\mathrm{d}l_{13}}{\mathrm{d}t}+$$

$$\frac{1}{2}\rho_{p4}l_{35}\frac{\mathrm{d}h_{p3}}{\mathrm{d}t}+\frac{1}{2}\rho_{p4}l_{35}\frac{\mathrm{d}h_{p5}}{\mathrm{d}t}-\frac{l_{35}}{2}\frac{\mathrm{d}p_{p3}}{\mathrm{d}t}-\frac{l_{35}}{2}\frac{\mathrm{d}p_{p5}}{\mathrm{d}t}=\frac{1}{2}(h_{p5}-h_{p3})\left(\frac{G_{p3}}{A_{p3}}+\frac{G_{p5}}{A_{p5}}\right)-\frac{Q_{p4}}{A_{p4}}$$

$$(3.66)$$

求导得

$$\frac{\mathrm{d}p_{p3}}{\mathrm{d}t}=\frac{\mathrm{d}p_{p5}}{\mathrm{d}t}+(\rho_{p4}g-F_{p4}G_{p4}^2/A_{p4}^2)\frac{\mathrm{d}l_{15}}{\mathrm{d}t}-(\rho_{p4}g-F_{p4}G_{p4}^2/A_{p4}^2)\frac{\mathrm{d}l_{13}}{\mathrm{d}t}-\frac{2F_{p4}G_{p4}l_{35}}{A_{p4}^2}\frac{\mathrm{d}G_{p5}}{\mathrm{d}t}$$

$$(3.67)$$

一次侧冷却剂 1～3 段的质量、能量方程为：

$$\left[\frac{1}{2}\rho_{p3}(h_{p1}-h_{p3})+(p_{p3}-p_{p2})\right]\frac{\mathrm{d}l_{13}}{\mathrm{d}t}+\frac{1}{2}\rho_{p2}l_{13}\frac{\mathrm{d}h_{p1}}{\mathrm{d}t}+\frac{1}{2}\rho_{p2}l_{13}\frac{\mathrm{d}h_{p3}}{\mathrm{d}t}-\frac{l_{13}}{2}\frac{\mathrm{d}p_{p1}}{\mathrm{d}t}-\frac{l_{13}}{2}\frac{\mathrm{d}p_{p3}}{\mathrm{d}t}$$

$$=\frac{1}{2}(h_{p3}-h_{p1})\left(\frac{G_{p3}}{A_{p3}}+\frac{G_{p1}}{A_{p1}}\right)-\frac{Q_{p2}}{A_{p2}}$$

$$(3.68)$$

求导得

$$\frac{\mathrm{d}p_{p1}}{\mathrm{d}t}=\frac{\mathrm{d}p_{p3}}{\mathrm{d}t}+(\rho_{p2}g-F_{p2}G_{p2}^2/A_{p2}^2)\frac{\mathrm{d}l_{13}}{\mathrm{d}t}-\frac{2F_{p2}G_{p2}l_{13}}{A_{p2}^2}\frac{\mathrm{d}G_{p5}}{\mathrm{d}t} \qquad (3.69)$$

（3）壁面导热模型

一次侧冷却剂流过换热壁面通过对流换热将热量传给换热壁面，热量从一次侧的换热壁面经过导热传递给二次侧的换热壁面，热量再通过对流换热传给二次侧流动的给水。由于换热壁面长而薄，可以忽略其轴向导热，仅考虑横向导热。套管式直流蒸汽发生器温度分布如图 3.4 所示。

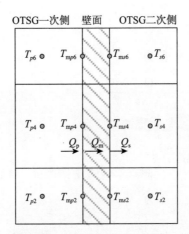

图 3.4　套管式直流蒸汽发生器温度分布示意图

导热微分方程可描述为[19]：

$$\rho_m C_m \frac{\mathrm{d} T_m}{\mathrm{d} t} = \phi \qquad (3.70)$$

式中：ρ_m——壁面密度，kg/m^3；

$\quad C_m$——壁面比热容，$J/(kg \cdot K)$；

$\quad T_m$——壁面温度，K；

$\quad \phi$——单位时间内单位体积中内热源的生成热，W/m^3。

利用牛顿莱布尼茨公式在 1～3 段内积分式（3.70）并且整理得

$$A_{m2} \rho_{m2} C_{m2} \frac{\mathrm{d} T_{m2} l_{13}}{\mathrm{d} t} - A_{m2} \rho_{m2} C_{m2} T_{m2} \frac{\mathrm{d} l_{13}}{\mathrm{d} t} = \Delta Q \qquad (3.71)$$

$$A_{m2} = P_m \cdot \Delta x / 2 \qquad (3.72)$$

式中：T_{m2}——节点 2 处的壁面温度，K；

$\quad A_{m2}$——换热壁面面积，m^2；

$\quad \Delta Q$——单位时间生成热，W；

$\quad \Delta x$——壁厚，m；

$\quad P_m$——单位高度传热面积，m。

令

$$T_{m3} = \frac{T_{m2} l_{35} + T_{m4} l_{13}}{l_{15}} \qquad (3.73)$$

式中：T_{m3}——节点 3 处壁面温度，K；

$\quad T_{m4}$——节点 4 处壁面温度，K。

把式 (3.73) 代入式 (3.71)，整理得

$$\frac{dT_{m2}}{dt} = \frac{\Delta Q}{A_{m2}\rho_{m2}C_{m2}l_{m2}} + \frac{T_{m4} - T_{m2}}{}\frac{dl_{13}}{dt} \tag{3.74}$$

二次侧 1～3 段壁面温度方程为：

$$\frac{dT_{ms2}}{dt} = \frac{Q_{m2} - Q_{s2}}{A_{m2}\rho_{m2}C_{m2}l_{13}} + \frac{T_{m4} - T_{m2}}{l_{15}}\frac{dl_{13}}{dt} \tag{3.75}$$

式中：T_{ms2} ——节点 2 处二次侧壁面温度，K；

Q_{m2} ——过冷段壁面导热热流量，W；

Q_{s2} ——过冷段壁面与二次侧给水的对流换热量，W。

一次侧 1～3 段壁面温度方程为：

$$\frac{dT_{mp2}}{dt} = \frac{Q_{p2} - Q_{p2}}{A_{m2}\rho_{m2}C_{m2}l_{13}} + \frac{T_{m4} - T_{m2}}{l_{15}}\frac{dl_{13}}{dt} \tag{3.76}$$

式中：T_{mp2} ——节点 2 处一次侧壁面温度，K；

Q_{p2} ——过冷段一次侧冷却剂与壁面的对流换热热流量，W。

同理，二次侧 3～5 段壁面温度方程为：

$$\frac{dT_{ms4}}{dt} = \frac{Q_{m4} - Q_{s4}}{A_{m4}\rho_{m4}C_{m4}(l_{15} - l_{13})} + \frac{T_{ms6} - T_{ms4}}{l_{17} - l_{13}}\frac{dl_{15}}{dt} + \frac{T_{ms4} - T_{ms2}}{l_{15}}\frac{dl_{13}}{dt} \tag{3.77}$$

式中：T_{ms4} ——节点 4 处二次侧壁面温度，K；

Q_{m4} ——沸腾段壁面导热热流量，W；

Q_{s4} ——沸腾段壁面与二次侧给水的对流换热量，W。

一次侧 3～5 段壁面温度方程为：

$$\frac{dT_{mP4}}{dt} = \frac{Q_{P4} - Q_{m4}}{A_{m4}\rho_{m4}C_{m4}(l_{15} - l_{13})} + \frac{T_{mp6} - T_{ms4}}{l_{17} - l_{13}}\frac{dl_{15}}{dt} + \frac{T_{mp4} - T_{mp2}}{l_{15}}\frac{dl_{13}}{dt} \tag{3.78}$$

式中：T_{mp4} ——节点 4 处一次侧壁面温度，K；

Q_{p4} ——沸腾段一次侧冷却剂与壁面的对流换热热流量，W。

二次侧 5～7 段壁面温度方程为：

$$\frac{dT_{ms6}}{dt} = \frac{Q_{m6} - Q_{s6}}{A_{m6}\rho_{m6}C_{m6}(l_{17} - l_{15})} + \frac{T_{ms6} - T_{ms4}}{l_{17} - l_{13}}\frac{dl_{15}}{dt} \tag{3.79}$$

式中：T_{ms6} ——节点 6 处二次侧壁面温度，K；

Q_{m6} ——过热段壁面导热热流量，W；

Q_{s6} ——过热段壁面与二次侧给水的对流换热量，W。

一次侧 5～7 段壁面温度方程为：

$$\frac{dT_{ms6}}{dt} = \frac{Q_{p6} - Q_{m6}}{A_{m6}\rho_{m6}C_{m6}(l_{17} - l_{15})} + \frac{T_{mp6} - T_{mp4}}{l_{17} - l_{13}}\frac{dl_{15}}{dt} \tag{3.80}$$

式中：T_{mp6}——节点 6 处一次侧壁面温度，K；

$\quad\quad Q_{p6}$——过热段一次侧冷却剂与壁面的对流换热量，W。

壁面导热方程为：

$$Q_{m2}=\lambda(T_{mp2}-T_{ms2})l_{13}P_{m}/\Delta x \tag{3.81}$$

$$Q_{m4}=\lambda(T_{mp4}-T_{ms4})l_{35}P_{m}/\Delta x \tag{3.82}$$

$$Q_{m6}=\lambda(T_{mp6}-T_{ms6})l_{57}P_{m}/\Delta x \tag{3.83}$$

式中：Q_{m}——壁面导热的热流量，W；

$\quad\quad \lambda$——热导率，W/（m·K）。

（4）对流换热模型

对流换热可以使用牛顿冷却公式计算：

$$q=h\Delta T \tag{3.84}$$

一次侧冷却剂传热方程描述为：

$$Q_{p2}=\alpha_{p2}l_{13}P_{p}(T_{p2}-T_{mp2}) \tag{3.85}$$

$$Q_{p4}=\alpha_{p4}l_{35}P_{p}(T_{p4}-T_{mp4}) \tag{3.86}$$

$$Q_{p6}=\alpha_{p6}l_{57}P_{p}(T_{p6}-T_{mp6}) \tag{3.87}$$

式中：α_{p}——蒸汽发生器一次侧换热系数，W/（m²·K）；

$\quad\quad P_{p}$——蒸汽发生器一次侧湿周，m。

二次侧给水传热方程描述为：

$$Q_{s2}=\alpha_{s2}l_{13}P_{s}(T_{ms2}-T_{s2}) \tag{3.88}$$

$$Q_{s4}=\alpha_{s4}l_{35}P_{s}(T_{ms4}-T_{s4}) \tag{3.89}$$

$$Q_{s6}=\alpha_{s6}l_{57}P_{s}(T_{ms6}-T_{s6}) \tag{3.90}$$

式中：α_{s}——蒸汽发生器二次侧换热系数，W/（m²·K）；

$\quad\quad P_{s}$——蒸汽发生器二次侧湿周，m。

3.3.2　对流换热系数

（1）单相液体对流换热

1）大流量区单相液体在窄缝环形通道内的对流换热

①文献［20］根据窄缝为 2.05 mm 的同心环形管实验数据拟合得出的换热系数关联式，

外管加热时，

$$Nu=0.023Re^{0.91}Pr^{0.4}\ (2\ 300<Re<22\ 000) \tag{3.91}$$

双面加热时，

$$Nu = 0.0057\,Re^{1.034}\,Pr^{0.4}\,(2\,300 < Re < 8\,000) \tag{3.92}$$

②文献［21］研究了微通道内的单相对流传热，发现在相同雷诺数下，双面加热通道的 Nu 数要比单面加热通道的 Nu 数大得多，当 $Re > 3\,000$ 时推荐用下式计算微通道内的 Nu 数，

$$Nu = 0.00222\,Re^{1.09}\,Pr^{0.4}\,(Re > 3\,000) \tag{3.93}$$

③文献［22］对两组实验件的环隙宽度分别为 0.9 mm 和 2.4 mm 的窄环隙内单相对流换热进行实验研究，雷诺数 Re 在 200～7 000 范围内采用修正的迪图斯-贝尔特公式对实验数据进行回归，

对于 0.9 mm 环隙：

$$Nu_i = 0.020\,9\,Re^{0.8}\,Pr^{0.4} \tag{3.94}$$

$$Nu_o = 0.002\,5RePr^{0.4} \tag{3.95}$$

实验验证范围：$200 \leqslant Re \leqslant 7\,000$，$3.29 < Pr < 4.28$

对于 2.4 mm 环隙：

$$Nu_i = 0.0265\,Re^{0.8}\,Pr^{0.4} \tag{3.96}$$

$$Nu_o = 0.003RePr^{0.4} \tag{3.97}$$

其中，Nu_i 和 Nu_o 分别表示环隙内侧和环隙外侧的努塞尔数。

实验验证范围：$200 \leqslant Re \leqslant 7\,000$，$2.67 < Pr < 3.87$。

④文献［23］对由 $\phi8 \times 1$，$\phi12 \times 1.1$ 和 $\phi19 \times 2.1$ 3 根不锈钢管相互套装构成外环隙、中间环隙和内圆管 3 个通道的实验元件进行单相对流换热实验研究，得出式（3.98）所示单相对流换热系数形式，

内侧加热：

$$Nu_i = 0.008\,58\,Re^{0.87}\,Pr^{0.4} \tag{3.98}$$

实验验证范围：$271 \leqslant Re \leqslant 10\,000$，$2.87 < Pr < 4.4$

外侧加热：

$$Nu_o = 0.005\,92\,Re^{0.89}\,Pr^{0.4} \tag{3.99}$$

实验验证范围：$274 \leqslant Re \leqslant 9\,200$，$3.0 < Pr < 4.0$

由于对环形窄通道换热的机理和影响因素至今尚未形成共识，对于窄缝通道内的换热特性研究所得结论存在较大的差异。

2）小流量区单相液体在窄缝环形通道内的对流换热

①有学者系统研究了不同窄缝尺寸环形管内的单相强制对流换热，关联实验结果，

得到不同尺寸通道内小流量时单相对流换热公式[24]。

内外管双面加热的 Nu 值计算公式：

当 $\delta=1$ mm 时，

$$Nu=0.003\ 1\ Re^{0.95}\ Pr^{0.4} \tag{3.100}$$

当 $\delta=1.5$ mm 时，

$$Nu=0.018\ 7\ Re^{0.73}\ Pr^{0.4} \tag{3.101}$$

当 $\delta=2$ mm 时，

$$Nu=0.137\ Re^{0.48}\ Pr^{0.4} \tag{3.102}$$

实验验证范围：$Re\leqslant3\ 000$。

②还有一些学者[25]在间隙为 1.5 mm 的垂直环形窄缝通道内，通过内外管双面通电来加热流体，进行环形窄缝内单相液体传热的研究。通过实验得出，内管和外管的 Nu 数准则式。

单面加热时，

内管：
$$Nu_i=0.014\ Re^{0.8}\ Pr^{0.4} \tag{3.103}$$

外管：
$$Nu_o=0.021\ Re^{0.8}\ Pr^{0.4} \tag{3.104}$$

双面加热时，

内管：
$$Nu_i=0.016\ Re^{0.8}\ Pr^{0.4} \tag{3.105}$$

外管：
$$Nu_o=0.019\ Re^{0.8}\ Pr^{0.4} \tag{3.106}$$

实验验证范围：$Re\leqslant2\ 300$。

(2) 气液两相换热模型

Chen 关系式是目前普遍用于计算饱和沸腾换热的关系式，在大型热工水力计算程序中使用较多。

Chen 关系式的具体表达形式为，

$$h=h_f+h_b=0.023F\left[\frac{G(1.0-x)De}{\mu_f}\right]^{0.8}\left[\frac{\mu C_p}{k}\right]_f^{0.4}\left(\frac{\lambda_f}{De}\right)+ $$
$$0.001\ 22\ S\left[\frac{k_f^{0.79}C_{pf}^{0.45}\rho_f^{0.49}}{\sigma^{0.5}\mu_f^{0.29}h_{fg}^{0.24}\rho_g^{0.24}}\right](T_w-T_s)^{0.24}(p_{ws}-p_s)^{0.75} \tag{3.107}$$

有学者根据间隙为 0.75 mm 的窄环形通道沸腾换热实验数据和相应参数下 Chen 关系式计算得到的结果进行比较，比较结果表明，实测的沸腾传热系数比用 Chen 关系式计算得到的沸腾传热系数大 15 ％左右。

许多研究者认为，在窄缝流道中，由于气泡尺寸和流道间隙可以达到同一个数量级，因而气泡在生长过程中受到挤压，发生变形。随着窄缝环型间隙宽度的减小，沸腾传热的窄缝效应随之增大。在窄空间中沸腾的主要特点是随着气泡的长大和聚合而受挤变形。气泡的变形可以用窄缝间隙宽度大小与名义气泡脱离直径之比来表示，这个比值称为 Bond 数（Bo），即

$$Bo = \frac{s}{\sqrt{\dfrac{\sigma}{g(\rho_l - \rho_g)}}} \tag{3.108}$$

式中：s——窄缝间隙宽度，m。

通过引入 Bond 数对 Chen 关系式中泡核沸腾换热系数的计算模型进行修改[26]，修正后 h_b 的计算式为：

$$h_b = 0.00122\, S \left[\frac{k_f^{0.79} C_{pf}^{0.45} \rho_f^{0.49}}{\sigma^{0.5} \mu_f^{0.29} h_{fg}^{0.24} \rho_g^{0.24}}\right] (T_w - T_s)^{0.24} (p_{ws} - p_s)^{0.75} Bo^m \tag{3.109}$$

当 $Bo \leqslant 1$ 时，过冷沸腾时 $m = -0.13$；饱和沸腾时 $m = -0.7$。

当 $Bo > 1$ 时，$m = 0$。

针对间隙为 0.75 mm 的窄环形通道沸腾换热实验数据和相应参数下 Chen 关系式计算得到的结果进行比较，实测的沸腾传热系数比用 Chen 关系式计算得到的沸腾传热系数大 15 %左右[27]。

3.3.3 流动阻力系数计算

流体流动的压力损失主要包括：重位压降、加速压降和摩擦压降。其中，重位压降、加速压降的计算较为简单。摩擦阻力特别是两相流动摩擦阻力的计算较为复杂，因此着重介绍摩擦阻力系数的计算。

（1）单相摩擦阻力系数

单相流动摩擦压降的计算一般采用达西（Darcy）公式，即

$$\Delta P_f = f \frac{L}{De} \frac{\rho u^2}{2} \tag{3.110}$$

式中：f——达西-魏斯巴赫（Darcy-Weisbach）摩擦系数。

有学者针对窄缝环形流道单相摩擦阻力特性进行实验研究，指出当流道间隙 $\delta \geqslant$ 1.5 mm 时，流态转捩点发生在 $Re = 2300$，与普通流道相同。在 $\delta \leqslant 1.0$ mm 以下时，流态转捩点有提前的趋势，当 $\delta = 0.5$ mm，流态转捩点提前至 $Re = 1800$。

在层流区，窄缝环形流道间隙 $\delta \geqslant 2.0$ mm 时的阻力系数可以用传统环形流道理论公式进行准确计算，但在 $\delta < 2.0$ mm 时，实验结果与理论计算值之间出现明显的偏差，窄缝环形流道阻力在层流充分发展区，阻力系数可用式（3.111）表示，

$$f = \frac{\left(1 - \dfrac{r_i}{r_o}\right)^2 \ln\left(\dfrac{r_i}{r_o}\right)}{\left[1 + \left(\dfrac{r_i}{r_o}\right)^2\right] \ln\left(\dfrac{r_i}{r_o}\right) + 1 - \left(\dfrac{r_i}{r_o}\right)^2} \frac{64}{Re}, Re < 2\,300 \tag{3.111}$$

式中：r_i——环形流道内半径，m；

　　　r_o——环形流道外半径，m。

对于窄缝环形流道在 $Re \geqslant 2\,300$ 的紊流区间内的阻力系数可以用普通圆形流道的计算公式进行较好预测。

（2）两相摩擦阻力系数模型

两相流动摩擦压降的计算要比单相流动摩擦压降的计算复杂，分析中可以采用均相流模型计算气液两相流动摩擦阻力，

$$\Delta P_f = f \frac{L}{De} \frac{(G/A)^2}{2\rho_1} \left[1 + x\left(\frac{\rho_1}{\rho_g} - 1\right)\right] \tag{3.112}$$

阻力系数 f 可按布拉修斯方程计算，

$$f = 0.3164 Re_m^{-0.25} \tag{3.113}$$

其中，Re_m 为汽液两相混合物的雷诺数，

$$Re_m = GDe / A\mu_m \tag{3.114}$$

μ_m 为汽液两相混合物的平均黏度，可按式（3.115）计算，

$$\frac{1}{\mu_m} = \frac{x}{\mu_1} + \frac{1-x}{\mu_g} \tag{3.115}$$

式中：μ_1——液相的动力黏度；

　　　μ_g——汽相的动力黏度。

3.4　并联通道的流动不稳定性

直流蒸汽发生器内部由大量并联通道组成，而且传热管二次侧存在剧烈的相变过程。特别是在启动或低负荷运行时，直流蒸汽发生器给水流量少，传热管内单相区短；二次侧流速小，节流组件的作用不明显。轻微的流量或压力扰动就可能导致两相流动不稳定性发生。

两相流动不稳定性是指在一个质量流密度、压降和空泡之间存在耦合作用的两相流系统中，流体受到一个微小的扰动后所产生的流量漂移或者以某一频率的恒定振幅或变振幅的流量振荡[28]。这种流量振荡可能导致工质在并联通道内的重新分配，进而引起加热通道传热恶化出现沸腾危机。因此两相流系统的不稳定性受到国内外学者的广泛关注。

两相流系统中存在多种形式的不稳定类型。早在 1938 年 Ledinegg 就进行过两相流动不稳定性方面的研究工作。1973 年，Boure 等对当时的两相流不稳定性的研究成果进行总结，将流动不稳定性分为静态不稳定性和动态不稳定性两类[29]。其中流量漂移不稳定性（Ledinegg 不稳定性）是常见的静态不稳定性，而密度波不稳定性则是在加热通道中比较常见的动态不稳定类型。Fukuda 等将密度不稳定性分为第一类密度波不稳定性（通常发生在出口含气率较低的情况下）和第二类密度波不稳定性（通常发生在加热通道出口含气率较高的情况下）两类[30-31]。由于存在加热通道之间的相互影响，因此并联通道的流动不稳定性和单通道的流动不稳定性类型存在较大的差别。当流动不稳定性发生时，并联通道之间的质量流量和蒸汽产生率可能出现较大振幅的异相振荡，形成管间脉动不稳定性[32]。

窄缝通道具有很好的传热能力，但是其水力直径小、流动阻力大。加热通道的流量压降特性曲线存在负斜率段，呈"Z"形变化。当系统的运行点进入加热通道流量压降特性曲线的负斜率段时，可能导致流量漂移不稳定性发生。而且流量漂移不稳定性通常伴随其他动态不稳定性同时出现。

3.4.1 并联通道不稳定性研究方法

在一定的压力、加热功率、流量和入口焓值条件下，并联通道会发生多种类型的两相流动不稳定性，其中最常见的是流量偏移和管间脉动不稳定性。前者可以用 Ledinegg 准则判断并联通道的稳定性，后者可以使用动量积分模型进行分析。

(1) 流动不稳定起始点

两相流动不稳定性是非常复杂的流动传热问题，国内外学者开发了很多模型来确定流动不稳定性的起始点，很多商业程序也被用来进行加热通道流动不稳定性以及换热特性的研究，如 ATHLET、CFX4.4、RELAP5 等。

以系统分析程序 RELAP5 为例介绍并联通道流动不稳定性起始点的预测方法，其他程序所采用的研究思路是相同的。建立的两管并联通道节点图如图 3.5 所示。为了研究不同系统参数对流动不稳定性起始点的影响，采用固定边界的方式进行研究。进口温度边界条件使用时间相关控制体（TDV-010）给定。进口流量使用时间相关接管（TDJ-011）固定。出口压力边界条件使用时间相关控制体（TDV-020）给定。两个并联通道进出口联箱分别使用两个分支部件（B-014 和 B-016）相连。加热通道使用两个管型控制体（110P 和 210P）进行模拟，采用电加热的形式将加热功率均匀分配到热构件的每一个节点上。

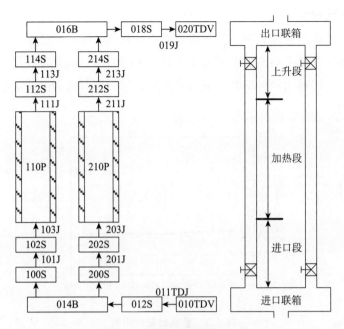

图 3.5　两管并联通道节点图

实验中采用固定入口流量保持不变，逐渐增加加热功率的方法来确定发生流动不稳定的极限热负荷。当脉动发生时，两个并联通道的流量形成明显的可持续周期性异相脉动现象，如图 3.6 所示。此时两个并联通道相互作为对方的可压缩容积进行能量的吸收和释放，脉动引起流量在两分管之间的重新分配。因此，可以依据加热段进口处质量流量的变化情况作为脉动发生的判据。对于某一初始工况，固定流量，逐步提高加热功率，每次提高加热功率后计算至稳态再进一步提升功率，直至出现流量脉动现象。可以将流量脉动的振幅大于 30% 时所对应的功率作为流动不稳定的极限热负荷。

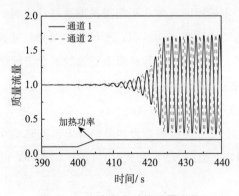

图 3.6　脉动发生时的流量变化

（2）节点数量评价

国内外的一些研究成果表明，加热通道的节点数量对流动不稳定起始点的预测结果存在较大的影响。图 3.7 给出了不同边界条件下不同的加热段节点数量对流动不稳定临界热负荷的影响，通过比较可以看出采用不同的节点数量对流动不稳定起始点的预测结果有较大的差别。

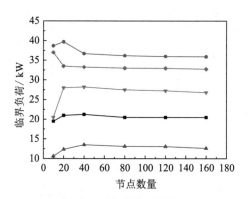

图 3.7　节点数量的影响

系统分析程序在计算时以控制体为单位，当节点数量较少时，单个控制体长度大，控制体个数的增加对预测结果的影响也较大，此时控制体个数的变化可能导致流动不稳定起始点的预测结果发生大的偏移；当控制体数量较多时，节点数量的增加对预测结果的影响趋于平缓，结果与节点数量呈现出无关性。但是节点数量越多，所耗用的计算时间就越多。因此，需要综合考虑计算精度和计算时间来选择加热段的节点数量。

（3）基本守恒方程模型验证

使用不同的程序模型得出的不稳定性边界和实验数据[33]的比较如图 3.8 所示。当采用平衡态模型进行计算时，气液两相工质的流速相同，计算得到的流动不稳定性边界与实验数据相比偏于保守。当采用两流体非平衡态模型进行计算时，两相流体分别进行流速的计算，这样更接近于真实的两相流动状态，所预测的两相并联通道的流动不稳定性边界与实验数据相比偏高一些。1.0 MPa 时两种模型预测的不稳定性边界分别为 $Xe = 0.22$ 和 $Xe = 0.28$（图 3.8a）；2.0 MPa 时的不稳定边界分别为 $Xe = 0.4$ 和 $Xe = 0.44$（图 3.8b）；3.0 MPa 时的不稳定边界分别为 $Xe = 0.52$ 和 $Xe = 0.58$（图 3.8c），实验结果位于两者之间。图 3.8d 为 16 个工况点的临界热负荷计算值与试验值的比较。图中无量纲过冷度数（N_{sub}）和无量纲相变数（N_{zu}）如式（3.116）和式（3.117）所示[34-36]：

$$N_{zu} = \frac{Q}{G} \frac{\upsilon_{fg}}{H_{fg} \cdot \upsilon_f} \tag{3.116}$$

$$N_{sub} = \frac{H_f - H_{in}}{H_{fg}} \frac{\upsilon_{fg}}{\upsilon_f} \tag{3.117}$$

式中：Q——加热功率，W；

H_{fg}——汽化潜热，J/kg；

H_f——饱和液体焓，J/kg；

H_{in}——进口流体的焓值，J/kg；

υ_f——液相比容，m^3/kg；

υ_{fg}——汽相比容和液相比容之差，m^3/kg；

G——质量流量，kg/s。

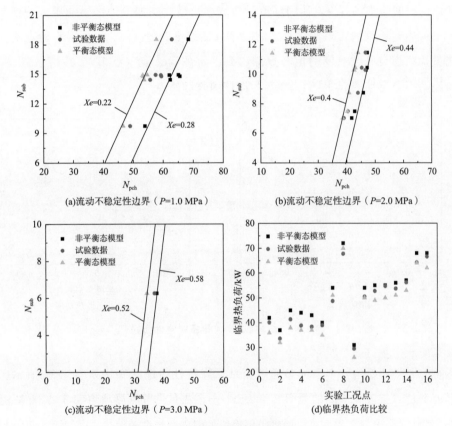

(a)流动不稳定性边界（P=1.0 MPa）

(b)流动不稳定性边界（P=2.0 MPa）

(c)流动不稳定性边界（P=3.0 MPa）

(d)临界热负荷比较

图 3.8　不同程序模型验证结果比较

3.4.2　窄缝并联通道的流动不稳定性

　　窄缝隙通道中流体与壁面的接触面积大，较大的摩擦阻力会导致窄缝通道的流量压降特性曲线呈 "N" 形变化，而加热通道流量压降特性曲线的负斜率段是很不稳定的区域，因此窄缝并联通道的流动不稳定性与常规圆管的流动不稳定性有很大区别。

　　在固定的加热功率和进口温度边界条件下，随着进口质量流量的减小，加热通道出

一体化压水堆热工水力

口流体的含气率不断增大。在较高的质量流量条件下,加热通道出口为单相流体,系统压降随流量的减小而降低。当通道出口流体达到饱和状态,随着大量蒸汽的产生,系统压降随着质量流量的减小而增大,在流量压降特性曲线中出现一个压降的最低点。当进口质量流量降低到一定程度时,加热通道进口的单相水被加热为过热蒸汽,系统的压降随蒸汽流量的减小而降低。这样就会形成加热通道流量压降特性曲线的“N”形变化(图3.9a)。

两相流系统在正斜率区运行时是稳定的,扰动产生的流量增大使得通道的压降增大,驱动压头不足,从而使流量恢复到原来的运行状态。当系统在流量压降特性曲线的负斜率段运行时(如 A 点),压降随流量的减小而增大。如果外部驱动压头特性曲线的斜率大于加热通道流量压降特性曲线的斜率(曲线 a),运行点 A 是很不稳定的,任何小的流量扰动都会导致系统的运行点漂移到稳定的运行点(点 B 或点 C)。图3.9a中OFI为流动不稳定性的起始点,ONB为泡核沸腾起始点。

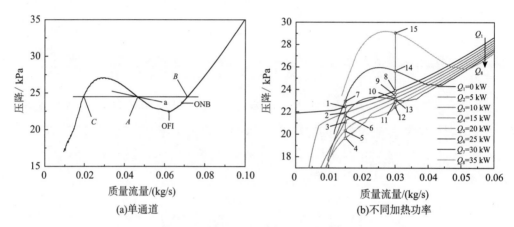

(a)单通道 　　(b)不同加热功率

图3.9 加热通道的流量压降特性曲线

不同的加热功率条件下,加热通道流量压降特性曲线的变化如图3.9b所示。当加热功率较小时,通道的压降随质量流量的减小而减小。当加热功率大于 25 kW 时,流量压降特性曲线会出现负斜率段,而且负斜率段的斜率和长度随加热功率的增大而增大。

如果固定加热通道进口的质量流量为 0.15 kg/s,随着加热功率的增加,通道出口的状态由过冷水逐渐转变为过热蒸汽,系统运行点由 1→7 变化。此时在加热通道内部流量压降的反馈作用下可能出现管间脉动不稳定性,如图3.10a所示。

当固定加热通道进口的质量流量为 0.03 kg/s 时,随着加热功率的增加,系统的运行点由 8→15 变化,会经过流量压降特性曲线的负斜率段,在这一区域内通道的压降随流量的增大而降低。此时,轻微的流量扰动就会导致流量在两个并联通道内的重新分配,形成管间流量漂移不稳定性,如图3.10b所示。

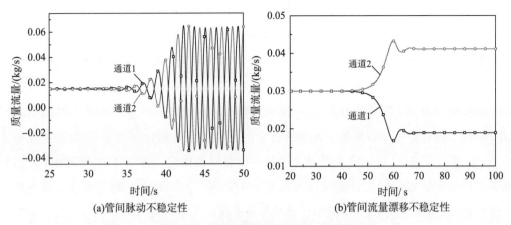

(a)管间脉动不稳定性　　　　　　　(b)管间流量漂移不稳定性

图 3.10　窄缝并联通道的流动不稳定性

3.4.3　系统参数的影响分析

在两相流系统中，流量漂移通常发生在加热通道出口空泡份额较低的条件下。而且流量漂移不稳定性经常伴随其他动态不稳定性同时出现。

当系统运行到流量压降特性曲线最低点时会发生流量漂移不稳定性，这个点通常被称为是流动不稳定性的起始点（OFI）。很多学者认为流量漂移起始点与泡核沸腾起始点（ONB）很接近[36-38]，泡核沸腾的起始点可以作为流量漂移不稳定性的边界，但是另一些学者建议使用沸腾起始点（OSV）作为流量漂移不稳定边界[39-40]。而 OSV 点的流量通常比 OFI 点要高。Babelli 和 Ishii 等认为在低流量和高过冷度的条件下，流量漂移可以在没有任何沸腾的加热通道内出现[41]。为了在更大范围内研究流量漂移不稳定性，国内外学者开发了很多研究竖直通道流动不稳定性起始点的模型[42-43]。但是这些研究主要是针对单通道流量漂移起始点开展的，对于并联通道内流量漂移不稳定性的研究则较少。

（1）系统边界条件对不稳定类型的影响

对于并联通道系统来说，在相同的系统进口质量流量条件下，加热通道之间的流量分配受本通道压降特性的影响。当系统运行在流量压降特性曲线的负斜率区时，某一个通道内的流量变化将会引起流量在各个加热通道之间的重新分配。流量的变化又会引起加热通道内空泡份额的改变，在流量、压降和空泡的同时作用下，加热通道可能会出现其他类型的动态不稳定性同时发生的情形。

1）进口质量流量边界条件

固定并联通道的加热功率，进口质量流量不断减小时并联通道内流量及压降等参数的变化如图 3.11 所示。图 3.11a 为加热通道进口质量流量随时间的变化。当加热通道进口的质量流量减小到 A 点时,两个通道的流量出现漂移,其中一个通道的流量增大,另一个通道的流量则降低。通道 1 的流量沿图 3.11a 中 A 点到 B 点然后到 C 点运行,而通道 2 的流量由 A 点到 D 点最后运行到 E 点时出现流量的异相振荡,形成管间脉动不稳定性。

加热通道的压降流量特性曲线如图 3.11b 所示。当加热通道的压降达到最低点时(A 点),出现流量的漂移现象。其中通道 1 的流量增大,运行点由 A 点到达流量最大值 B 点,然后回到 C 点;由于通道进口质量流量保持恒定,通道 2 的流量减小,运行点移动到压降最高点 D 点,然后运行到 E 点后出现了管间脉动不稳定现象。而且随着加热通道进口质量流量的不断减小,流量振荡的振幅不断增大。

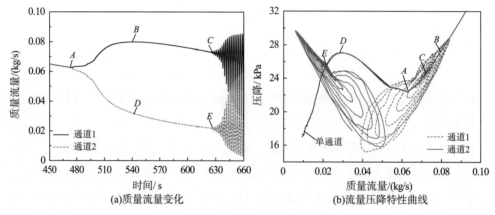

(a)质量流量变化 (b)流量压降特性曲线

图 3.11　流量漂移诱发异相流量振荡

当加热通道出现流量漂移时,通道的流量发生较大的变化,而加热通道的加热功率保持不变,导致加热通道出口的平衡态含气率出现偏差。通道 2 的流量减小,则通道 2 出口平衡态含气率不断增大,当空泡份额达到出现管间脉动不稳定性的发生条件时,就会引起两个通道的流量出现较大的振荡。此时并联通道相互作为对方的可压缩容积进行能量的吸收和释放,脉动引起流量在两分管之间的重新分配形成明显的可持续周期性异相脉动现象。

2)进口压力边界条件

当系统进出口都使用压力边界条件时,系统流量由加热通道两端的压差决定。加热通道出口压力保持不变,调整进口压力减小可以减小通道内的质量流量。在加热功率保持不变的条件下,通道出口的平衡态含气率逐渐增大,当达到密度波不稳定的阈值时会引起管内流量的持续震荡。图 3.12 所示为加热通道进口质量流量以及压降的变化过程。

图 3.12a 给出了加热通道进口质量流量随时间的变化。当加热通道进口质量流量降

低到 A 点时，出现流量的急剧减小，然后并联通道的流量发生动态不稳定。与加热通道进口使用流量边界条件时的流量振荡现象不同，并联通道出现了整体的流量降低和同相的流量波动。这是因为加热通道没有固定流量而是通过系统两端压差和通道的压降计算得出的流量，而这个流量受系统压降的作用比较明显。

图 3.12b 给出了系统压降随流量变化的特性曲线。同样是在流量压降特性曲线的最低点（A 点），加热通道的流量急剧减小。在通道压降基本保持不变的条件下，运行点由 A 点漂移到 B 点，并联通道系统的运行点通过加热通道流量压降特性曲线的负斜率段。由于流量的迅速减小，加热通道出口平衡态含气率迅速增大，流量压降的反馈作用导致流量出现周期性振荡。两个并联通道流量振荡的振幅和频率是完全相同的。

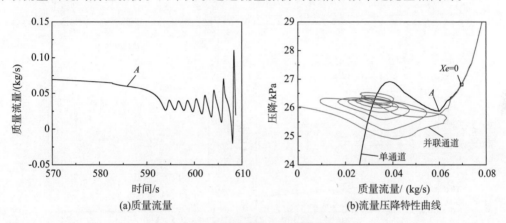

(a)质量流量　　　　　　　　(b)流量压降特性曲线

图 3.12　流量漂移诱发同相流量振荡

（2）进口质量流量对流动不稳定性类型的影响

对于管间脉动不稳定性来说，进口质量流量增大，加热通道内流速增加，系统的稳定性提高；而对于管间流量漂移不稳定性来说，进口质量流量增大，系统的稳定性反而降低，甚至有可能由管间流量漂移直接诱发管间脉动不稳定性。这是因为，对于较低的质量流量，系统运行在流量压降特性曲线的正斜率段（图 3.9b 中，质量流量小于 0.02 kg/s），随着空泡份额的增大可能出现管间脉动不稳定性。如果进口质量流量较大（大于 0.02 kg/s），系统需要更大的加热功率才能将给水加热为两相状态。此时系统的运行点会进入加热通道流量压降特性曲线的负斜率段，很容易发生流量漂移不稳定性。

不同进口质量流量条件下，随着加热功率的增大并联通道的流量变化如图 3.13 所示。图 3.13a 中，加热通道进口质量流量为 0.01 kg/s，当加热功率上升到 15.3 kW 时，出现管间脉动不稳定性。当加热通道进口质量（G）为 0.02 kg/s，在加热功率上升到 26.3 kW 时，同样出现了管间脉动不稳定性（图 3.13b）。图 3.13c 中，当加热通道的进口质量流量为 0.03 kg/s，加热功率上升到 21.7 kW 时，发生管间流量漂移不稳定性。而且随着加热功率的增大，两个通道间的流量差越来越大。图 3.13d 中，当加热通道进口质量流量为 0.06 kg/s，在加热功率为 20.8 kW 时出现流量漂移同时诱发管间脉动不稳定性。

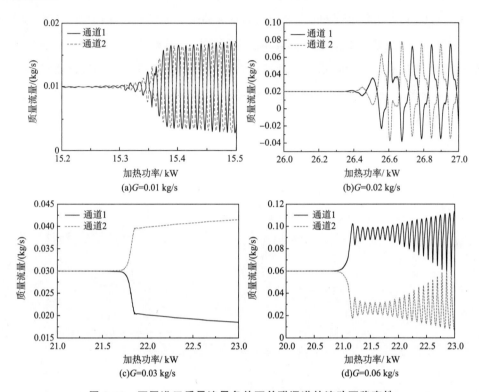

图 3.13   不同进口质量流量条件下并联通道的流动不稳定性

由于加热通道流量压降特性曲线的斜率随加热功率而增大，而且负斜率段的长度随加热功率的增大而变长（图 3.9b）。也就是说，质量流量越大就需要更大的加热功率才能将流体加热为两相状态，当发生管间流量漂移时造成的流量偏差也会越大。在并联通道加热功率不变的条件下，通道内流量变化越大则出口空泡份额的变化越大，更容易触发管间脉动不稳定性同时发生。

（3）系统运行参数对压降流量特性曲线的影响

当流量漂移不稳定性发生时，由于并联通道流量的急剧变化引起加热通道内空泡份额以及压降等参数的变化可能诱发动态不稳定性同时发生。为了保证并联通道系统的安全运行，必须要确定各系统参数对加热通道流量压降特性曲线斜率的影响。

1）进口过冷度

进口过冷度是影响加热通道稳定性的其中一个重要参数。进口过冷度对加热通道流量压降特性曲线有两方面的影响：①在低过冷度条件下通道流量压降特性曲线没有负斜率段，随着进口过冷度的增大曲线出现负斜率段，而且负斜率段的斜率随过冷度增加而增大。②在固定的加热功率条件下，负斜率段的长度随着进口过冷度的减小而增大。

图 3.14 给出了不同进口过冷度条件下加热通道的流量压降特性曲线。通过比较可以看出，随着加热通道进口过冷度减小通道流量压降特性曲线的斜率减小，但是负斜率段的长度增大。也就是说在较高的进口过冷度条件下更容易发生流量漂移；在较小的过冷度及较大的质量流量条件下，更容易发生流量漂移诱发管间脉动不稳定性。

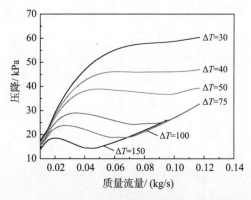

图 3.14　进口过冷度对加热通道流量压降特性曲线斜率的影响

图 3.15 给出了不同进口过冷度条件下，并联通道流动不稳定性的临界热负荷随加热功率的变化。当进口质量流量较小时，会发生异相管间脉动不稳定性，随着通道进口质量流量的增大，临界热负荷增大。当加热通道进口质量流量增大到一定程度时会发生管间流量漂移，系统的临界热负荷明显降低。随着进口过冷度增大，加热通道流量压降特性曲线的斜率增大，负斜率段所对应的流量区间减小，所以流量漂移在较小的质量流量条件下出现。随着加热通道进口过冷度的减小，流动不稳定类型由管间脉动向流量漂移转变时，并联通道系统的临界热负荷降低越明显。

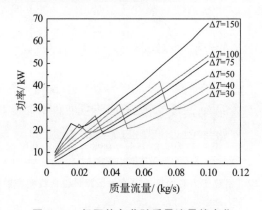

图 3.15　极限热负荷随质量流量的变化

2）进口节流

很多研究者建议在加热通道进口设置节流件来抑制两相流系统的流动不稳定性[44-45]。设置进口节流会增大进口段的压降，特别是对于流速比较大的情况。图 3.16给出了进口节流对加热通道流量压降特性曲线斜率的影响。增大进口节流阻力时，压降流量特性曲线的形式发生变化，一方面可以减小甚至消除负斜率段。另一方面，系统进口节流阻力增大，负斜率段的斜率减小同样提高了系统的稳定性。由于流体达到饱和状态对应的流量保持不变（$Xe=0$），但是因为进口节流阻力的影响，加热通道流量压降特性曲线最低点的位置发生了变化，而且负斜率段的长度减小使流量分配的比例减小，即使出现流量漂移也不会诱发管间脉动不稳定性，从另一方面提高了系统的稳定性。

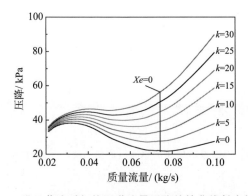

图 3.16　进口节流对加热通道流量压降特性曲线斜率的影响

3）系统饱和压力

维持系统的稳定性同样可以通过提高系统的压力来实现。图 3.17 给出了系统压力对加热通道的流量压降特性曲线斜率的影响。由图中的比较可以看出，系统压力越高流量压降特性曲线负斜率段的斜率越小，系统越稳定。

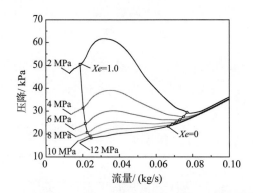

图 3.17　系统压力对加热通道流量压降特性曲线斜率的影响

3.4.4　窄缝并联通道流动不稳定性边界

根据不同运行条件下窄缝并联加热通道流动不稳定性的极限热负荷可以得出系统的不稳定边界。图 3.18 给出了不同系统压力条件下并联通道的流动不稳定性边界。当系统进口过冷度比较小时，系统的流动不稳定性类型为动态不稳定性。动态不稳定边界呈"L"形变化，过冷度较低时随着过冷度减小稳定运行区间增大。过冷度较高时在加热通道出口含气率较小时会发生流量漂移，系统的稳定性边界明显降低。由图 3.18a 中可以看出在 2.0 MPa 时，动态不稳定性的边界为 $Xe=0.2$，而发生流量漂移时的不稳定边界为 $Xe=0.06$。

低压条件下，动态不稳定边界随压力的增大变化比较明显，而静态流量漂移的不稳定性边界随压力的增大变化较小。图 3.18b 给出了高压条件下并联通道的流动不稳定性边界随系统压力的变化情况。通过比较可以看出，在较高的系统压力下，即使是较高的过冷度也不会出现流量漂移。

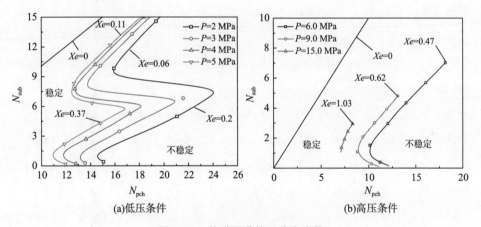

图 3.18　并联通道的不稳定边界

参考文献

[1] 孙中宁. 核动力设备[M]. 哈尔滨:哈尔滨工程大学出版社,2004.

[2] 周云龙,孙斌,张玲,等. 多头螺旋管式换热器换热与压降计算[J]. 化学工程,2004,32(6):27-30.

[3] KIM H K, KIM S H, CHUNG Y J, et al. Thermal-hydraulic analysis of SMART steam generator tube rupture using TASS/SMR-S code[J]. Annals of Nuclear Ener-

gy，2013，55：331-340.

[4] 屠传经，陈学俊. 螺旋管式蒸汽发生器的流动与换热特性[J]. 核动力工程，1982（5）：54-62.

[5] 阎昌琪. 气液两相流[M]. 哈尔滨:哈尔滨工程大学出版社，2010.

[6] HUANG H D，LIU G W，SUN A. Swirl-flow internal thermosyphon boiling device [J]. Chinese Journal of Chemical Engineering，1990，5(1)：56-67.

[7] HWANG Y D，YANG S H，KIM S H，et al. Model description of TASS/SMR code[R]. Taejon：Korea Atomic Energy Research Institute，2005.

[8] YOON J，KIM J P，KIM H Y，et al. Development of a computer code，ONCESG，for the thermal-hydraulic design of a once-through steam generator[J]. Journal of Nuclear Science and Technology，2000，37(5)：445-454.

[9] 曹丹，张佑杰. 盘管直流蒸汽发生器两相段计算模型[J]. 原子能科学技术，2006，40（5）：549-552.

[10] BRUENS N W S. PWR plant and steam generator dynamics[D]. TU Delft：Delft University of Technology，1981.

[11] CO L I T. RELAP5/MOD3 code manual. Volume 4，Models and correlations[R]. Office of Scientific & Technical Information Technical Reports，1995.

[12] 杨世铭，陶文铨. 传热学[M]. 北京:高等教育出版社，2010.

[13] MARCO E R. Experimental Investigation and Numerical Simulation of the Two-Phase Flow in the Helical Coil Steam Generator [D].Politecnico Di Milano，2013.

[14] SANTINI L，CIONCOLINI A，LOMBARDI C，et al. Two-phase pressure drops in a helically coiled steam generator[J]. International Journal of Heat & Mass Transfer，2008，51(19-20)：4 926-4 939.

[15] 尹清辽，孙玉良，居怀明，等. 模块式高温气冷堆超临界蒸汽发生器设计[J]. 原子能科学技术，2006，40(6)：707-713.

[16] 孙立成. 竖直环形流道内流动沸腾传热及其强化研究[J]. 核科学与工程，2005：46-89.

[17] 俞冀阳，贾宝山. 反应堆热工水力学[M]. 北京:清华大学出版社，2003.

[18] LI H P，HUANG X J，ZHANG L J. Lumped Parameter Dynamic Model of Helical Coiled Once-Through Steam Generator [J]. Atomic Energy Science & Technology，2008，42(8)：729-733.

[19] 杨世铭，陶文铨. 传热学[M].北京:高等教育出版社，2006.

[20] 白博峰，王彦超，肖泽军. 同心环形管强迫流动与传热实验研究[J]. 化学工程，2007，35(6)：12-15.

[21] YU D W, WARRINGTON R, BARRON R, et al. An experimental investigation of fluid flow and heat transfer in microtubes [C]//Proceedings of the ASME/JSME Thermal Engineering Conference，1995：523-530.

[22] 孙立成，阎昌琪，孙中宁. 窄环隙内单相对流换热的实验研究[J]. 核科学与工程，2002，22(3)：235-239.

[23] 孙中宁，阎昌琪，谈和平，等. 窄环隙流道强迫对流换热实验研究[J]. 核动力工程，2003，24(4)：350-353.

[24] 李斌，何安定，周芳德. 窄缝环形管内流动与传热实验研究[J]. 化工机械，2001，28(1)：1-4.

[25] 彭常宏，吴埃敏，郭赟，等. 窄缝环形通道内单相液体传热和压降的实验研究[J]. 核动力工程，2003，24(6)：92-94.

[26] 沈秀中，刘洋，张琴舜. 适于窄缝流动沸腾传热的关系式[J]. 核动力工程，2002，23(1)：80-83.

[27] 沈秀中，宫崎庆次，徐济. 在垂直环形窄缝流道中的沸腾传热特性研究[J]. 核科学与工程，2001，21(3)：244-251.

[28] 孙中宁，孙立成，阎昌琪，等. 窄缝环形流道单相摩擦阻力特性实验研究[J]. 核动力工程，2004，25(2)：123-127.

[29] 于平安. 核反应堆热工分析[M]. 北京:原子能出版社，1981.

[30] BOURE J A, BERGLES A E, TONG L S. Review of two-phase flow instability [J]. Nuclear Engineering & Design，1973，25(2)：165-192.

[31] FUKUDA K. Classification of two-phase flow instability by density waveoscillation model[J]. J Nucl Sci Technol，1979，16 (2)：95-108.

[32] FUKUDA K, HASEGAWA S. Analysis on two-phase flow instability in parallel multichannels[J]. J Nucl Sci Technol，1979，16 (3)：190-199.

[33] XIA G, PENG M, GUO Y. Research of two-phase flow instability in parallel narrow multi-channel system[J]. Annals of Nuclear Energy，2012，48(48)：1-16.

[34] GUO Y, HUANG J, XIA G, et al. Experiment investigation on two-phase flow instability in a parallel twin-channel system[J]. Annals of Nuclear Energy，2010，

37(10)：1 281-1 289.

[35] SAHA P,ZUBER N. An analytical study of the thermally induced two-phase flow instabilities including the effect of thermal non-equilibrium [J]. International Journal of Heat & Mass Transfer，1978，21(4)：415-426.

[36] SAHA P, ISHII M,ZUBER N. An experimental investigation of the thermally induced flow oscillations in two-phase systems[J]. ASME J Heat Transfer，1976，98：616-622.

[37] KUO C J, PELES Y. Pressure effects on flow boiling instabilities in parallel microchannels[J]. Int J Heat Mass Transfer，2009，52：271-280.

[38] YEOH G H, TU J Y, LI Y. On void fraction distribution during two-phase boiling flow instability[J]. International Journal of Heat & Mass Transfer，2004，47(2)：413-417.

[39] WARRIER G R, DHIR V K. Review of experimental and analytical studies on low pressure subcooled flow boiling[C]//Proceedings of the 5th ASME/JSME Joint Thermal Engineering Conference，San Diego，CA，1999.

[40] JOHNSTON B S. Subcooled boiling of downward flow in a vertical annulus[C]// The Asme/aiche National Heat Transfer Conference. Presented at the ASME/ AIChE National Heat Transfer Conference，Philadelphia，PA，1989.

[41] BABELLI I, ISHII M. Flow excursion instability in downward flow systems part II： two-phase instability[J]. Nuclear Engineering & Design，2001，206(1)：91-96.

[42] FARHADI K. A model for predicting static instability in two-phase flow systems [J]. Progress in Nuclear Energy，2009，51(8)：805-812.

[43] HAMIDOUCHE T, RASSOUL N, SI E K. Simplified numerical model for defining Ledinegg flow instability margins in MTR research reactor[J]. Progress in Nuclear Energy，2009，51(3)：485-495.

[44] KOSAR A, KUO C J, PELES Y. Suppression of boiling flow oscillations in parallel microchannels by inlet restrictors[J]. Transactions of the Asme Serie C Journal of Heat Transfer，2006，128(3)：251-260.

[45] WANG G, CHENG P,BERGLES A E. Effects of inlet/outlet configurations on flow boiling instability in parallel microchannels[J]. International Journal of Heat & Mass Transfer，2008，51(9)：2 267-2 281.

第4章 一体化压水堆的稳态热工分析

稳定工况下核动力装置相关的主要参数随负荷变化的规律称为核动力装置的稳态运行特性，也称为核动力装置的静态特性。核动力装置通常是以满负荷工况（100% FP工况）为设计工况，但是实际上核动力装置绝大部分时间都在低负荷条件下运行，而且还要按照电网的要求不断改变功率输出，功率变化频繁而且变化幅度较大[1]。因此，核动力装置的工作状态经常会偏离设计工况，各主要系统与设备的性能往往随负荷发生变化。为了给核动力装置的设计和运行提供依据，必须研究和掌握核动力装置中各主要系统与设备运行参数随负荷变化的规律。

为了减小反应堆压力容器的体积，一体化反应堆一般使用紧凑高效的直流蒸汽发生器。直流蒸汽发生器具有较高的负荷响应特性，可以实现快速的负荷跟踪，而且直流蒸汽发生器出口产生的是过热蒸汽，可以提高二回路系统的热效率。但是直流蒸汽发生器二次侧水容量小，二回路给水一次通过直流蒸汽发生器传热管二次侧，而且蒸汽压力很容易受给水流量和蒸汽流量的影响，从而对直流蒸汽发生器的给水控制提出了更高的要求。直流蒸汽发生器的这些特点使得一体化反应堆的运行特性与分散布置压水堆的运行特性存在较大差别。因此，针对稳态条件下一体化反应堆运行特性的研究具有重要的意义。

4.1 一体化反应堆的功率运行

功率运行是核动力装置的重要运行形式，一般来讲运行功率范围为 1%～100% FP。但是由于直流蒸汽发生器的低负荷流动不稳定性限制了一体化反应堆的最低负荷，因此其功率运行范围一般是 15%～100% FP。由于核动力装置在运行过程中功率变化频繁，而且变化幅度较大，一体化反应堆必须具有良好的自稳自调特性和负荷跟踪特性，在功率过渡时才能具有更好的核安全保证。

4.1.1 稳定运行过程

稳定工况运行是指功率运行过程中反应堆输出功率不随时间变化的一种运行方式。核动力装置的稳态特性主要研究反应堆主冷却剂的温度和蒸汽发生器的蒸汽压力、温度之间的变化特性和规律，其关系反映了蒸汽动力负荷与反应堆功率之间的匹配状况。

（1）主要监控参数

为了维持核动力装置的安全、稳定运行，操作员必须及时、准确地掌握和了解反应堆的运行状态。需要监督的主要参数有：反应堆功率、反应堆出口温度、冷却剂平均温度、稳压器温度、稳压器压力、稳压器液位、冷却剂流量、蒸汽压力、蒸汽温度、给水流量、堆舱温度、剂量水平、控制棒棒位等。不管一体化压水堆采用了怎样的结构布置形式，其基本原理还是压水堆，其主要关注的参数仍然与分散布置压水堆类似。稳定工况运行时，必须保证这些参数在合理的变化范围内。

由于直流蒸汽发生器的给水一次通过传热管，二次侧水位无法准确地测量。而且不同于自然循环蒸汽发生器产生的湿饱和蒸汽，直流蒸汽发生器产生的是过热蒸汽，因此过热蒸汽的过热度也是一个需要时时监测的参数。由于直流蒸汽发生器二次侧蒸汽的流速较快，必须保证蒸汽的过热度以防止特殊情况下蒸汽中夹带的液滴进入汽轮机系统造成叶片损坏。

（2）稳定运行流程

一体化反应堆的结构与分散布置压水堆的结构有很大的区别，图 4.1 给出了典型一体化反应堆结构及流程示意图。一体化反应堆取消了主管道，并且使用紧凑高效的直流蒸汽发生器，运行时一回路主冷却系统的流动和传热过程都限制在反应堆压力容器内部。

反应堆正常运行时，一回路冷却剂强迫循环流经堆芯吸热后由堆芯上升段进入主泵，主泵驱动高温冷却剂自上而下流过直流蒸汽发生器一次侧，将一回路主冷却剂的热量传给二回路给水。温度降低的冷却剂进入压力容器下降段，在下腔室发生流向反转重新流回堆芯吸热，进而完成一次循环。二回路给水自下向上流经蒸汽发生器传热管二次侧，将一回路热量带出，经单相水区、两相沸腾区和过热蒸汽区等不同换热区间，过冷水被一回路冷却剂加热为过热蒸汽，流体的流速由 2 m/s（过冷水）快速增大至 20 m/s（过热蒸汽）。

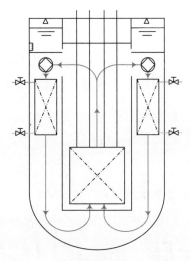

图 4.1　一体化反应堆主回路流程

4.1.2　稳态传热分析

(1) 反应堆

反应堆功率是反映核动力装置运行状态的一个重要参数，通常根据一、二回路系统之间的热平衡关系可以估算反应堆热功率，并对反应堆核功率进行校核。

一回路冷却剂从堆芯带走的热功率为：

$$Q_R = G_c(h_{co} - h_{ci}) = G_c c_{p,c}(T_{co} - T_{ci}) \tag{4.1}$$

式中：G_c——一回路冷却剂流量，kg/s；

$\quad\quad h_{co}$——堆芯出口冷却剂焓值，kJ/kg；

$\quad\quad h_{ci}$——堆芯进口冷却剂焓值，kJ/kg。

在稳态功率运行时，主冷却剂的温降幅度 ΔT 根据式（4.2）计算：

$$\Delta T = T_{co} - T_{ci} = \frac{Q_R}{G_c c_{p,c}} \tag{4.2}$$

式（4.2）中冷却剂的热段温度 T_{co} 和冷段温度 T_{ci} 在稳态功率下可以认为与蒸汽发生器一次侧的进、出口温度相等，稳态功率下反应堆功率 Q_R 与蒸汽发生器带出的热量 Q_{SG} 相等。

假设功率运行过程中蒸汽发生器一次侧冷却剂流量 G_c 保持不变，忽略冷却剂比定压热容 $c_{p,c}$ 的变化，则主冷却剂系统热段和冷段的温差与传递出的热功率呈线性规律变化。100% FP 功率时，温差最大，零功率时，温差为零。

假设反应堆冷却剂系统热段和冷段的平均温度为 T_m，额定工况下各相关参数用下标"0"表示，则有：

$$T_{co} - T_{ci} = 2T_m \tag{4.3}$$

$$Q_{SG,0} = Q_{R,0} = G_c c_{p,c}(T_{co,0} - T_{ci,0}) \tag{4.4}$$

联合上述 3 个公式，即可求得在不同的功率下反应堆主冷却剂系统热段和冷段温度的表达式：

$$\begin{cases} T_{co} = T_m + \dfrac{1}{2}\dfrac{Q_R}{G_c c_{p,c}} = T_m + \dfrac{1}{2}(T_{co,0} - T_{ci,0})\dfrac{Q_{SG}}{Q_{SG,0}} \\ T_{ci} = T_m - \dfrac{1}{2}\dfrac{Q_R}{G_c c_{p,c}} = T_m - \dfrac{1}{2}(T_{co,0} - T_{ci,0})\dfrac{Q_{SG}}{Q_{SG,0}} \end{cases} \tag{4.5}$$

由式（4.5）可以看出，零功率时，主冷却系统的热段和冷段温度与平均温度相等；准稳态功率运行工况下，如果保持冷却剂平均温度 T_m 不变，随着蒸汽发生器热负荷 Q_{SG} 的增加，热段温度呈线性增加趋势，冷段温度呈线性减小趋势。式（4.5）反映了蒸汽发生器一回路侧的负荷跟踪特性，当功率调节方案不同时，其特性是不同的。

（2）直流蒸汽发生器

作为一二回路之间的热量传递枢纽，直流蒸汽发生器的运行与控制特性与核电厂广泛使用的自然循环式蒸汽发生器不同。在直流蒸汽发生器内，二回路给水经一次循环转变成过热蒸汽，循环倍率为 1.0，对流换热特性和传热机理存在较大的差异，相应的换热系数在数量级上差别很大（单相液过冷区的换热系数范围为 1.0～10.0 kW/（m²·K），两相沸腾区的换热系数范围为 10.0～80.0 kW/（m²·K），单相过热蒸汽区的换热系数范围为 0.5～1.0 kW/（m²·K）。图 4.2 给出了套管式直流蒸汽发生器传热区和温度趋势示意图。

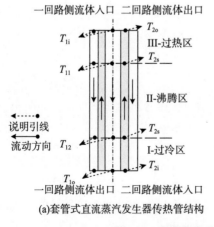

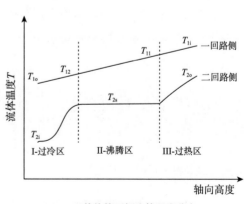

(a)套管式直流蒸汽发生器传热管结构　　(b)传热管两侧流体温度分布

图 4.2　直流蒸汽发生器传热区和温度分布示意图

根据直流蒸汽发生器一二回路间的传热过程，以换热管管壁外侧换热表面积为基准，可得管内直流蒸汽发生器的热功率 Q_{SG} 的表达式：

$$Q_{SG} = k_I (n \pi d_o l_I) \Delta T_{1n,I} + k_{II} (n \pi d_o l_{II}) \Delta T_{1n,II} + k_{III} (n \pi d_o l_{III}) \Delta T_{1n,III} \quad (4.6)$$

以管外侧表面为准的换热系数 k 的表达式为：

$$k = \frac{1}{R_i + R_w + R_o + R_f} = \frac{1}{\dfrac{d_o}{d_i}\dfrac{1}{k_i} + \dfrac{d_o}{2\lambda_w}\ln\dfrac{d_o}{d_i} + \dfrac{1}{k_o} + R_f} \quad (4.7)$$

由蒸汽发生器换热量计算关系式可以发现，当结构参数确定后，影响输热能力的因素有：一次侧冷却剂的流量和温度、二回路侧给水的流量和温度、二回路侧的换热系数，其中影响直流蒸汽发生器换热特性的主要因素是二回路侧的换热系数。

直流蒸汽发生器的换热特性因过冷、沸腾和过热 3 个换热区域有效换热长度的不同而异。不同负荷稳态运行工况下，各有关参数的量级和参数范围列于表 4.1。

表 4.1　稳态工况下直流蒸汽发生器热工特性参数的变化范围比较

位置	ΔT_{ln} (℃)	$l_i/(l_I+l_{II}+l_{III})$ (%)	R_i (m²·K)/W	R_w (m²·K)/W	R_o (m²·K)/W	R_f (m²·K)/W
I 区	50.0～90.0	1.0～30.0	(1.0～20.0) ×10^{-4}	(1.0～9.0) ×10^{-5}	(0.1～5.0) ×10^{-4}	1.0×10^{-5}
II 区	50.0～80.0	10.0～80.0	(0.1～1.0) ×10^{-4}	(1.0～9.0) ×10^{-5}	(0.1～5.0) ×10^{-4}	1.0×10^{-5}
III 区	10.0～80.0	20.0～70.0	(0.1～1.0) ×10^{-2}	(1.0～9.0) ×10^{-5}	(0.1～5.0) ×10^{-4}	1.0×10^{-5}

由于直流蒸汽发生器一次侧为单相水的对流换热，在强迫循环工况下其换热特性数量级变化不大，因而二回路给水流量的变化直接影响到 3 个换热区段受热长度的变化。在固定的蒸汽压力条件下，当给水流量增加时，单位时间内进入蒸汽发生器的流体总装量增加，在一次侧对流换热条件近似不变（主冷却剂平均温度不变）的情况下，蒸汽发生器二次侧的过冷区和沸腾区的有效长度变大，过热区的长度减小，蒸汽的过热度降低。当给水流量减小时则有相反的变化趋势。因此，传热管二次侧 3 个换热区间受热长度的变化间接反映了直流蒸汽发生器传热负荷的变化。通过设定合适的给水控制系统，保证给水流量的精确控制来确保 3 个换热区段受热长度的合理分配，从而实现对蒸汽发生器有效换热量的预期控制。

4.1.3　功率控制方案

反应堆功率控制系统的功能是根据负荷的要求，采用适当的方式改变反应堆功率，使反应堆功率与二回路负荷的需求相一致。

反应堆功率运行区间，一般根据核动力装置二回路负荷要求而维持反应堆功率水平。当装置负荷变化时，反应堆功率应能自动跟踪负荷的变化，无论是采用手动控制还是自动控制，都必须按照反应堆正常运行安全的要求和条件实施操作，这是确保功率区安全运行的基本条件。在核动力装置稳态运行过程中，反应堆功率控制系统还应该具备克服各种反应性扰动的能力，保证反应堆的安全稳定运行。当装置在内、外扰动引起的动态过程结束后，装置的运行参数应该符合设计规定的装置稳态运行特性。

(1) 功率控制基本原理

当二回路负荷变化时，反应堆功率控制系统一般以蒸汽发生器出口蒸汽流量或主汽轮机调速级后压力作为输入信号，通过计算得到的功率需求值与核测系统测量得到的反应堆功率进行比较，差值信号经放大后送入控制棒驱动机构，通过改变控制棒棒位调节堆芯反应性，提升或降低反应堆功率，使其与二回路负荷相平衡。

反应堆功率调节与堆芯反应性密切相关，其基本原理以反应堆中子动力学方程为依据，其表达式为：

$$\frac{\mathrm{d}n}{\mathrm{d}t} = (\rho - \beta)\frac{n(t)}{l}N(t) + \sum_{i=1}^{6}\lambda_i C_i(t) \tag{4.8}$$

$$\frac{\mathrm{d}C_i}{\mathrm{d}t} = \beta_i \frac{n(t)}{l} - \lambda_i C_i(t), \ i = 1, 2, \cdots, 6 \tag{4.9}$$

式中：ρ —— 堆芯反应性；

β —— 缓发中子份额；

n —— 中子平均密度；

l —— 中子平均寿命；

N —— 中子数；

λ —— 缓发中子先驱核的衰变常数；

C —— 缓发中子先驱核浓度。

式 (4.8) 方程中，堆芯反应性 ρ 是扰动参数，中子密度 $n(t)$ 为输出量。当 $\rho = 0$ 时，反应堆处于临界状态，堆芯功率保持不变；当 $\rho > 0$ 时，反应堆处于超临界状态，堆芯功率不断上升；当 $\rho < 0$ 时，反应堆处于亚临界状态，反应堆功率不断下降。

此处的反应性 ρ 是指反应堆内所有反应性变化的总和：

$$\rho = \sum_{j=1}^{m}\rho_j + \delta k \tag{4.10}$$

式中：ρ_j —— 堆芯中的各种反馈效应所引入的反应性，如燃料多普勒效应、慢化剂温度效应、空泡效应、燃耗效应等；

δk ——控制棒和其他毒物所引入的反应性。

核动力装置采用不同运行方案时，反应堆功率控制系统的组成和调节方式也各不相同。需要根据具体对象来确定反应堆功率控制系统的工作原理。

（2）一体化反应堆的功率控制方法

直流蒸汽发生器运行时对给水流量和蒸汽压力都有特殊的要求，因此需要一个高效的控制系统来保证直流蒸汽发生器在各种稳态及瞬态条件下的安全稳定运行。而一体化反应堆的功率控制与直流蒸汽发生器的运行密切相关。

与 U 形管式自然循环蒸汽发生器相比，直流蒸汽发生器具有以下特点：

1）直流蒸汽发生器出口没有设置汽水分离设备，所以在核动力装置正常稳态运行时必须保证蒸汽的过热度，以避免蒸汽中夹带液滴对汽轮机造成影响。

2）直流蒸汽发生器传热管二次侧水容量小，各个传热区间的长度在变负荷运行过程中不断变化，因此直流蒸汽发生器二次侧不存在稳定的水位，传统的以液位为主控参数的自然循环蒸汽发生器给水控制系统不适用于直流蒸汽发生器。

3）二回路给水一次经过传热管被加热为过热蒸汽，直流蒸汽发生器出口的蒸汽压力很容易受到给水流量或蒸汽流量的影响。而直流蒸汽发生器二次侧压力的改变会改变二次侧饱和温度，影响反应堆热量由一回路向二回路的传递，进而影响一回路冷却剂的温度。另一方面，传热管内部存在剧烈的相变过程，在低压下更容易发生各种类型的两相流动不稳定现象。所以在直流蒸汽发生器运行过程中必须始终保证蒸汽压力恒定。

一体化反应堆运行的过程中，二回路给水流量、蒸汽流量、蒸汽压力、冷却剂温度、反应堆功率以及稳压器压力等参数是相互影响的。反应堆在不同负荷条件下稳态运行时，蒸汽发生器一二回路侧主要参数的变化规律是不确定的。但只要将某一参数的变化规律按预定的方案加以限制，那么其他参数的变化规律也就相应确定了，这种限制某一参数的预定方案，称为核动力装置的运行方案。稳态运行方案的选择直接关系到核动力装置的安全性、冷却剂系统的静态特性和动态特性以及核动力装置的总体性能。

由第 4.1.2 节直流蒸汽发生器稳态传热特性的分析可知，当传热功率发生变化时，若调节蒸汽发生器的给水流量，改变直流蒸汽发生器二次侧传热区间的分配，从而保证 Q_{SG}/kA 不变（A 为直流蒸汽发生器换热面积），就可以在保证冷却剂平均温度不变的同时，维持蒸汽压力不变，实现蒸汽发生器的最佳稳态运行特性。

一体化反应堆通常采用如图 4.3 的反应堆协调控制方案。协调控制系统由反应堆功率控制系统和二回路给水控制系统两部分组成。反应堆运行过程中将二回路蒸汽压力和一回路冷却剂平均温度作为主要的调节参数。二回路蒸汽压力通过调节给水流量进行控制，一回路冷却剂平均温度则通过对反应堆功率的调节实现。两个控制系统协调作用以实现反应堆功率快速跟随二回路系统蒸汽需求量的变化。

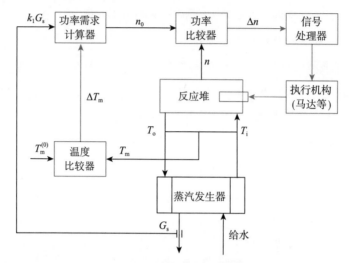

图 4.3 反应堆功率控制逻辑图

1）反应堆功率控制系统

反应堆功率控制系统由大小两个闭环组成。小闭环由功率控制器、信号处理器、马达以及反应堆等组成。该闭环主要用来调节反应堆功率，克服外来的反应性干扰等，保证反应堆稳定运行。大闭环由功率需求计算器、小闭环以及动力装置 k_1G_s 通道和温度比较器组成，主要用来控制反应堆功率自动跟随二回路负荷同时保持冷却剂平均温度 T_m 不变。反应堆功率控制系统可以在满足负荷跟踪的前提下，使装置运行符合设计规定的稳态运行方案。

反应堆功率控制系统以蒸汽流量作为主控信号，以冷却剂平均温度偏差作为辅控信号。由于反应堆热功率与蒸汽发生器蒸汽产量成正比，在反应堆功率控制系统中考虑蒸汽流量的变化，可以立即改变功率需求值，使反应堆功率能够迅速跟踪二回路负荷的变化，改善装置的机动性。直流蒸汽发生器传热量的波动，会直接影响一回路冷却剂平均温度，因此将冷却剂平均温度引入功率控制系统，使装置中冷却剂平均温度保持在设计规定的稳态运行方案内。

在运行过程中，功率需求值按式（4.11）确定：

$$n_0 = k_1 G_s + k_2 \Delta T_m + \frac{1}{\tau_m} \int \Delta T_m \mathrm{d}t \tag{4.11}$$

式中：k_1——转换系数；

k_2——比例常数；

τ_m——积分时间常数；

G_s——蒸汽发生器新蒸汽流量；

ΔT_m——冷却剂平均温度偏差，由式（4.12）给出：

$$\Delta T_m = T_m^{(0)} - T_m \tag{4.12}$$

式中：$T_m^{(0)}$——设定值；

T_m——测量温度，T_m 由式（4.13）给出：

$$T_m = (T_o + T_i)/2 \tag{4.13}$$

式中：T_o——堆芯出口处温度传感器测量到的冷却剂温度；

T_i——堆芯进口处温度传感器测量到的冷却剂温度。

式（4.11）中等号右侧第 2 项为稳态误差消除项，以维持冷却剂平均温度恒定；第 3 项为补偿项，用于补偿调节过程中温度效应对需求信号的抵消作用及温度测量误差对需求信号的影响。

功率比较器的两个输入信号分别是功率需求计算器的输出 n_0 以及由中子测量系统给出的反应堆实际功率 n。其输出调节信号：

$$\Delta n = n_0 - n \tag{4.14}$$

反应堆功率偏差信号经过信号处理装置处理后，通过控制棒驱动机构调节控制棒在堆芯的位置，引入反应性实现反应堆功率的控制。

当二回路负荷降低时，蒸汽流量随之减小。由于反应堆仍保持原功率运行，一二回路热平衡遭到破坏，冷却剂平均温度上升。此时，一方面由于温度效应引入的负反应性使反应堆功率逐渐下降；另一方面，二回负荷信号及冷却剂平均温度信号送入需求功率运算器，计算得出需求功率，功率比较器把需求功率与反应堆实际运行功率进行比较，差值信号经放大后驱动控制棒向下插入，反应堆功率随之下降，当反应堆功率与二回路相平衡，而且冷却剂平均温度恢复到预定值时，控制棒回到适当位置，堆芯反应性为零，装置在一个新的功率水平下稳定运行。

当二回路负荷提升时，同样有上述调节过程，只是参数变化的趋势与上述过程相反。

2）给水流量控制系统

由于直流蒸汽发生器的高传热效率，一回路冷却剂温度的变化很容易引起蒸汽发生器出口蒸汽压力和温度变化。同时，由于直流蒸汽发生器水容积小，蒸汽流量变化过程中，蒸汽压力也极易发生变化，所以直流蒸汽发生器需要有一个高性能的给水流量控制系统来保持蒸汽压力恒定。

给水流量控制系统的基本组成如图 4.4 所示。这里用蒸汽压力偏差信号、蒸汽流量信号和给水流量信号对给水控制系统进行调节。以蒸汽流量作为主控信号，以蒸汽压力偏差作为辅控信号。蒸汽发生器出口压力的恒定通过给水流量控制，以保证蒸汽压力在任何工况下都可以保持恒定。

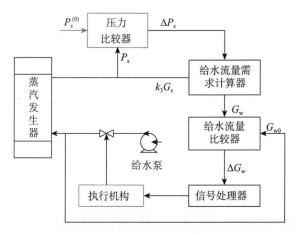

图 4.4　给水流量控制系统逻辑图

闭环控制系统由压力比较器、给水流量需求计算器、给水流量比较器、动力装置 $k_3 G_s$ 通道、信号处理器和执行机构等组成。给水流量控制系统通过调节给水实现对二回路负荷（蒸汽流量）的跟踪，同时保持蒸汽压力恒定。

当负荷改变时，给水流量按式（4.15）确定：

$$G_w = k_3 G_s + k_4 \Delta P_s + \frac{1}{\tau_s} \int \Delta P_s \mathrm{d}t \qquad (4.15)$$

式中：k_3——转换系数；

　　　k_4——比例常数；

　　　τ_s——积分时间常数；

　　　ΔP_s——蒸汽发生器出口压力偏差，ΔP_s 按式（4.16）计算：

$$\Delta P_s = P_s^{(0)} - P_s \qquad (4.16)$$

式中：$P_s^{(0)}$——设定值；

　　　P_s——主蒸汽管道上的压力测量值。

主蒸汽流量变化时，给水流量控制系统中起主导作用的是式（4.15）中右侧第一项，可以立即改变给水流量需求值，使给水流量需求值和功率需求值相匹配，提高了控制系统的快速响应能力。当蒸汽流量不再发生改变时，给水流量接近于蒸汽流量，这时候控制关系式（4.15）中右侧第 2 项和第 3 项发挥作用，对给水流量进行微调，使主蒸汽压力保持不变。

给水流量比较器将给水流量计算值和实测的给水流量 G_{w0} 进行比较，给出调节信号：

$$\Delta G_w = G_{w0} - G_w \qquad (4.17)$$

给水流量偏差信号经信号处理器处理后，通过执行机构调节给水流量控制阀的开度实现对给水流量的控制。

当二回路负荷降低时，蒸汽需求量随之减小，主蒸汽压力升高。由于给水仍然保持原流量，直流蒸汽发生器二次侧平衡被破坏。此时，一方面由于蒸汽压力升高导致给水泵进出口压差增大，给水流量逐渐下降；另一方面，蒸汽流量信号以及蒸汽压力信号送入需求流量计算器，计算得出需求流量，流量比较器把需求流量和实际给水流量进行比较，差值信号经放大后驱动执行机构关小阀门开度或减小给水泵转速，给水流量随之下降，当给水流量和蒸汽流量相平衡。而且蒸汽压力恢复到预定值时，给水泵转速或给水调节阀阀位回到适当位置，直流蒸汽发生器在一个新的流量水平上实现稳定运行。

当二回路负荷升高时，同样有上述调节过程，只是参数变化的趋势与上述过程相反。

（3）主要控制参数的选择

一体化反应堆实际运行时，反应堆功率控制系统和给水流量控制系统同时工作、协调运行，实现反应堆功率跟随二回路负荷的变化。

当二回路系统蒸汽需求量波动减少时蒸汽发生器出口蒸汽压力升高。给水流量控制系统根据蒸汽流量和蒸汽压力偏差计算出给水流量需求值，通过调节给水流量控制阀开度调节给水流量减小，蒸汽产量减小导致蒸汽压力最终恢复设定值。另一方面，蒸汽产量的减小将引起一回路冷却剂平均温度升高，反应堆功率控制系统根据蒸汽流量和冷却剂平均温度偏差引入负反应性使反应堆功率降低，从而使一回路冷却剂平均温度稳定在设定值。系统在较小的功率下达到一个新的平衡状态。二回路负荷升高时采用相同的控制策略进行调节。

反应堆功率协调控制系统工作过程中，蒸汽流量信号是作为主调节参数。蒸汽流量与二回路负荷密切相关，作为主调节信号能够实现快速的负荷跟踪。另外两个主要的辅调节信号是一回路冷却剂平均温度和二回路蒸汽压力，这两个信号是保证直流蒸汽发生器稳定运行的基本参数，其设定值对一体化反应堆的运行特性能够产生较大的影响。

下面分别讨论一回路冷却剂平均温度和二回路蒸汽压力对一体化反应堆运行特性的影响。

1）一回路冷却剂平均温度

一回路冷却剂平均温度是建立直流蒸汽发生器一二次侧换热温差的重要参数。根据传热方程，稳态条件下通过直流蒸汽发生器的传热量可由式（4.18）表示：

$$Q_{SG} = kA\Delta T_{SG} = kA(T_m - T_s) \tag{4.18}$$

式中：k ——平均对流换热系数；

A ——直流蒸汽发生器换热面积；

T_m ——一回路冷却剂平均温度；

T_s ——二次侧饱和温度。

当二回路蒸汽压力保持恒定时，直流蒸汽发生器二次侧饱和温度保持不变。一回路冷却剂平均温度越高传热管两侧存在的换热温差越大，越有利于一回路热量的导出。而且较高的一回路冷却剂温度可以将二回路蒸汽加热到更高的温度，蒸汽过热增大可以提高二回路系统的热效率并且有助于简化二回路系统设备。

根据一回路冷却剂平均温度和堆芯功率，反应堆出口冷却剂的温度表达式为：

$$T_{co} = T_m + \frac{1}{2}\frac{Q_R}{G_c c_{p,c}} = T_m + \frac{1}{2}\Delta T_c \tag{4.19}$$

一体化反应堆稳态运行过程中，假设一回路冷却剂流量 G_c 保持不变，忽略不同温度条件下冷却剂比定压热容 $c_{p,c}$ 的变化，则堆芯出口温度 T_{co} 随冷却剂平均温度 T_m 的升高而增大。也就是说，在固定的堆芯进出口温差条件下，一体化反应堆系统可以在任意的冷却剂平均温度下达到稳定运行状态。

一体化反应堆功率控制系统中，冷却剂平均温度的设定值受到堆芯出口温度和蒸汽过热度两个参数的限制。选择较高的一回路冷却剂平均温度虽然可以提高直流蒸汽发生器的传热效率，但是会导致堆芯出口冷却剂温度升高，使得堆芯出口冷却剂的过冷度随平均温度的升高而减小。为了提高过冷度需要增大一回路系统的压力，给压力容器的制造带来负担。而较低的一回路冷却剂平均温度设定值能够保证堆芯出口的冷却剂具有较大的过冷度，但是会减小向直流蒸汽发生器二次侧的传热量而降低蒸汽的温度。

反应堆负荷降低时，一方面由于堆芯进出口温差减小，堆芯出口温度相应降低，所以可以选择更高的冷却剂平均温度；另一方面，由于需要通过直流蒸汽发生器的传热量减小，可以在较低的冷却剂平均温度下实现热量的传递。因此，随着堆芯功率的减小，一回路冷却剂平均温度的选择范围增大。图 4.5 给出了不同负荷工况下一回路冷却剂平均温度可选择范围的变化。其中高温边界表示为保证堆芯出口冷却剂的过冷度高于 25 ℃

可以选择的一回路冷却剂平均温度的最高值。低温边界表示为保证蒸汽的过热度高于30 ℃可以选择的一回路冷却剂平均温度的最低值。两条曲线之间的区域为一回路冷却剂平均温度设定值的选择区间。由图 4.5 中可以看出，在低负荷工况下可以选择的冷却剂温度范围较大，随着反应堆功率的增大有效温度区间不断减小。如果采用一回路冷却剂平均温度不变的运行方案，需要按照最高反应堆功率来选择一回路冷却剂的平均温度。

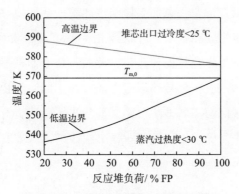

图 4.5　一回路冷却剂平均温度边界

2）二回路蒸汽压力

由式（4.18）可知，对于一个正在运行的直流蒸汽发生器，其负荷调节只能通过改变传热系数 k 和传热温差 ΔT_{SG} 来实现。

传热系数 k 的计算需要分别考虑一二回路换热系数及管壁和污垢的导热热阻，由传热系数公式计算得到：

$$\frac{1}{k}=\frac{d_o}{d_i}\cdot\frac{1}{\alpha_i}+R_w+\frac{1}{\alpha_o}+R_f \tag{4.20}$$

式中：d_i、d_o——传热管的内径和外径，m；

α_i——传热管内侧换热系数，W/（m^2·K）；

α_o——传热管外侧换热系数，W/（m^2·K）；

R_w——管壁的导热热阻，（m^2·K）/W；

R_f——污垢热阻，（m^2·K）/W。

传热系数 k 的变化可以通过改变一回路侧的换热系数 α_i 和二回路侧的换热系数 α_o 来实现，但是由于强迫循环的一回路冷却剂流速不能连续调整，因此一回路换热系数的改变难以实现。直流蒸汽发生器传热管二次侧可以分为单相水换热、两相沸腾换热和过热蒸汽换热 3 个区间，不同负荷条件下的换热系统可以通过调节 3 个换热区域的有效换热长度来实现。

如果忽略过冷水以及饱和蒸汽的温度变化，直流蒸汽发生器的传热温差 $\Delta T_{SG}=T_m-T_s$

与一回路冷却剂平均温度和二回路蒸汽压力密切相关。较高的蒸汽压力可以提高汽轮机系统的效率，而且较高的蒸汽压力可以减小两相流体的密度差，提高直流蒸汽发生器运行的稳定性。但是如果蒸汽的压力比较高，直流蒸汽发生器二次侧饱和温度升高。在恒定的一回路冷却剂平均温度的条件下，较高的二回路压力会造成一二次侧传热温差减小，导致蒸汽的过热度降低。

二回路蒸汽压力的设定值，一方面会影响传热管两侧的换热温差，另一方面还会影响直流蒸汽发生器的稳定性。在低负荷工况下由于直流蒸汽发生器有足够的换热面积，能够在较小的传热温差下保证热量的传递，因此蒸汽压力的选择范围较大。而在较高的负荷工况下，需要更大的一二次侧传热温差才能保证一回路热量的导出，因此，随着负荷的升高有效蒸汽压力区间会不断减小。图 4.6 给出了不同负荷工况二回路蒸汽压力可选择范围的变化。如果采用保持二回路蒸汽压力恒定的运行方案，同样需要按照最高反应堆功率来选择二回路蒸汽压力。

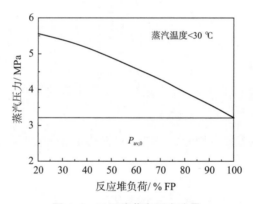

图 4.6　二回路蒸汽压力边界

4.2　直流蒸汽发生器的稳态运行特性

一体化反应堆运行时，一回路冷却剂自上向下流过直流蒸汽发生器一次侧；二回路给水自下向上强制流过受热面，被一回路冷却剂加热，经预热、蒸发、过热而产生过热蒸汽送到汽轮机系统做功。因其产生过热蒸汽，热效率高，改善了汽轮机的工作条件；结构简单，负荷跟踪快，机动性好，热耗率低，特别适合于需要经常变负荷运行的船用核动力装置；由于一回路流阻极小，自然循环能力可达 100%，因而可取消主泵简化系统。俄罗斯正在研制的 ABV-6Y 型一体化压水堆动力装置采用的钛合金列管式直流蒸汽发生器体积换热能力高达 30 MW/m^3，为盘管式的 2.6 倍，体积和质量都大幅度降低。这种钛合金比其他材料更可靠，其传热管破损率仅为 10^{-6}。使用这种高效紧凑的直流蒸汽发生器，可使一体化压水堆的体积大大减小。

由于结构及工作原理不同，直流蒸汽发生器的运行特性与自然循环蒸汽发生器相比存在较大的区别。直流蒸汽发生器的换热取决于工质的流速、换热面两侧的温差以及流动阻力对工质压力变化的影响，出口蒸汽的温度还与所采用的静态运行方案有关。

4.2.1 静态运行方案

蒸汽发生器是按满负荷进行设计计算的。但是在蒸汽发生器的实际运行中往往需要变动其负荷的大小，而蒸汽发生器负荷的变化又会影响传热，因而也将影响一回路冷却剂的温度和二回路蒸汽压力。由于蒸汽发生器的负荷变化而引起一回路冷却剂平均温度和二回路蒸汽压力变化的规律称为蒸汽发生器的静态特性。

对于自然循环蒸汽发生器，其静态特性与一回路冷却剂平均温度 T_m 和二回路蒸汽饱和温度 T_s 之差的大小密切相关。当装置负荷降低时，要求蒸汽发生器的蒸汽产量减小，如果一回路冷却剂平均温度 T_m 不变，则饱和蒸汽压力 P_s 升高，对应的蒸汽温度 T_s 也相应升高。由于 T_s 升高，使蒸汽发生器一二次侧之间的平均换热温差（$T_m - T_s$）减小，从而降低了一回路传至二回路的热负荷，直到蒸汽产量与二回路耗气量相平衡。

对于直流蒸汽发生器，其静态特性与换热条件的变化或蒸汽发生器内各个换热区段换热面积的重新分配有关，直接影响出口蒸汽的过热度。直流蒸汽发生器运行时，可以通过改变一二次侧之间的平均换热温差（$T_m - T_s$）或传热管二次侧对流换热系数来保证热量的顺利导出。当装置负荷降低时，如果保持一回路冷却剂平均温度 T_m 和二回路蒸汽压力 P_s 不变，则传热管二次侧单相区及两相区的长度减小，过热蒸汽区的长度增大，对应的二次侧对流换热系数 α_c 减小。传热系数 k 的下降趋势直至蒸汽产量与反应堆功率达到平衡为止。直流蒸汽发生器也将在一个新的水平下保持稳定。

核动力装置在不同负荷工况下稳定运行时，蒸汽发生器一二回路侧主要参数的变化情况并不唯一。如果认为规定了某一参数的变化规律，则其他参数的变化规律也就相对确定，由此确定的静态特性就是核动力装置的一种运行方案。根据一体化反应堆的特点和功率控制系统的原理，常见的运行方案有以下几种。

（1）双恒定运行方案

在直流蒸汽发生器的静态特性中，可以采用任意的一回路冷却剂平均温度和蒸汽压力的变化规律，但是最简单的运行方案是保持蒸汽压力不变的同时保持一回路冷却剂平均温度不变，即采用所谓双恒定的运行方案。假设一回路冷却剂流量不变，一体化反应堆双恒定运行方案下的静态特性如图 4.7 所示。图中 T_{1i} 和 T_{1o} 分别为堆芯进口和出口温度，T_s 和 T_g 分别为蒸汽发生器二次侧饱和温度和过热蒸汽温度。

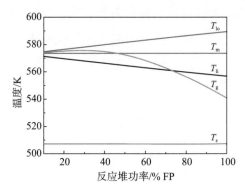

图 4.7　双恒定运行方案

由图 4.7 中的曲线可以看出，随着装置负荷的变化，一回路冷却剂在反应堆进口和出口处的温度呈线性变化，此时反应堆的输出功率与堆内冷却剂的温升成正比。当反应堆功率降低时，堆芯进出口温差减小，维持一回路冷却剂平均温度恒定的同时保证将堆芯释热量顺利带出堆芯。二回路侧饱和温度 T_s 保持不变，蒸汽温度 T_g 随装置负荷的降低而不断升高。

这种运行方案的主要优点是，在反应堆功率控制系统的调节作用下，一回路冷却剂能够稳定在某一平均温度，并可自动适应功率的需要，在正常运行时可以不需要堆外控制系统，反应堆只依靠负温度系数就可以保持稳定工作。另外，运行功率不同时，冷却剂体积原则上是恒定的，理论上不需要容积补偿，可以大大减小稳压器尺寸及减少一回路压力控制系统的工作负担。

该方案的另一个优点是蒸汽压力不随负荷变化，蒸汽压力恒定对给水泵出口压力的影响较小，给水控制系统能够更好地实现其功能，提高了负荷跟踪的能力；同时由于二次侧蒸汽参数不变，给二回路系统和主要用汽设备的设计、运行和管理带来很多方便。

该运行方案的缺点是，由于一回路冷却剂平均温度和二回路蒸汽压力始终保持恒定，直流蒸汽发生器传热管两侧的平均换热温差（$T_m - T_s$）也始终保持恒定。直流蒸汽发生器主要通过调节传热管二次侧不同换热区间的长度来匹配传热量的变化，造成低负荷工况下直流蒸汽发生器二次侧单相区和两相区的长度减小。直流蒸汽发生器二次侧存在剧烈的相变过程，传热管内单相压降减小容易造成各种类型的两相流动不稳定性，如管间脉动不稳定性或密度波震荡等。

（2）二回路蒸汽压力随负荷线性增大运行方案

这种运行方案的特点是一回路冷却剂平均温度恒定，但是二回路蒸汽压力随负荷下降而升高。这种运行方案的提出，是因为前面采用双恒定运行方案时直流蒸汽发生器二次侧传热区间随负荷改变有较大的变化，不利于直流蒸汽发生器的稳定运行。在低负荷运行时，希望通过降低一回路冷却剂平均温度来减小传热管两侧的换热温差，进一步提高直流蒸汽发生器的稳定性。二回路蒸汽压力随负荷线性增大运行方案的静态特性如图 4.8 所示。

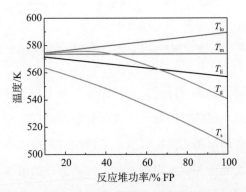

图 4.8　二回路蒸汽压力随负荷线性减小运行方案

由图 4.8 中曲线可以看出，随着装置负荷的变化，二次侧饱和温度 T_s 呈线性规律变化。当装置负荷降低时，蒸汽压力和温度相应升高。如果保持一回路冷却剂平均温度恒定，则在此运行方案下可以使传热管两侧的换热温差随反应堆功率的下降而减小，有效改善直流蒸汽发生器的运行特性。理论上，二回路蒸汽压力可以采用任意的斜率变化，但是由于蒸汽温度受蒸汽发生器一次侧进口温度（堆芯出口温度 T_{lo}）的限制，所以必须限制二次侧饱和温度 T_s 以保证具有足够的换热温差。

一体化反应堆采用这种运行方案，一回路冷却剂平均温度在整个反应堆稳定功率运行范围内都保持恒定，一回路冷却剂体积随负荷的波动最小。同时该方案使装置中热应力变化也较小，负荷响应快，负荷波动后恢复到整定值所需的时间也较少。

该方案的主要缺点是二回路蒸汽压力随装置负荷的降低升高很快。一方面，在功率变化的动态过程中，蒸汽压力变化加重了蒸汽发生器给水控制系统和汽轮机调速系统等的负担，也提高了二回路蒸汽设备的耐压要求，降低了系统可靠性。另一方面，蒸汽压力升高会减小蒸汽过热度，对二回路系统效率有一定的影响。

（3）冷却剂平均温度随负荷线性减小运行方案

上述二回路蒸汽压力随负荷线性增大运行方案中二回路蒸汽压力随装置负荷有较大

的变化，这给二回路系统和用汽设备的设计、运行和管理都带来一定困难，因此提出一回路冷却剂平均温度随负荷变化的方案，其静态特性如图 4.9 所示。

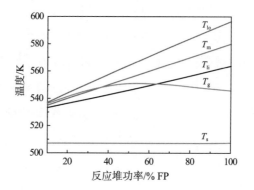

图 4.9　冷却剂平均温度随负荷线性增加运行方案

这种运行方案是当装置负荷下降时，一回路冷却剂平均温度相应减小，而二回路蒸汽压力保持不变，通过减小传热管两侧的平均换热温差，以适应反应堆功率的降低。这种运行方案下，一回路冷却剂平均温度以及堆芯进出口温度线性变化，堆芯进出口温差随负荷降低而减小，二次侧饱和温度保持不变，过热蒸汽的温度小幅度变化。

这种方案的优缺点与二回路蒸汽压力随负荷变化运行方案正好相反。主要优点是在负荷变化时，二回路蒸汽压力不变，使蒸汽发生器给水调节系统的工作条件得到改善。由于蒸汽参数不变，给二回路系统和主要设备的设计、运行和管理带来许多方便。

该方案的主要缺点是冷却剂温度随负荷变化较大。一方面由于温度效应而引起的堆芯反应性扰动较大，需要反应堆功率控制系统频繁移动控制棒以补偿堆芯反应性的变化；另一方面要求稳压器具有更大的容积以补偿冷却剂体积的变化。一体化反应堆一般将压力容器顶部区域作为内置的稳压器，具有足够的容积来补偿这部分水体积的变化，可以在设计时进行考虑。

作为反应堆功率控制的辅助参数，冷却剂平均温度的设定值可以任意设置，前提是要保证直流蒸汽发生器有足够的换热温差。因为冷却剂平均温度下降太快有可能导致传热温差太小，通过直流蒸汽发生器的换热量不足，使得蒸汽过热度不符合要求。

（4）折中运行方案

以上两种方案都有明显的优点和缺点，折中运行方案的提出实际上是将设计、运行和管理的困难由一二回路共同承担。在一体化反应堆的运行过程中实现一回路冷却剂平均温度和二回路蒸汽压力的合理匹配。

折中运行方案的两种典型方案是低功率区冷却剂平均温度不变高功率区二回路压力

不变，或低功率区二回路压力不变高功率区冷却剂平均温度不变。对于一体化反应堆还可以采用不同的冷却剂平均温度变化斜率以及二回路蒸汽压力变化斜率，使得一二回路参数的变化显著减小。

一体化反应堆折中运行方案的另一种思路是通过主泵变频、直流蒸汽发生器分组运行等方式来实现，其主要目的是限制堆芯出口温度 T_{lo}、一回路冷却剂平均温度 T_{m}、二回路蒸汽压力 P_{s} 以及直流蒸汽发生器二次侧传热区间的变化范围。

一体化反应堆的运行方案可以有多种形式，每一种运行方案都有自身的优缺点，在设计及运行阶段选用哪一种运行方案取决于核动力装置总体匹配情况及对核动力装置总体运行性能的要求。

4.2.2 稳态运行特性

直流蒸汽发生器二次侧工质的流动是依靠给水泵压头来实现的。给水在给水泵压头作用下，依次顺序通过预热段、蒸发段和过热段，进入直流蒸汽发生器内的水全部蒸发完毕。由于二次侧工质的流动不是依靠自然循环那样的密度差来推动，直流蒸汽发生器运行工况的各种改变，都将导致加热通道各点处工质参数的变化，随之引起受热面各区段所占长度的变化。

(1) 蒸汽发生器热计算

直流蒸汽发生器一般是管内直流蒸汽发生器，其换热机理属于管内流动沸腾换热。过冷液体以一定流速从管道底部流入，在向上流的过程中不断被加热。当壁面温度低于起始沸腾所需要的过热度时，流动为单相流动，换热为单相强迫对流换热。当壁面温度达到一定值后，壁面上开始产生气泡，换热进入沸腾换热区。当流体温度低于饱和温度时为过冷沸腾，相应的流型为泡状流。当流体温度达到当地饱和温度时称为饱和核态沸腾，随着含气率的变化流型分别为弹状流、环状流和雾状流。当气流中的液滴全部蒸发后，流动转变为单相蒸汽流动，相应的换热是单相对流换热。

在进行直流蒸汽发生器的换热计算时，必须考虑二回路侧的对流换热特性在各部分是不同的，相应的换热系数也各不相同，因此需要分段考虑各换热区间的影响。一般情况下，可以简单地以沸腾起始点 q_{ONE} 和蒸干点 x_{c} 作为分区点，将换热区划分为预热段、蒸发段和过热段。其中，预热段按单相对流换热计算，蒸发段按核态沸腾换热计算，过热段按蒸汽的单相对流换热计算。更进一步地可以划分出过冷沸腾段和临界后传热恶化段。

蒸汽发生器换热量的大小由蒸汽产量决定。直流蒸汽发生器不存在排污流量，如果不考虑温度变化引起的流量偏差，则蒸汽流量与给水流量相等。蒸汽发生器的换热量可由式（4.21）计算：

$$Q = G \cdot r + G(i_s - i_f) + G(i_g - i_s) \qquad (4.21)$$

式中：G——蒸汽发生器的蒸汽产量，kg/s；

r——二回路水的汽化潜热，J/kg；

i_f、i_s、i_g——分别为二回路进口给水比焓、饱和水比焓和出口蒸汽比焓，J/kg。

直流蒸汽发生器的传热温差一般按照对数平均温差计算，通用计算式为：

$$\Delta T_{ln} = \frac{\Delta T_{max} - \Delta T_{min}}{\ln \dfrac{\Delta T_{max}}{\Delta T_{min}}} \qquad (4.22)$$

式（4.22）中的 ΔT_{max} 和 ΔT_{min} 分别为所计算换热区间的最大温度端差和最小温度端差。需要特别注意的是，对于直流蒸汽发生器的不同换热区间，应分段分别计算传热温差和换热量。计算区间内，任意一侧的流体都不能既有相变换热又有单相介质换热。

图 4.10 给出了直流蒸汽发生器传热管两侧流体的温度分布。由于一回路冷却剂沿直流蒸汽发生器传热管向下流动，因此沿传热管高度增大冷却剂的温度不断升高。传热管壁面温度值介于一回路冷却剂温度和二回路流体温度之间。二次侧流体温度随传热管高度的增大变化明显，可以明显分为过冷段、沸腾段和过热段。过冷段温度随传热管高度增大而升高，此区间内温度的最大值和最小值分别为 T_s 和 T_f；沸腾段流体处于饱和状态，流体的温度为饱和温度 T_s；在过热区气相温度持续升高，达到的最大温度为蒸汽出口温度 T_g。

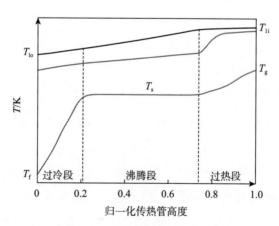

图 4.10　传热管内外侧温度分布

蒸汽发生器的换热量是由冷却剂从反应堆带出的。在正常运行的压水堆内，一回路冷却剂始终处于过冷状态，温度由 T_{li} 下降到 T_{lo}，一回路冷却剂的换热模式为单相对流换热。因此，根据热平衡方程可以求出蒸汽发生器一回路侧的冷却剂流量，表达式为：

$$Q = G_1 (i_{li} - i_{lo}) \eta \qquad (4.23)$$

式中：G_1——冷却剂流量，kg/s；

　　i_{li}、i_{lo}——蒸汽发生器一次侧冷却剂进口、出口比焓，J/kg；

　　η——蒸汽发生器的热效率。

由蒸汽发生器传热的角度可以确定一回路冷却剂的流量：

$$G_1 = \frac{Q}{(i_{li} - i_{lo}) \eta} \qquad (4.24)$$

(2) 不同换热模式下的吸热量

直流蒸汽发生器采用双恒定运行方案时，可以保持一回路冷却剂平均温度和二回路蒸汽压力不变。负荷在 15%～100% FP 范围内变化时，直流蒸汽发生器良好的负荷跟踪特性依赖于传热管二次侧过冷段、蒸发段和过热段 3 个换热区段长度比例的变化，而不是改变一二回路的温差。

因为一次侧冷却剂始终处于强迫循环单相对流换热的状态，这时流体在管内的强迫对流换热一般都处于紊流区。对于这一换热方式，应用较多的是迪图斯-贝尔特公式：

$$Nu_f = 0.023 \, Re_f^{0.8} \, Pr_f^n \qquad (4.25)$$

其中：

$$Re_f = \frac{u_f \cdot d}{\upsilon_f \mu_f} \qquad (4.26)$$

式 (4.25) 可进一步改写为：

$$\alpha = c \cdot d^{-0.2} \cdot u_f^{0.8} \qquad (4.27)$$

其中：

$$c = 0.023 \times \frac{\lambda_f}{(\upsilon_f \mu_f)^{0.8}} \, Pr_f^n \qquad (4.28)$$

由式 (4.27) 可以看出，一回路冷却剂的强迫对流换热的大小主要取决于一回路冷却剂的流速。假设在不同的负荷工况下冷却剂流速不变，则一次侧冷却剂对流换热系数基本保持不变。

针对管内沸腾换热计算的公式很多，但是由于两相流动和换热的机理非常复杂，目前还没有一个普遍适用的计算公式，只能根据实际情况选用沸腾换热模型。目前使用较多的是 Chen 公式，该公式设定管内流动沸腾的总换热量等于核态沸腾和强迫对流换热之和，其基本定义式为：

$$q = \alpha_1 (t_w - t_f) + \alpha_g (t_w - t_s) \qquad (4.29)$$

式中：α_1——按迪图斯-贝尔特公式 (4.30) 计算的分液相对流换热系数：

$$\alpha_1 = 0.023\,Re_1^{0.8}\,Pr_1^{0.4}\,\frac{\lambda_1}{d}F \tag{4.30}$$

α_g 为按大容积沸腾换热计算的沸腾换热系数：

$$\alpha_g = 0.001\,22\left(\frac{\lambda_1^{0.79}c_{p,1}^{0.45}\rho_1^{0.49}}{\sigma^{0.5}\mu_1^{0.29}r^{0.24}\rho_g^{0.24}}\right)\Delta t_s^{0.24}\Delta p_s^{0.75}S \tag{4.31}$$

管内沸腾换热与气泡的形成、成长和运动密切相关，工质通过气泡运动带走加热面的热量并使其冷却。因此，沸腾传热是一种高强度的热量传递方式，沸腾换热系数也是最大的。

不同负荷工况下，二回路流体吸收的热量沿传热管高度的变化如图 4.11 所示。在过冷区，单相对流换热系统基本保持恒定，但是由于传热管二次侧工质的温度不断升高，直流蒸汽发生器传热管两侧的换热温差逐渐减小，通过传热表面的换热量随传热管高度的增大而减小。

在蒸发段，传热管二次侧饱和温度不变。一方面，由于一回路冷却剂温度随传热管高度增大而升高，传热管两侧的换热温差增大（如图 4.11 所示）。另一方面，随着空泡份额的增多，工质流速逐渐增大，沸腾传热系数增大。因此，蒸发段二次侧流体吸收的热量沿传热管高度增加而不断增大。

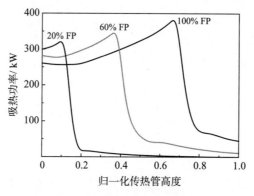

图 4.11　热通量沿传热管高度的变化

在过热段，随着蒸汽温度的升高传热管两侧的换热温差减小，而且单相蒸汽的换热系数相比两相沸腾换热要小得多，所以流体的吸热量不断减小。

总体来说，蒸发段的沸腾换热量最大，其次是预热段的单相水对流换热，而过热段的蒸汽对流换热量是最小的。因此，低负荷工况下，传热管二次侧过热段的长度延长，而蒸发段和预热段的长度缩短，通过直流蒸汽发生器的换热量相应减小。

（3）**不同负荷下的温度分布**

由于换热模式的不同，预热段和蒸发段的换热量较大，过热段的换热量非常小。通过直流蒸汽发生器的吸热功率与传热管二次侧换热区间的变化相对应。

稳态条件下通过直流蒸汽发生器的传热量可分为3个部分分别计算：

$$Q = Q_1 + Q_2 + Q_3 = k_1 A_1 \Delta T_1 + k_2 A_2 \Delta T_2 + k_3 A_3 \Delta T_3 \qquad (4.32)$$

式中：Q_1、Q_2、Q_3——分别为预热段、蒸发段和过热段的换热量；

$\quad\quad k_1$、k_2、k_3——分别为预热段、蒸发段和过热段的平均对流换热系数；

$\quad\quad A_1$、A_2、A_3——分别为预热段、蒸发段和过热段的换热面积；

$\quad\quad \Delta T_1$、ΔT_2、ΔT_3——分别为预热段、蒸发段和过热段的对数平均温差。

当使用双恒定的运行方案时，一回路冷却剂平均温度和二回路蒸汽压力都是恒定的。在不同负荷条件下，直流蒸汽发生器自动调节3个传热区的长度以匹配反应堆功率和给水流量。当二回路负荷减小时，给水流量减小而传热管两侧的换热温差和换热面积保持不变，在相同换热条件下，二回路给水更容易被加热为过热状态。因此，过冷区和蒸发区的长度会减小以改变相应的换热面积，达到降低传热量的目的。

图4.12a给出了不同负荷工况下传热管二次侧流体温度沿传热管高度的变化。可以看出，随着二回路负荷的降低，传热管二次侧过冷段和蒸发段的长度减小，过热段的长度随负荷的减小而增加。一方面，一回路冷却剂平均温度不变导致低负荷工况下直流蒸汽发生器一次侧出口冷却剂的温度升高，在过冷段传热管两侧的换热温差增大，给水很快被加热为饱和状态，造成过冷段长度减小。另一方面，由于二回路负荷降低时给水流量减小，在蒸发区相同传热温差条件下，工质更容易沸腾蒸发，因此蒸发区长度缩短。反应堆负荷变化越大，传热管二次侧换热区间的变化越明显。

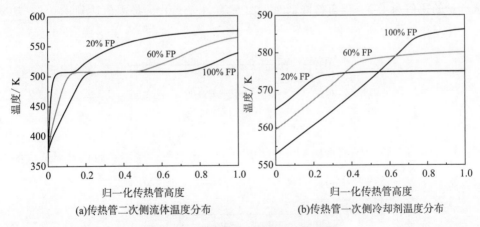

图 4.12 不同负荷下的温度分布特性

直流蒸汽发生器传热管一次侧冷却剂温度沿传热管高度的变化如图4.12b所示。直流蒸汽发生器的传热主要集中在过冷段和蒸发段，因此二次侧换热区间变化对一回路冷却剂温度分布有很大影响。传热管二次侧过热蒸汽区的换热量比较小,在这一区间内一回路冷却剂温度变化较小;传热管二次侧预热区和蒸发区的换热量较大,因此一回路冷却剂的温度沿传热管轴向节点向下呈线性下降的趋势。

(4) **功率/给水流量比**

直流蒸汽发生器出口蒸汽温度会随着蒸汽产量、给水温度的变化而产生较大的波动。蒸汽温度过高,将引起过热段、蒸汽管道和汽轮机高压汽缸金属的损坏;蒸汽温度过低,则会影响热力循环效率,并使汽轮机末级部分的蒸汽湿度增大。因此,在运行过程中要求尽量保持蒸汽温度的稳定。

当采用双恒定的运行方案时,蒸汽压力基本稳定在一个设定值,相应的二次侧饱和温度将保持不变或变化很小。过热蒸汽温度随着负荷的减小而增大,在低负荷时受蒸汽发生器一次侧进口温度(堆芯出口温度)的限制增加较慢(图4.7)。一体化反应堆运行过程中蒸汽温度的变化范围为265~300 ℃。

一体化反应堆运行时,蒸汽压力保持恒定,蒸汽的质量流量与二回路负荷相对应,因此反应堆功率控制系统以二回路蒸汽需求量为主导。虽然二回路给水流量与蒸汽的流量基本相同,但是由于低负荷工况下蒸汽的参数提高,过热蒸汽吸收的热量的比例增大,所以反应堆功率相应增大以保证一回路冷却剂的平均温度稳定在设定值。这就造成低负荷工况下反应堆功率负荷水平要高于给水流量负荷水平。

如图4.13给出了不同负荷工况下反应堆功率与给水流量的比值。可以看出,反应堆功率与给水流量的比值随着二回路负荷的降低而不断增大。假设100% FP时,功率-给水流量的比值为1.0,当负荷降低时,功率/给水流量比的最大值达到1.045。功率负荷明显大于给水流量负荷。

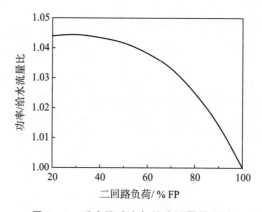

图4.13 反应堆功率与给水流量的比值

4.3 一体化反应堆不对称运行

核反应堆系统是一套复杂的多环路系统，不可避免的会出现环路不对称运行的工况，此时反应堆进口冷却剂的流量或温度存在较大偏差，强化了堆内流场的非均匀特性，进而引起堆内局部功率变化[2]。而堆芯加热通道内温度的不均匀分布还会引起堆内构件剪切应力分布不均匀以及热管段内冷却剂的热分层现象[3-5]。如果不能及时对这些现象进行分析判断，很容易引起堆芯熔毁事故造成放射性物质泄漏。

针对反应堆的安全分析工作大多使用最佳估算程序，国外的核能监管部门、研究机构、企业、高校等已经开发了多种热工水力分析程序[6]，如 CATHARE[7]、MARS[8]、RELAP[9]、TRAC[10]、RETRAN[11] 和 ATHLET[12] 等。这些软件具有很好的多相流动和相变模型，采用差分方式求解描述两相流动和换热的偏微分方程。这些程序大都是采用的一维集总参数模型，即使某些程序具有三维计算能力，但是使用的仍然是基于集总参数的方法。对于高压热冲击、冷却剂搅混、温度传播等现象都无法使用一维模型进行描述，而 CFD 程序具有模拟传热、多相流、化学反应等复杂现象的能力，可以很好地用于研究反应堆内的流动搅混现象[13]。

4.3.1 反应堆不对称运行

反应堆不对称运行特性的研究最早见于 20 世纪 90 年代初期，针对 Kozloduy 电厂 6 号机组的 VVER-1000 反应堆在接近实际电厂运行参数的条件下进行了环路不对称运行试验[14]。试验在较低负荷工况下（9.36%）隔离一台蒸汽发生器，但是保持一回路主泵全部运行以确定冷热流体在反应堆内的混合系数。从试验结果来看，冷却剂在压力容器下降段以及下腔室内不能很好地混合，导致与被隔离的蒸汽发生器相对应的堆芯区出口温度明显升高。文献［15］使用法国 CFD 软件的 Trio-U 建立了包括进口管道、下降段和部分下腔室在内的 VVER-1000 反应堆三维模型，研究了下腔室内的流场分布，并与 Kozloduy 电厂不对称运行的试验数据进行比较，指出 CFD 模型有助于评价下腔室内的流量搅混效果。但是由于计算条件的限制，模型没有考虑堆芯、上升段及回路的影响，并不能很好地模拟流体在反应堆压力容器内的旋转流动[16-17]。

反应堆主回路系统发生失水或失压事故时会启动应急堆芯注水系统以保证水装量，但是如果冷水没有与热水充分混合，会对压力容器产生严重的热冲击[18-19]，这也是反应堆不对称运行研究的热点内容。欧洲的 FLOMIX-R 计划,其目的就是研究不同特性的冷却剂在冷管段以及压力容器下降段内的混合特性。该计划在不同的试验装置以及电厂进行试验[20],并将试验数据应用于 CFD 程序的验证,对 CFD 模型的网格划分、时间步长、湍流模型、结构处理、边界条件、数值求解方案及收敛准则等进行指导[21]。使用 ROCOM 试验装置对试验工况进行扩展,进一步研究了反应堆自然循环状态下硼酸以及应急冷却水在压力容器内的扩散过程[22],并针对不同的反应堆进口速度分布对计算结果的影响,指出恒定的进口速度边界条件不能得到很好的预测结果[23]。

国内针对反应堆不对称运行特性的研究起步较晚,但已取得一系列研究成果。研究的主要关注点集中于反应堆单环路运行[24-25]以及反应堆入口不对称条件对反应堆核热耦合特性的影响[10]。针对反应堆不对称运行特性的研究往往通过实验和数值分析相结合的方式进行。在实际反应堆或缩比试验装置中进行相应的试验和测量,得到丰富的试验数据和运行经验。然后使用 CFD 程序进行数值模拟,使用试验数据对程序的可靠性进行验证,并进一步分析反应堆内流场的细节。

以上研究都是针对分散式布置压水堆进行,而一体化反应堆将多台直流蒸汽发生器布置在堆芯吊篮和压力容器之间的环形区间内[26],蒸汽发生器出口的冷却剂顺流而下进入压力容器下环腔,因此反应堆不对称运行时冷却剂在下腔室很难充分混合[27]。直流蒸汽发生器分组运行会造成堆芯进口温度的不均匀分布,进一步导致板状燃料堆芯功率峰值因子向堆芯进口温度低的区域偏移,而冷却剂流量峰值因子向堆芯进口温度高的区域偏移。韩国的 SMART 反应堆设计了下腔室流量搅混装置对来自不同直流蒸汽发生器的冷却剂进行搅混[28],以保证堆芯进口冷却剂温度均匀,并通过试验研究[29]以及 CFD 计算[30]验证了流量搅混的效果。文献〔31〕研究了直流蒸汽发生器分组运行时堆芯进口的温度分布,指出流量搅混装置可以有效的对来自不同直流蒸汽发生器的冷却剂进行混合,但是会增大一回路冷却剂的流动阻力。

从公开文献来看,虽然国内外针对反应堆不对称运行特性的研究主要以试验研究和稳态数值分析为主。由于反应堆内结构的复杂性,试验研究多集中于反应堆整体性能方面,对于压力容器内部流场的情况了解甚少。随着现代计算机能力的发展以及 CFD 仿真技术的进步,全范围的反应堆下腔室三维数值模拟已经可以实现[32-34],但是需要上千万的网格数量和消耗大量的计算资源。虽然通过简化反应堆结构可以减少网格数量,但是会对下腔室流场分布产生较大影响[35]。很多研究者尝试采用具有三维功能的系统分析程序进行下腔室流量搅混特性的分析[36-38],但是受限于网格的尺寸而不能很好地描述冷却剂混合的细节。

以计算流体力学、数值传热学、中子动力学、高性能并行求解技术等交叉学科为核心的新型研究方法的发展，使人们能够建立反应堆全系统的多尺度耦合模型。多尺度耦合模拟方式可以在减少网格数量的同时获得反应堆内流场的细节，与试验相比更加快捷、简单，目前已被成功应用于反应堆运行特性的研究[39-42]。

4.3.2　下腔室流场分布特性

(1) 一体化反应堆下腔室结构

一体化反应堆压力容器下降段和堆芯下腔室可以作为一个整体进行分析。压力容器下降段为圆柱体环腔，堆芯下腔室为半椭球体，两者紧密相连。下降段进口与直流蒸汽发生器出口相连，下腔室的出口通过堆芯流量分配孔板与反应堆堆芯相连，每一个或多个流量分配孔对应一组燃料组件。一回路冷却剂在一回路主泵强迫循环作用下，经直流蒸汽发生器一次侧出口进入压力容器下降段，然后在堆芯下腔室向上流动，经堆芯流量分配孔板进入每一组燃料组件内。

一体化反应堆一般将直流蒸汽发生器布置在反应堆压力容器和堆芯吊篮之间的环形空间内，因此压力容器下降段环腔的厚度较大，与直流蒸汽发生器的直径相当（图4.1）。在压力容器下降段的进口部分均匀分布有多个冷却剂进口，根据不同设计可以有8个、12个或16个，分别与每台直流蒸汽发生器的出口相连。

对于分散布置反应堆来说，其冷管段垂直于反应堆压力容器布置。冷却剂由冷管段进入下降段环腔后会向各个方向散开，分别在环腔进口上部和下部出现较大的回流区，然后在环腔下部混合后经下腔室流入堆芯。一体化反应堆将直流蒸汽发生器布置在堆芯上部，冷却剂是顺流向下进入压力容器下降段，这样的流动方式导致来自不同直流蒸汽发生器的冷却剂之间很难有横向的速度失量。而且一体化反应堆下腔室的宽度相对分散布置反应堆要大的多，下腔室内冷却剂的流速小，也不利于冷却剂在下降段内的均匀混合。图4.14给出了典型反应堆压力容器内的流动示意图。

(2) 进口温度分布不均匀时下腔室的流场分布特性

一体化反应堆运行时，来自不同直流蒸汽发生器的一回路冷却剂分别进入压力容器下降段，混合后经堆芯下腔室由流量分配孔进入堆芯。

1) 直流蒸汽发生器出口温度分布

一体化反应堆运行时，各组直流蒸汽发生器的运行状态相同。当隔离其中一组直流蒸汽发生器的二回路给水时，一回路冷却剂得不到充分冷却，导致直流蒸汽发生器一次侧出口冷却剂温度存在不均匀现象。

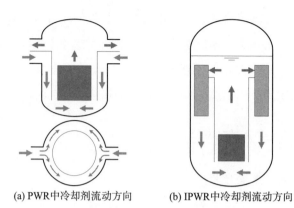

(a) PWR中冷却剂流动方向   (b) IPWR中冷却剂流动方向

图 4.14　典型压力容器内冷却剂流动示意图

在相同的负荷条件下，停闭一组直流蒸汽发生器以后，下降段进口流体的温度相比反应堆正常运行时有较大的差别。主要表现在，冷流体的温度相对减小，而热流体的温度相对增大，如图 4.15 所示。此时，反应堆功率、冷却剂总质量流量以及冷却剂平均温度均保持不变。按照式（4.1）和式（4.2），堆芯进口冷却剂平均温度和堆芯出口冷却剂平均温度都保持恒定。

建议将所有的直流蒸汽发生器分为 4 组，从能量平衡的角度考虑，直流蒸汽发生器吸热量可以按照式（4.33）计算：

$$Q_{SG} = (G_1 + G_2 + G_3 + G_4)c_{p,c}(T_i - T_o) = (G_2 + G_3 + G_4)c_{p,c}(T_i - T_o')$$

$$(4.33)$$

式中：G_1、G_2、G_3、G_4——通过 4 组直流蒸汽发生器的冷却剂流量；

　　　T_i、T_o——蒸汽发生器进口、出口冷却剂温度；

　　　T_o'——停闭一组直流蒸汽发生器后 3 组直流蒸汽发生器出口温度。

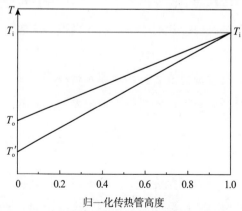

图 4.15　直流蒸汽发生器温度变化

正常运行时，直流蒸汽发生器一次侧温度由 T_i 降为 T_o。当一组直流蒸汽发生器被隔离后，一回路热量全部由运行的直流蒸汽发生器导出，对于隔离的直流蒸汽发生器，由于二回路给水停闭，一次侧冷却剂并没有被冷却，因此直流蒸汽发生器出口温度与进口温度 T_i 相同。而运行的其他组直流蒸汽发生器一次侧冷却剂进口温度是 T_i，出口温度则减小为 T_o'。

如果忽略冷却剂比定压热容 $c_{p,c}$ 的变化，并认为各组直流蒸汽发生器冷却剂流量相同，则有

$$T_i - T_o = 3(T_o - T_o') \tag{4.34}$$

直流蒸汽发生器出口温度分布与堆芯进出口温差 ΔT_c 相关，如果停闭一组直流蒸汽发生器，则直流蒸汽发生器出口温度 T_o' 相比正常运行时的出口温度 T_o 相差 1/3 倍的堆芯进出口温差；同样，如果停闭两组直流蒸汽发生器，则相差 1/2 倍的堆芯进出口温差。

2）下腔室出口温度分布

大量研究表明，冷却剂在下降段内存在混合不均匀及流动旋转现象，也就是说来自不同蒸汽发生器的冷热流体在压力容器下降段及下腔室内并不能充分地混合均匀。

不同温度的冷却剂进入下降段以后，沿下降段环腔先向下流动，到达下腔室后流量反转由下腔室出口处流出。由于下降段环腔的厚度比直流蒸汽发生器出口处的流通面积大，因此在下降段进口处会存在少量流体的扩散和扰动。流体在下降段内流动方向没有发生变化，因此流量的搅混很弱。在进入堆芯下腔室时，流体的流动方向发生变化，由于流动惯性，存在一定横向流动和搅混，但由于流动速度和湍流强度均很小，搅混作用并不明显。

冷却剂在下降段内的流动特性导致冷热流体的混合效果很差。图 4.16 给出了压力容器下降段及下腔室出口的温度分布。冷却剂进入下降段环腔后流动方向没有改变（垂直向下），所以冷热流体之间的搅混很弱。只有在冷热流体的交界面处存在少量的热量交换，但是影响的区域很小。下降段内大部分区域的温度与相应的进口温度相同。即使冷却剂在下腔室内发生流动反转以后，冷热流体之间的搅混效果依然很弱。因此，来自不同直流蒸汽发生器的冷热流体之间只有很少的搅混区域，在下腔室出口处会形成明显的温度界限。

3）下腔室出口流量分布

图 4.17 给出了不同运行条件下，下腔室出口冷却剂质量流量和温度沿堆芯径向的分布。由图中可以看出，在堆芯中轴线处的温度分布差别较大，主要还是由于不同温度的冷却剂并不能很好地混合造成温度分布得不均匀。

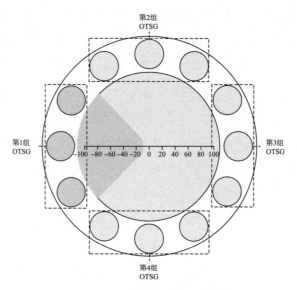

图 4.16　下腔室出口的温度分布

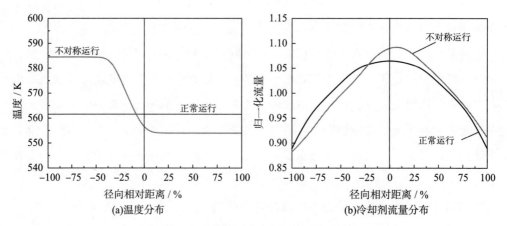

(a)温度分布　　　　　　　　　　(b)冷却剂流量分布

图 4.17　下腔室出口参数沿堆芯径向分布

反应堆正常运行时，下腔室出口的速度分布呈中间高边缘低的分布规律。流速的分布主要与冷却剂在下降段和下腔室内的流动特性相关。流体由下降段进入下腔室所形成的向下射流在堆芯进口边缘处产生一个低压区，在局部区域会出现漩涡。旋涡的产生会影响堆芯进口处的流量分配，旋涡中心处的压力一般低于四周的压力，因此进入任何一个位于旋涡上方的燃料组件内的冷却剂流量都减少。由于下腔室为椭圆形结构，流体在惯性的作用下向中心区域汇集，导致中间区域的流量相对于边缘部位大很多。大多数的反应堆设计都采用缩比实验研究以决定下腔室的速度分布。

反应堆不对称运行对于下腔室出口冷却剂流量分布的影响很小。虽然下降段内冷却剂温度不同会对冷却剂流速产生一定的影响，进而影响下腔室出口冷却剂的流量分配，但是冷却剂流量分布的整体趋势变化不大。不对称运行时体积流量分布的变化很小，主要还是由于密度的影响，导致冷却剂流量分配的变化。

（3）下腔室流量搅混装置

直流蒸汽发生器的出口与压力容器下降段入口直接相连，冷却剂进入下降段后流动方向没有发生变化，因此冷热流体之间的混合很弱，只能依靠界面间的扰动实现混合。为了增强冷热流体之间的搅混可以考虑在下降段内增加流量搅混装置以改变冷却剂的流动方向，使得来自不同直流蒸汽发生器的一回路冷却剂可以在下腔室内充分混合。这样就能保证反应堆进口冷却剂温度的均匀分布，不会对板状燃料堆芯的运行产生较大的影响。

1）带搅混部件的下腔室结构

典型的一体化反应堆下腔室流量搅混装置结构如图4.18所示，可以看出，搅混装置将压力容器下降段环腔沿径向分为3个环腔，包括内环腔，中间环腔和外环腔。内环腔按照90°角等分为4个扇形流道，每一个流道的进口有多个圆孔与每台直流蒸汽发生器一次侧出口相连，这些直流蒸汽发生器应该属于一组，这样每一组直流蒸汽发生器和其中一个环形下降流道相连。一回路冷却剂由蒸汽发生器出口流出后进入相对应的内环腔扇形流道内。

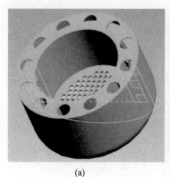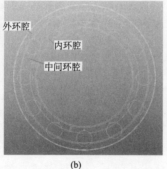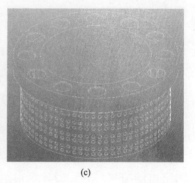

外环腔
内环腔
中间环腔

(a)　　　　　　　　　　(b)　　　　　　　　　　(c)

图4.18 带搅混部件的下腔室结构

中间环腔沿下降段高度方向被分为4个相同的环形空间。每一个环形空间的内侧有1/4圆周的开口部分与相应内环腔的扇形流道相连，冷却剂可以由内环腔的扇形流道流入相应的环形空间。其中第一层环形空间与第一组直流蒸汽发生器对应的扇形流道一相连；第二层环形空间与第二组直流蒸汽发生器对应的扇形流道二相连，依次类推。

在每一层环形空间的外侧面上开有两排小孔，使得环形空间内的冷却剂可以通过小孔流入压力容器下降段外环腔内。至此，冷却剂的流动方向由竖直向下变为通过小孔的横向流动。在外环腔内来自不同组直流蒸汽发生器的一回路冷却剂相互搅混，混合均匀后进入下腔室内通过流量分配孔板进入堆芯。

通过下腔室流量搅混部件的混合作用，来自每一组直流蒸汽发生器出口的一回路冷却剂可以均匀分配到中间环腔内，通过每一层的小孔进入外环腔，然后沿外环腔进入下腔室，使得冷热流体可以在下降段外环腔内充分混合。

2）带搅混部件的下腔室流动分析

增加下降段流量搅混部件后，一回路冷却剂首先通过内环腔的扇形流道进入相应的中间环腔。然后扩散至整个相应的环形空间内，并由环形空间外表面的小孔处流出与外环腔内的冷却剂相混合，如图4.19所示。

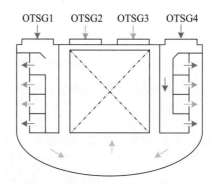

图4.19　冷却剂在下腔室内流动示意图

每一组直流蒸汽发生器出口对应一层中间环腔，每一层中间环腔内的冷却剂可以和其他各层的冷却剂在外环腔内混合后再进入下腔室，冷却剂在下腔室内进一步发生流动方向的变化，在涡流的作用下保证冷却剂得到充分的混合。

压力容器下腔室加入流量搅混装置后对冷热流体的混合起到很好的搅混效果，可以保证在下腔室出口冷却剂温度均匀分布。但是冷却剂在下腔室内流动方向的变化以及流动阻力的加强，导致冷却剂由蒸汽发生器出口到堆芯进口的流动损失增大。在反应堆设计时需要充分考虑下腔室流量搅混装置对一回路压降的影响，特别是需要考虑自然循环条件下冷却剂的流动阻力的增加。

需要注意的是，虽然在中间环腔侧壁上的小孔是均匀分布的，但是流体在每层环腔上并不是均匀的从每个小孔中流出。图4.20给出了与OTSG1相连的第一层中间环腔中冷却剂流动示意图。流体在进入中间环腔后分两左右两路流动，沿中间环腔两侧环绕到正对侧汇合，流体在中间环腔内流动的过程中小孔的出流方向和环腔内主流的流动方向相互垂直，因此大部分流体是由环腔进口侧和正对侧小孔流出，由侧面小孔流出的冷却剂较少，而且侧面小孔的流动方向沿环腔内流体的流动方向发生偏移，进一步造成流量分配得不均匀。

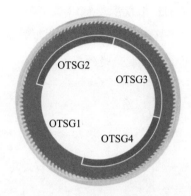

图 4.20　环腔内冷却剂流动示意图

另一方面，下腔室搅混装置中每一组直流蒸汽发生器与下降段中间环腔的对应位置是固定的，但是停闭的直流蒸汽发生器可以是任意的一组，因此温度较高的冷却剂可以由第一层中间环腔流出，也可以由第四层中间环腔流出。这样冷流体在下降段外环腔内的流动距离不同，冷热流体搅混的效果也可能不同。

4.4　反应堆的稳态运行特性

反应堆的各种反应性反馈特性需要建立准确的中子动力学模型进行计算和分析。一些大型热工水力瞬态分析程序中一般使用点堆中子动力学模型，这种模型需要输入各种反应性反馈系数及权重因子进行反应性计算，无法模拟中子通量密度在空间上的响应。特别是对于反应堆不对称运行或海洋条件等会导致堆芯进口温度分布不均匀，进而引起反应性与功率的变化，造成板状燃料堆芯功率分布和流量分配不均匀特性的研究，就需要建立反应堆的三维中子动力学模型。

4.4.1　三维中子动力学模型

典型的反应堆中子动力学模型采用三维两群中子时空动力学模型来求解快群与热群的中子通量密度。时空中子动力学模型可以模拟中子通量密度在三维空间上的分布，反应性反馈计算同样由时空中子动力学方程求解，可以准确反映对反应性反馈强烈的瞬态过程及控制棒响应。

（1）三维两群中子动力学模型

1）中子扩散方程

三维两群带六组缓发中子的扩散模型通常以 0.625 eV 为界限，将中子分为快中子和热中子两群，一般认为从热群到快群的转移截面为零，同时假设所有裂变中子和缓发中子全为快中子，所有热中子全部由慢化得到。

其表达式为：

$$\frac{1}{v_1}\frac{\partial \phi_1(r,t)}{\partial t} = \nabla D_1(r,t)\,\nabla \phi_1(r,t) - \Sigma_{a,1}(r,t)\phi_1(r,t) - \Sigma_{12}(r,t)\phi_1(r,t) +$$

$$(1-\beta)v_1\Sigma_{f1}(r,t)\phi_1(r,t) + (1-\beta)v_2\Sigma_{f2}(r,t)\phi_2(r,t) + \sum_{i=1}^{6}\lambda_i C_i(r,t) + S(r,t)$$

$$(4.35)$$

$$\frac{1}{v_2}\frac{\partial \phi_2(r,t)}{\partial t} = \nabla D_2(r,t)\,\nabla \phi_2(r,t) - \Sigma_{a,2}(r,t)\phi_2(r,t) + \Sigma_{12}(r,t)\phi_1(r,t)$$

$$(4.36)$$

式中：ϕ_1——快中子通量密度，$1/(\mathrm{cm}^2 \cdot \mathrm{s})$；

　　　ϕ_2——热中子通量密度，$1/(\mathrm{cm}^2 \cdot \mathrm{s})$；

　　　D_1——快中子扩散系数，cm；

　　　D_2——热中子扩散系数，cm；

　　　$\Sigma_{a,1}$——快中子吸收截面，$1/\mathrm{cm}$；

　　　$\Sigma_{a,2}$——热中子吸收截面，$1/\mathrm{cm}$；

　　　Σ_{12}——快群向热群的宏观转移截面，$1/\mathrm{cm}$；

　　　$\Sigma_{f,1}$——快群宏观裂变截面，$1/\mathrm{cm}$；

　　　$\Sigma_{f,2}$——热群宏观裂变截面，$1/\mathrm{cm}$；

　　　C_k——缓发中子先驱核浓度；

　　　v——每次裂变的中子产额；

　　　λ_k——第 k 组缓发中子先驱核的衰变常数；

　　　β——每次裂变的中子产额；

　　　$S(r,t)$——外加中子源项，$1/\mathrm{cm}^3$。

缓发中子先驱核浓度 C_k 按式（4.37）计算：

$$\frac{\partial C_k(r,t)}{\partial t} = -\lambda_k C_k(r,t) + \beta_k(v_1\Sigma_{f1}(r,t)\phi_1(r,t) + v_2\Sigma_{f2}(r,t)\phi_2(r,t)) \quad (4.37)$$

式中：λ——缓发中子先驱核衰变常数，$1/\mathrm{s}$；

C ——缓发中子先驱核浓度，$1/cm^3$。

2）功率计算

反应堆功率包括裂变功率和衰变功率两部分。

裂变功率按照式（4.38）进行计算：

$$Q_p(r,t) = \left(\sum_{f1}(r,t)\phi_1(r,t) + \sum_{f2}(r,t)\phi_2(r,t) \right) E_f V(r) \tag{4.38}$$

式中：V ——节块体积，cm^3。

根据 ANSI/ANS-5.1-1979 标准，在计算轻水堆衰变热时，其衰变热可以由^{235}U、^{238}U和^{239}Pu产生的 23 组衰变热计算得出。其每组衰变热计算公式为：

$$\frac{dQ_{di}(r,t)}{dt} = -\lambda_{di}Q_{di}(r,t) + \lambda_{di}\beta_{di}Q_p(r,t) \tag{4.39}$$

式中：$Q_{di}(r,t)$ ——第 i 组衰变热；

　　　λ_{di} ——第 i 组衰变产物的衰变常数；

　　　β_{di} ——第 i 组裂变产物的份额；

　　　$Q_p(r,t)$ ——瞬发中子裂变功率。

3）Xe、Sm 毒物

反应堆裂变产物中有两种重要的同位素 Xe、Sm 分别由^{135}I和^{149}Pm产生，这两种同位素具有较大的热中子吸收截面和裂变产额，对反应性有较大的影响。

^{135}Xe 的动力学方程为：

$$\frac{dI}{dt} = \gamma_I \Sigma_f \phi - \lambda_I I \tag{4.40}$$

$$\frac{dX_e}{dt} = \gamma_{Xe} \Sigma_f \phi + \lambda_I I - \sigma_{a,Xe}\phi X_e - \lambda_{Xe} X_e \tag{4.41}$$

式中：I ——^{135}I 的浓度；

　　　γ_I ——^{135}I 的裂变产额；

　　　λ_I ——^{135}I 的衰变常数；

　　　X_e ——^{135}I 的浓度；

　　　γ_{Xe} ——^{135}Xe 的裂变产额；

　　　λ_{Xe} ——^{135}Xe 的衰变常数；

　　　$\sigma_{a,Xe}$ ——^{135}Xe 的微观吸收截面。

裂变产物中^{149}Sm对反应堆的影响仅次于^{135}Xe，^{149}Sm 的动力学方程为：

$$\frac{dP_m}{dt} = \gamma_{Pm} \Sigma_f \phi - \lambda_{Pm} P_m \tag{4.42}$$

$$\frac{\mathrm{d}S_m}{\mathrm{d}t} = \lambda_{\mathrm{Pm}} P_m - \sigma_{a,\mathrm{Sm}} \phi S_m \tag{4.43}$$

式中：P_m——$^{149}\mathrm{Pm}$ 的浓度；

γ_{Pm}——$^{149}\mathrm{Pm}$ 的裂变产额；

λ_{Pm}——$^{149}\mathrm{Pm}$ 的衰变常数；

S_m——$^{149}\mathrm{Sm}$ 的浓度；

γ_{Sm}——$^{149}\mathrm{Sm}$ 的裂变产额；

λ_{Sm}——$^{149}\mathrm{Sm}$ 的衰变常数；

$\sigma_{a,\mathrm{Sm}}$——$^{149}\mathrm{Sm}$ 的微观吸收截面。

4）反应性计算

瞬态过程中，反应堆主要依靠控制棒的移动来实现反应性控制，同时冷却剂温度、密度和燃料温度变化对反应性的影响也需要考虑。这些影响因素对反应性的影响通过群常数变化来反映。

控制棒布置方案和位置对反应性、中子通量密度分布的影响可以通过扩散常数、裂变截面、转移截面、宏观吸收截面的变化来反映。宏观吸收截面、宏观转移截面、扩散常数主要受冷却剂密度变化的影响。冷却剂温度变化将影响宏观吸收截面、宏观裂变截面和转移截面。燃料温度变化主要对快群吸收截面产生影响。

有效增殖系数利用截面计算，表达式为：

$$k_{\mathrm{eff}}(t) =$$

$$\frac{\Sigma(v\Sigma_{\mathrm{f1}}(r,t)\Psi_1(r,t) + v\Sigma_{\mathrm{f2}}(r,t)\Psi_2(r,t))V(r)}{\Sigma[\Sigma_{a1}(r,t)\Psi_1(r,t) + \Sigma_{a2}(r,t)\Psi_2(r,t) - \nabla D_1(r,t)\nabla\Psi_1(r,t) - \nabla D_2(r,t)\nabla\Psi_2(r,t)]V(r)}$$

$$\tag{4.44}$$

$$\rho(t) = 1 - \frac{1}{k_{\mathrm{eff}}(t)} \tag{4.45}$$

（2）物理-热工耦合方法

物理-热工耦合可以实现热工水力程序和三维中子动力学程序之间的时间步长及参数交换的控制。具体操作中，可以使用中子动力学程序或热工水力程序分别作为对方的子程序进行调用，也可以在统一的仿真平台上实现对两个程序的调度控制。尽管如此，热工水力和中子动力学计算仍是两个完全不同的物理过程，由此会导致时间和空间尺度上的不连续性。需要考虑时间步长和空间网格映射的具体处理方法。

1）时间步长同步

因为求解方法的不同，热工水力程序和中子动力学程序将采用不同的时间步长进行计算，通常热工水力程序的时间步长要小得多。采用显式方式进行物理-热工程序耦合的时间步长同步控制策略，如图 4.21 所示。

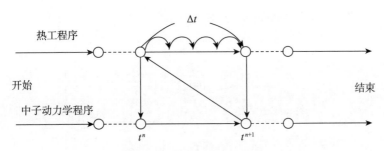

图 4.21　时间步长同步策略

在每个时间步长内热工水力程序前进的同时，中子动力学程序也将同步计算。在两次数据交换间隔之间，热工水力程序会前进数个瞬态步长，而中子动力学程序仅前进一个步长。

对于常用的热工水力系统分析程序，都有复杂的时间步长控制逻辑，在进行物理-热工程序的耦合计算时，需要考虑各自时间步长控制逻辑对时间步长同步策略的影响。以系统分析程序 RELAP5 为例介绍热工水力程序与物理程序耦合的时间步长控制策略。如图 4.22 所示，RELAP5 程序初始运行采用输入卡中定义的最小时间步长。从这个时间步长算起，如果质量误差小于初始设定限值 errlo，RELAP5 的时间步长将会增大10%。反之，如果质量误差大于预设下限值 errlo 并且小于预设上限值 errhi，在下一步计算中时间步长保持不变。如果质量误差大于预设上限值 errhi，时间步长将会减半。用于控制时间步长的质量误差，由状态方程中的混合物密度差定义，是新时间步内压力和内能的函数。上述的差值除以混合密度得到归一化的质量误差［式（4.46）］。除此之外，时间步长还要遵从克朗特限制。克朗特限制［式（4.47）］在一个时间步长结束时计算得到，并用于下一个时间步长的判断。

质量误差采用如式（4.46）方程计算：

$$E_{ms} = \max\left(\frac{|\rho_{mi} - \rho_i|}{\rho_i}\right) i = 1, \ 2, \ \cdots, \ N \tag{4.46}$$

式中：ρ_{mi}——第 i 个控制体中由质量连续性方程算得的总密度；

$\quad\ \rho_i$——第 i 个控制体由状态关系计算得到的总密度。

克朗特限值由式（4.47）计算：

$$\Delta t \leqslant \frac{\Delta x}{v} \tag{4.47}$$

式中：Δt ——时间步长，s；

　　　Δx ——控制体长度，m；

　　　v ——控制体内流体流速，m/s。

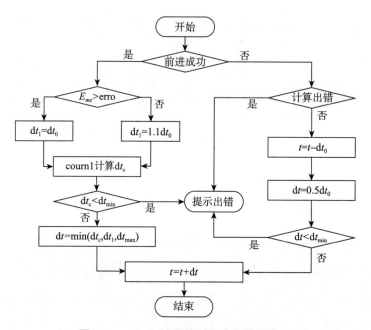

图 4.22　RELAP5 程序时间步长控制策略

中子动力学程序一般采用固定的时间步长，这里假设为 0.05 s。在 RELAP5 程序和中子动力学程序进行耦合时，可以采用式（4.48）所涉及的时间步长判断逻辑来决定何时交换数据：

$$t \in [0.05n - 0.5\,\mathrm{d}t_{\max},\ 0.05n + 0.5\,\mathrm{d}t_{\max}] \tag{4.48}$$

式中：n——数据交换步数。

这种方式不能保证两个程序数据交换的时刻完全一致，但误差不超过 $0.5\mathrm{d}t_{\max}$，而且 RELAP5 程序的变步长特性没有被改变。利用 RELAP5 程序自身的变时间步长策略，当 RELAP5 程序的计算时间 t 满足以上关系式时则进行数据传递，可有效提高耦合程序的鲁棒性。

2）空间网格映射

中子动力学程序和热工水力程序可使用不同尺度的空间网格，如图 4.23 所示。此时，在轴向和径向均需合理地布置热工水力程序和物理程序的网格节块，并建立网格间的映射关系，以保证在合理的计算时间内获得可接受的计算精度。

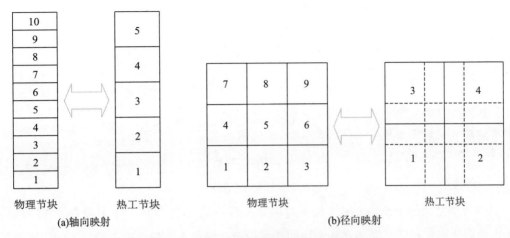

图 4.23　物理-热工耦合程序的空间网格映射

假设热工水力网格和物理网格的径向节块数分别为 $m1$、$m2$，轴向节块数分别为 $n1$、$n2$。可定义矩阵 $\boldsymbol{p}_{m1 \times n1}^{th}$、$\boldsymbol{p}_{m2 \times n2}^{nk}$ 分别用以存储热工水力节块和物理节块的变量，构造轴向映射矩阵 $\boldsymbol{MV}_{n1 \times n2}$ 和径向映射矩阵 $\boldsymbol{MV}_{m1 \times m2}$ 分别描述物理热工间的轴向和径向的映射关系。

轴向和径向映射矩阵可分别表示为：

$$MV_{ij} = \frac{L_{j \in i}}{L_j^{nk}} \tag{4.49}$$

$$MR_{ij} = \frac{A_{j \in i}}{A_j^{nk}} \tag{4.50}$$

式中：L_j^{nk}——轴向第 j 个物理节块的长度；

$\quad\quad L_{j \in i}$——轴向第 j 个物理节块和第 i 个热工节块重叠的长度；

$\quad\quad A_j^{nk}$——径向第 j 个物理节块的面积；

$\quad\quad A_{j \in i}$——径向第 j 个物理节块与第 i 个热工节块重叠的面积。

根据图 4.23 中映射矩阵的定义，$\boldsymbol{MV}$ 和 $\boldsymbol{MR}$ 可表示为：

$$\boldsymbol{MV} = \begin{pmatrix} 1 & 1 & 0 & 0 & 0 & 0 & 0 & 0 & 0 & 0 \\ 0 & 0 & 1 & 1 & 0 & 0 & 0 & 0 & 0 & 0 \\ 0 & 0 & 0 & 0 & 1 & 1 & 0 & 0 & 0 & 0 \\ 0 & 0 & 0 & 0 & 0 & 0 & 1 & 1 & 0 & 0 \\ 0 & 0 & 0 & 0 & 0 & 0 & 0 & 0 & 1 & 1 \end{pmatrix} \tag{4.51}$$

$$MR = \begin{pmatrix} 1 & 0.5 & 0 & 0.5 & 0.25 & 0 & 0 & 0 & 0 \\ 0 & 0.5 & 1 & 0 & 0.25 & 0.5 & 0 & 0 & 0 \\ 0 & 0 & 0 & 0.5 & 0.25 & 0 & 1 & 0.5 & 0 \\ 0 & 0 & 0 & 0 & 0.25 & 0.5 & 0 & 0.5 & 1 \end{pmatrix} \tag{4.52}$$

在径向方向，中子动力学程序以每个组件为单位划分一个径向网格。采用映射矩阵的形式建立的热工参数 p^{th} 和物理参数 p^{nk} 间的映射关系可表示为：

$$p^{th} = MRp^{nk}MV^{\mathrm{T}} \tag{4.53}$$

$$p^{th} = MR^{\mathrm{T}}p^{nk}MV \tag{4.54}$$

中子动力学程序和热工水力程序的耦合关系如图 4.24 所示。中子动力学程序向热工水力程序提供堆芯总功率和各节块的功率份额；热工水力程序向中子动力学程序提供慢化剂密度和燃料温度等参数。热工水力程序采用热构件定义堆芯燃料元件，为进行一维导热数值计算，需在径向划分节点。燃料的平均温度为各节点温度的体积加权平均值：

$$t_{\mathrm{u,av}} = \sum_{i=1}^{n} r_i t_{\mathrm{u},i} \tag{4.55}$$

式中：n ——轴向网格数；

r_i ——第 i 个网格的体积权重，并且 $\sum r_i = 1$；

$t_{\mathrm{u},i}$ ——第 i 个网格的温度。

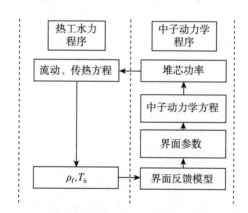

图 4.24 热工水力程序/中子动力学程序的耦合关系

4.4.2 板状堆芯的流量分配特性

冷却剂在下腔室内的流动特性造成冷却剂通道进口处的静压力不均匀，同时由于堆内各个组件的释热量不同引起通道内的温度、热物性也各不相同，这些原因导致进入堆芯的冷却剂并不是均匀分配的。

为了在安全可靠的前提下尽量提高反应堆的输出功率，在进行热工设计之前，必须预先知道堆芯热源的空间分布和在各个冷却剂通道内的冷却剂流量。有了这两个数据，才能根据所选定的堆芯结构、燃料组件的几何尺寸、材料的热物性等确定整个堆芯的焓场、温度场（对于水冷堆还要计算临界热流密度），分析反应堆的安全性和经济性。

（1）堆的热工设计准则

在进行反应堆主冷却系统的设计时，为了保证反应堆运行安全可靠，针对不同的堆型，预先规定了热工设计必须遵守的要求，这些要求通常就称为堆的热工设计准则。不论反应堆处于稳态工况，还是处于预期的事故工况，它的热工参数都必须满足该设计准则。反应堆的热工设计准则不但是热工设计的依据，而且也是提出反应堆所需的安全保护措施及其性能和技术要求的安全保护系统设计和运行规程制定的重要依据。

目前压水动力堆设计中所规定的稳态热工设计准则有[44]：

1）燃料元件芯块内最高温度应低于其相应燃耗下的熔化温度，以防止燃料芯块熔化。

2）在正常工况和允许的超功率工况下，燃料元件外表面不允许发生沸腾临界。

3）必须保证正常运行工况下燃料元件和堆内构件能得到充分冷却；在事故工况下能提供足够的冷却剂以排出堆芯余热。

4）在稳态额定工况和可预计的瞬态运行工况，堆芯内不允许发生流动不稳定性。

（2）闭式通道间的流量分配

按照反应堆的释热量确定所需要的冷却剂总流量并不困难，由于堆芯内冷却剂流动的复杂性，目前还不可能单纯依靠理论分析来计算堆芯流量的分配问题。但是对于闭式通道来说，因为只考虑一维向上（或向下）的流动，不计相邻通道间冷却剂的质量、动量和能量的交换，所以借助于描述稳态工况的冷却剂热工水力基本守恒方程以及确定的边界条件，可以求得满足工程要求的堆芯流量分配的近似解。

在进行闭式通道流量分配计算时所采用的基本方程有：

1）质量守恒方程

假设堆芯由 n 个并联的闭式冷却剂通道组成，则

$$(1 - \xi_s)W_t = \sum_{i=1}^{n} W_i \tag{4.56}$$

式中：W_t——冷却剂的总质量流量；

　　　W_i——第 i 个通道的质量流量；

　　　ξ_s——堆芯旁流系数。

2）动量守恒方程

第 i 个冷却剂通道的动量守恒方程可以写成如式（4.57）形式

$$p_{i,\text{in}} - p_{i,\text{ex}} = f(L_i, D_{e,i}, A_i, W_i, \mu_i, \rho_i, x_i, \alpha_i) \qquad (4.57)$$

式中：L_i、$D_{e,i}$、A_i——第 i 个通道的长度、当量直径和流通截面积；

W_i、μ_i、ρ_i、x_i、α_i——第 i 个通道的平均质量流量、黏性系数、密度、含汽量和空泡份额；

$p_{i,\text{in}}$——第 i 个通道的进口压力，一般冷却剂进口的压力分布由水力模拟实验测量得到，或根据经验数据给出，在计算时作为给定边界条件；

$p_{i,\text{ex}}$——第 i 个通道的出口压力。目前一般假设上腔室进口面是等压面，即

$$p_{1,\text{ex}} = p_{2,\text{ex}} = \cdots = p_{i,\text{ex}} = \cdots = p_{n,\text{ex}} \qquad (4.58)$$

3）能量守恒方程

对于第 i 个闭式冷却剂通道的微元长度 Δz，其热平衡方程可表示为：

$$\frac{A_i \Delta[\rho h_i(z)]}{\Delta \tau} + \frac{W_i \Delta h_i(z)}{\Delta z} = q_1(z) \qquad (4.59)$$

式中：$h_i(z)$——位置 z 处冷却剂的比焓；

$\Delta h_i(z)$——冷却剂流过微元长度 Δz 时的焓升；

$\Delta \tau$——冷却剂流过微元长度 Δz 所需的时间；

W——冷却剂的质量流量；

$q_1(z)$——在轴向高度 z 处燃料元件的线功率。

式（4.59）的左边第一项表示第 i 个通道的位置 z 处微元体 $A_i \Delta z$ 中冷却剂比焓随时间的变化值。第二项表示在位置 z 处冷却剂流经微元长度 Δz 后所带出的热量。右边表示燃料元件棒在第 i 个通道的 $z \sim (z + \Delta z)$ 长度内释放出的热量。

对于稳态工况，左边第一项为零，于是式（4.59）变成：

$$\frac{W_i \Delta h_i(z)}{\Delta z} = q_1(z) \qquad (4.60)$$

对于稳态闭式通道，W_i 沿整个 z 轴为常数，因此积分形式的能量方程表示为：

$$W_i[h_{i,\text{ex}} - h_{i,\text{in}}] = \int_0^L q_{1,i}(z) \qquad (4.61)$$

式中：$h_{i,\text{ex}}$、$h_{i,\text{in}}$——第 i 个通道冷却剂的进口、出口的比焓。

联立求解 n 个动量守恒方程、n 个能量守恒方程和一个质量守恒方程，就可以求解出 n 个通道的质量流量、n 个通道的出口比焓和一个上腔室进口压力参数。

（3）稳态运行时反应堆的流量分配特性

堆芯的流量分配与下腔室的几何条件有关，但是板状堆芯使用的是闭式燃料组件，各加热通道之间没有流量的搅混，因此各通道的流量分布情况与反应堆内的功率分布同

样相关。

　　一体化反应堆运行时通过控制棒的调节可以使反应堆稳定在不同的功率水平下，以满足电厂调峰或者核动力装置的不同功率需求。不同负荷工况下使用反应堆进口温度、质量流量和出口压力作为边界条件以进行反应堆热工-物理耦合特性的计算。稳态条件下反应堆的功率分布以及流量分配特性如图 4.25 所示，图中虚线为下腔室出口流量分布。

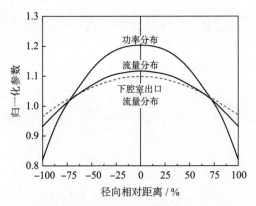

图 4.25　不同负荷下反应堆的运行特性

　　堆芯中心区域的中子通量密度较大，相应的中心区组件的释热量较高，所以反应堆径向功率分布呈现中心高边缘低的分布特性。压力容器下腔室内的流场分布导致堆芯进口处的冷却剂流量分布同样呈现中心高边缘低的分布规律。也就是说，在反应堆中心区功率比较大的通道内冷却剂流量相对较大，而反应堆外围功率比较小的通道中冷却剂流量相对较小，这样的特性有利于堆芯不同位置燃料的充分冷却。

　　由于燃料布置以及中子通量分布的影响，反应堆功率分布的不均匀程度要大于冷却剂流量分配的不均匀程度。这就造成了在释热功率比较高的组件内冷却剂平均温度也比较高，这些组件内冷却剂密度相对较低。如果流动压降只考虑沿程摩擦压降，则加热通道的压降：

$$\Delta p = f \frac{\rho V^2 L}{2De} \tag{4.62}$$

　　若认为组件的结构以及组件内的物性参数近似相等，为了保证堆芯进出口压降的平衡，加热功率较高的组件内冷却剂流量相对较大，则

$$G_h = (\rho_h / \rho_c)^{1/2} G_c \tag{4.63}$$

　　因此，反应堆功率分布不同将导致冷却剂流量的重新分配，但是由于功率不同引起的流量变化相对较小。

4.4.3 进口温度不均匀时反应堆的运行特性

反应堆不对称运行时，一组直流蒸汽发生器停闭对堆芯进口冷却剂流量的影响较小，但是会导致板状燃料堆芯进口温度的不均匀分布。由于冷却剂温度对反应堆功率的反馈作用，会引起堆芯区功率的不均匀分布。对于闭式燃料通道来说，不均匀的功率分布同样会引起堆芯各个通道内冷却剂流量的重新分配。这种流量的不均匀分布又会在一定程度上影响反应堆功率的分布。

（1）堆芯进口温度不均匀分布

一体化反应堆运行时，如果同时停闭两组直流蒸汽发生器的给水。此时只有两组直流蒸汽发生器可以导出一回路热量，反应堆功率在控制系统的调节作用下下降到额定功率的 50% 以下。

由于冷却剂经过停闭的直流蒸汽发生器一次侧后温度并没有降低，因此在下腔室进口处会出现明显不同的两个温度区间，根据第 4.3 节的讨论，冷却剂在压力容器下腔室内不会均匀混合，那么就会在堆芯进口处出现比较明显的温度分界。在堆芯进口处温度的不均匀分布如图 4.26 所示。

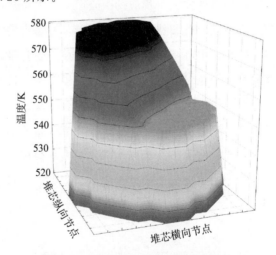

图 4.26　堆芯进口温度的不均匀分布

一体化反应堆所使用的板状燃料元件内各通道之间是相对独立的，没有流量的搅混。加热通道进口温度的升高可能导致整个通道内温度偏高，引起堆芯区各通道之间功率分布以及流量分配的不均匀，甚至导致个别通道出现沸腾现象，造成流动的不稳定或燃料元件的膨胀破损，严重威胁反应堆的安全运行。

（2）反应堆功率的不均匀分布

这种状态下堆芯进出处的冷热流体之间存在比较大的温差。不同温度的冷却剂进入闭式燃料通道内，由于冷却剂温度、密度及燃料温度的反馈作用，会引起反应堆功率的不均分布。如图 4.27 所示。

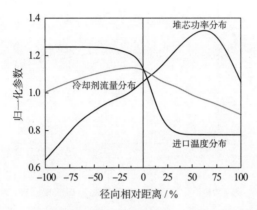

图 4.27　反应堆功率分布及流量分配（45% FP 相邻分组）

通过图 4.27 中反应堆功率分布可以明显看出堆芯功率分布的不均匀性。在加热通道冷却剂进口温度较高的区域反应堆功率越低；而冷却剂温度较低的区域反应堆功率较高。反应堆径向功率峰值因子会偏向堆芯进口冷却剂温度较低的区域。

堆芯各通道之间的流量分配则出现与功率分布完全相反的趋势。在功率较高的区域内冷却剂流量反而越低，加热功率较低的区域内冷却剂流量较大。这与正常运行时冷却剂流量分配与功率分布的比较结果不同。主要是由于堆芯进口冷却剂温度分布不均匀造成的。堆芯进口温度高，冷却剂流量大，反应堆功率低；堆芯进口温度低，冷却剂流量小，反应堆功率高。所以在反应堆运行的过程中各并联通道内的冷却剂平均温度可以基本保持一致，各通道的压降才能平衡。这也是闭式通道自稳自调特性的一种体现。

（3）堆芯出口温度的不均匀分布

由于堆芯布置和各种热工物理反馈的作用，反应堆功率本身具有一定的不均匀性。堆芯进口温度不均匀时，反应堆径向功率峰值因子向堆芯进口温度比较低的区域发生偏移，而且堆芯功率不均匀性有所提高。但是相对于正常运行来说，堆芯功率的最大值和最小值的变化不大，主要是功率峰值因子的偏移。

相对于功率分布来说，并联通道的流量分配因子受堆芯进口不均匀温度的影响要小得多。与正常运行时的流量分配特性比较，不对称运行时反应堆径向并联通道间流量分配稍有差别。堆芯进口温度较高的组件内冷却剂流量偏大，堆芯进口温度较低的组件内冷却剂流量稍小，流量峰值因子向堆芯进口温度较高的位置偏移。

反应堆功率分布及流量分配的不均匀，会导致反应堆并联通道出口处冷却剂温度的不均匀分布。如图4.28所示，堆芯出口温度分布受到反应堆功率分布和冷却剂流量分配的影响，但是总体趋势与堆芯进口温度分布相同。

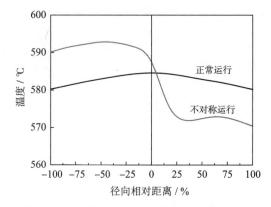

图4.28 不同运行状态下堆芯出口温度比较

堆芯内各个并联通道的冷却剂流量主要受堆芯下腔室结构的影响，并不会随反应堆功率的变化而有较大的偏差。比较大的不均匀进口温度导致反应堆功率的偏移增大，虽然各个加热通道内冷却剂的温度可以根据反应堆功率进行相应的调整，但是堆芯出口冷却剂的温度仍然会出现不均匀分布。这种不均匀的温度分布会给反应堆的安全运行带来一定的风险，在特殊情况下可能导致个别组件出口达到沸腾状态，而且温度较高的冷却剂通道并不是在堆芯中心区的热通道，而是偏移到堆芯进口温度较大的组处。

参考文献

[1] 于平安. 核反应堆热工分析(修订本)[M]. 北京:原子能出版社,1986.

[2] 桂学文,蔡琦,郗明亮. 双环路压水堆非对称入口条件下物理-热工特性研究[J]. 原子能科学技术,2010,44:216-221.

[3] WU C Y,FERNG Y M,CHIENG C C, et al. CFD analysis for full vessel upper plenum in Maanshan Nuclear Power Plant[J]. Nuclear Engineering & Design,2012,253(12):285-293.

[4] PRASSER H M,KLIEM S. Coolant mixing experiments in the upper plenum of the ROCOM test facility[J]. Nuclear Engineering & Design,2014,276(3):30-42.

[5] CHIANG J S C,PEI B S,TSAI F P. Pressurized water reactor (PWR) hot-leg

streaming：Part 1：Computational fluid dynamics（CFD）simulations[J]. Nuclear Engineering & Design，2011，241(5)：1 768-1 775.

[6] 靖剑平，张春明，陈妍，等．浅谈核电领域中的热工水力分析程序[J].核安全，2012（3)：70-74.

[7] BESTION D. The physical closure laws in the CATHARE code[J]. Nuclear Engineering & Design，1990，124(3)：229-245.

[8] KAERI. MARS3.0 Code Manual. KAERI/TR-2811/2004. KoreanAtomic Energy Research Institute. 2004.

[9] The RELAP5 Code Development Team. RELAP5/MOD3 Code Manual. NUREG/CR-5535，Idaho National Engineering Laboratory，1995.

[10] LILES D R. TRAC-PF1/MOD1：An Advanced Best-estimateComputer Program for Pressurized Water Reactor Thermal-hydraulicanalysis. NUREG/CR-3858，Los Alamos National Laboratory，1986.

[11] MAFADDEN J H. RETRAN02-A Program for Transient Thermal-Hydraulic Analysis of Complex Fluid Flow System Volume 3：User's Manual. NP-1850-CCM. Palo Alto：Elextric Power Rearch Institute，1981.

[12] 姚朝辉，沈孟育，王学芳．压水堆堆内进口环腔及下腔室中冷却剂三维流动的数值模拟[J].核科学与工程，1996，16(9)：229-234.

[13] 李林森，王侃，宋小明．CFD在核能系统分析中应用的最新进展[J].核动力工程，2009，30(5)：28-33.

[14] KOZLODUY NPP. Programs for the investigation of loop flow mixing in the reactor vessel of Kozloduy Unit 6，1991.

[15] BIEDER U，FAUCHET G，BÉTIN S，et al. Simulation of mixing effects in a VVER-1000 reactor[J]. Nuclear Engineering & Design，2007，237(15)：1 718-1 728.

[16] BÖTTCHER M. Detailed CFX-5 study of the coolant mixing within the reactor pressure vessel of a VVER-1000 reactor during a non-symmetrical heat-up test[J]. Nuclear Engineering & Design，2008，238(3)：445-452.

[17] BÖTTCHER M，KRÜßMANN R. Primary loop study of a VVER-1000 reactor with special focus on coolant mixing[J]. Nuclear Engineering & Design，2010，240(9)：2 244-2 253.

[18] SPINKA M. Analysis of the ISP-50 direct vessel injection sbloca in the atlas facility with the RELAP5/MOD3. 3 code[J]. Nuclear Engineering & Technology, 2012, 44(7): 709-718.

[19] GONZÁLEZ-ALBUIXECH V F, QIAN G, SHARABI M, et al. Comparison of PTS analyses of RPVs based on 3D-CFD and RELAP5[J]. Nuclear Engineering & Design, 2015, 291: 168-178.

[20] ROHDE U, HÖHNE T, KLIEM S, et al. Fluid mixing and flow distribution in a primary circuit of a nuclear pressurized water reactor—Validation of CFD codes[J]. Nuclear Engineering & Design, 2007, 237(15): 1 639-1 655.

[21] ROHDE U, KLIEM S, HÖHNE T, et al. Fluid mixing and flow distribution in the reactor circuit, measurement data base[J]. Nuclear Engineering & Design, 2005, 235(2): 421-443.

[22] KLIEM S, SÜHNEL T, ROHDE U, et al. Experiments at the mixing test facility ROCOM for benchmarking of CFD codes[J]. Nuclear Engineering & Design, 2008, 238(3): 566-576.

[23] BOUMAZA M, MORETTI F, DIZENE R. Numerical simulation of flow and mixing in ROCOM facility using uniform and non-uniform inlet flow velocity profiles [J]. Nuclear Engineering & Design, 2014, 280: 362-371.

[24] 张曙明, 李华奇, 赵民富, 等. 秦山核电厂二期反应堆堆芯流量分配数值分析[J]. 核科学与工程, 2010, 30(4): 299-307.

[25] 卢川, 杜思佳. CFD方法在反应堆下腔室流量分配中的应用研究[C]//中国 CAE 工程分析技术年会暨 2012 全国计算机辅助工程. 2012.

[26] INGERSOLL D T. Deliberately small reactors and the second nuclear era[J]. Progress in Nuclear Energy, 2009, 51(4): 589-603.

[27] XIA G, PENG M, DU X. Analysis of load-following characteristics for an integrated pressurized water reactor[J]. International Journal of Energy Research, 2014, 38(3): 380-390.

[28] BAE K H, KIM H C, CHANG M H, et al. Safety evaluatio n of the inherent and passive safety features of the smart design[J]. Annals of Nuclear Energy, 2001, 28 (4): 333-349.

[29] KIM J W, CHOI J S, KIM Y I, et al. Experimental study of thermal mixing in

flow mixing header assembly of SMART[J]. Nuclear Technology, 2012, 177(3): 336-351.

[30] KIM Y I, BAE Y, CHUNG Y J, et al. CFD simulation for thermal mixing of a SMART flow mixing header assembly. Annals of Nuclear Energy, 2015(85): 357-370.

[31] SUN L, PENG M J, XIA G L. Study on Coolant Temperature Distribution of Core Inlet for IP200. American Nuclear Society Transactions of the American Nuclear Society, 2015(113): 1 559-1 562.

[32] JEONG J H, HAN B S. Coolant flow field in a real geometry of PWR downcomer and lower plenum[J]. Annals of Nuclear Energy, 2008, 35: 610-619.

[33] ZHANG G, YANG Y H, GU H Y, et al. Coolant distribution and mixing at the core inlet of PWR in a real geometry[J]. Annals of Nuclear Energy, 2013(60): 187-194.

[34] KIM Y I, BAE Y, CHUNG Y J, et al. CFD simulation for thermal mixing of a SMART flow mixing header assembly. Annals of Nuclear Energy, 2015(85): 357-370.

[35] LEE G H, YOUNG S B, SWENG W W, et al. Comparative study on the effect of reactor internal structure geometry modeling methods on the prediction accuracy for PWR internal flow distribution[J]. Annals of Nuclear Energy, 2014(70): 208-215.

[36] JEONG J J, HA K S, CHUNG B D. Development of a multi-dimensional thermal-hydraulic system code, MARS 1.3.1[J]. Annals of Nuclear Energy, 1999, 26(18): 1611-1642.

[37] ZERKAK O, FERROUKHI H. Vessel coolant mixing effects on a PWR Main Steam Line Break transient[J]. Annals of Nuclear Energy, 2011(38): 60-71.

[38] SALAH A B, VLASSENBROECK J. Assessment of the CATHARE 3D capabilities in predicting the temperature mixing under asymmetric buoyant driven flow conditions[J]. Nuclear Engineering and Design, 2013(265): 469-483.

[39] JEONG J J, LEE W J, CHUNG B D. Simulation of a main steam line break accident using a coupled "system thermal-hydraulics, three-dimensional reactor kinetics, and hot channel analysis" code[J]. Annals of Nuclear Energy, 2006, 33(9):

820-828.

[40] ANDERSON N，HASSAN Y，SCHULTZ R. Analysis of the hot gas flow in the outlet plenum of the very high temperature reactor using coupled RELAP5-3D system code and a CFD code［J］. Nuclear Engineering and Design，2008（238）：274-279.

[41] BERTOLOTTO D，MANERA A，FREY S，et al. Single-phase mixing studies by means of a directly coupled CFD/system-code tool［J］. Annals of Nuclear Energy，2009(36)：310-316.

[42] LADISLAV V，JIRI M. Coupling CFD code with system code and neutron kinetic code［J］. Nuclear Engineering and Design，2014(279)：210-218.

[43] EMILIAN P. Development and validation of a CFD model for the downcomer of a reactor pressure vessel［C］//Bulgaria：BULATOM Conference Riviera，2007.

[44] 陈文振，于雷，郝建立. 核动力装置热工水力［M］. 北京：中国原子能出版社，2013.

[45] 陶文铨. 数值传热学(第 2 版)［M］. 西安：西安交通大学出版社，2001.

第 5 章　一体化压水堆正常瞬态热工分析

为了满足船舶机动性的要求，核动力装置必须根据航行需要及时、准确地改变运行状态，从而使得系统与设备的主要运行参数也相应变化。从核动力装置运行的安全性考虑，对这些参数的变化范围和变化速率必须加以限定，而且一旦某些关键参数的变化可能会危及运行安全，核动力装置中的安全和保护系统将迅速投入，预防事故的发生或减轻事故的后果。

压水反应堆设置有 3 道重要的安全屏障，为了防止放射性物质泄漏到环境中，需要在任何事故条件下保证至少有一道安全屏障是完整的。反应堆瞬态热工分析的核心任务，就是要预测在各种运行瞬变和事故工况下，反应堆及其热力系统的运行状态和热力参数的变化过程和变化幅度，为各道安全屏障的设计提供依据，以确保各道屏障不受破坏，并以此来确定运行参数允许变化的最大范围和反应堆保护系统动作的安全限制。

5.1　一体化反应堆瞬态过程分析

一体化反应堆系统各个设备都是相互关联的，任何一个环节的变化都会引起整个核动力装置系统参数的变化。因此，研究一体化反应堆的瞬态运行特性，详细分析各种运行瞬态和意外事件，掌握一体化反应堆的运行规律和事故规律，可以制定出应对各种运行状态和事件的处理规程，并作为操作员的处理对策，对反应堆的安全运行具有重要意义。

5.1.1　瞬态运行工况

(1) 基本运行工况

核动力装置的全部运行状态可以分为以下 4 类工况：

1) Ⅰ类工况——正常运行和运行瞬变

指核动力装置在规定的正常运行限制和条件范围内的工况，包括反应堆的启动、功率调节、停堆、换料等。在这些工况中，允许系统中的某些部件存在故障和缺陷，如少量燃料元件破损、蒸汽发生器在允许限度内泄漏、一台冷却剂循环泵停止运行等。

由于这类工况出现频繁，整个运行过程中要求仅靠控制系统在反应堆设计裕度范围内进行调节即可把反应堆调整到所要求的状态。

2）Ⅱ类工况——一般事故工况

包括核动力装置试验运行和装置寿期内在役运行时以中等频率发生的故障，又称中等频率事件。预计这类工况在正常运行期间不会出现，但在电厂寿期中有可能发生。属于这类工况的典型事件有控制棒失控抽出、掉棒、冷却剂强迫循环流量部分丧失、失去正常给水、失去正常电源等。

发生这类事故后，不应导致任何一道安全屏障破损。事故发生后可能导致反应堆停堆，但在故障排除后核动力装置仍能恢复功率运行状态。

3）Ⅲ类工况——严重事故工况

包括核动力装置试验运行和装置寿期内在役运行时偶然发生的后果严重的事故，又称为稀有事故。典型事件有：蒸汽发生器单根传热管断裂、一回路或二回路的小破口事故、冷却剂流量全部丧失、主蒸汽流量全部丧失等。

发生这类事故后，允许造成一定数量的燃料元件破损致使反应堆在相当长的时间内不能恢复运行，但是不应该导致反应堆结构完整性的严重破坏。

4）Ⅳ类工况——极限事故工况

包括核动力装置试验运行和在装置寿期内在役运行时发生的概率极小、后果非常严重的事故。属于这类事故的典型事件有一回路主管道断裂、主蒸汽管道断裂、主泵转子卡死、弹棒事故等。

发生这类事故后，专设安全设施应能正常工作，实现冷停堆。不要求必须保证反应堆的完整性，但是要保证放射性物质保持在安全壳内不外逸。

对于电厂核动力系统，除了上述 4 种工况之外，反应堆还要求分析"未能紧急停堆的预期瞬变"（ATWT），这是指反应堆在第二类或第三类工况下，运行参数已达到停堆保护定值，而反应堆未能停堆的情况。通常认为压水堆最严重的未能紧急停堆的预期瞬态工况有：失去厂外电源造成的冷却剂流量丧失、稳压器安全阀拒开、功率运行时控制棒弹出、给水流量丧失、反应堆冷却剂泵转速下降、蒸汽负荷大幅上升等。

事故发生后，要保证反应堆的燃料元件和压力容器在整个瞬变期间内都是安全的，要求反应堆冷却剂温度升高和形成空泡而产生的负反应性反馈可以抑制反应堆功率的上升。最后，通过向冷却剂系统注入硼酸溶液能够实现反应堆完全停堆。

（2）主要运行工况

船舶核动力装置在实际运行过程中，根据船舶航行的状态及机动性的要求，需要采取不同的运行状态，为了便于运行管理，通常将这些运行状态进一步划分为以下主要运行工况：

1）启动工况

又可细分为初次启动、冷启动和热启动等几种工况。

初次启动是指反应堆初次装料（或换料）后第一次启动（包括连续停堆时间超过14个月以上的启动），其特点是需要检查和考核系统及设备的可靠性，校核理论计算及零功率堆上的试验数据，准确掌握堆芯物理性能，并确定反应堆的运行方案。

冷启动是指反应堆处于常温常压下的例行启动。在这个过程必须严格按照最佳提棒程序和温压限制图进行，重点预防短周期和超压事故。

热启动指一回路系统的稳压器保留蒸汽汽腔状态下的启动运行，需要特别注意在碘坑下启动以及在停堆后启动时堆内碘的消失过程对反应性的影响。

2）功率运行

功率运行工况一般指反应堆的功率在1%～100% FP范围内的运行，在其过程中又分为变工况和稳定工况两种，稳定工况与核电厂相似，而变工况则是船舶反应堆的一种重要运行方式。在变工况运行时尤其要监督堆内各主要参数的变化，使其在较短时间内完成达到预定运行功率的任务。

3）异常运行

异常工况运行是指系统或设备在局部故障情况下的运行。应该说异常工况运行是确保船舶动力装置生命力的一项重要手段，尤其是在航行中，一旦发生局部故障可以使舰船能够顺利返回基地。

4）停闭工况

包括冷停堆和热停堆两种情况。

冷停堆是指将功率运行的反应堆停闭，使之处于有足够停堆深度的次临界状态，并将反应堆冷却剂系统冷却至接近环境温度的过程。冷停堆又可划分为正常冷停堆、维修冷停堆和换料冷停堆3种状态。

热停堆是指将功率运行的反应堆停闭，使之处于有足够停堆深度的次临界状态，并维持反应堆冷却剂系统的温度和压力仍接近运行状态的过程。在热停堆状态下，稳压器保留蒸汽汽腔，反应堆冷却剂系统的压力由稳压器控制，反应堆可根据需要随时启堆达到临界。因此，热停堆主要用于船舶的临时停泊或特殊情况。

5.1.2 反应堆负荷跟踪特性

核动力装置在航运中负荷变化频繁，负荷变化的幅度和速率也较大，反应堆功率控制系统必须适应这种变化，才能使船舶具有良好的机动性。

在一体化核动力技术方面，主要调研了一些新型一体化反应堆，如 SMART、MRX 和 ABV 的运行控制过程及其负荷跟随特性，作为一体化反应堆正常瞬态热工分析的参考。

(1) SMART[1]

在 20%～100% FP 范围正常运行时，SMART 的基本运行方式是以冷却剂出口温度控制的负荷跟随运行模式，其控制策略是通过变化给水流量并利用堆芯自稳自调特性（慢化剂温度效应和多谱勒效应）进行运行控制。这种运行方式由于氙的变化会引起局部功率峰的增大，减少堆芯热工裕量。通过对各种负荷跟随事件进行定量评估，结果表明在 50% 和 25% 的低负荷工况下进行负荷跟踪运行时，热工裕量分别降低了 5% 和 6%，相对于 15% 的热工裕量来说很小。

SMART 研究了两种控制逻辑，即 T＋N 控制逻辑（同时用堆芯出口温度-温控信号和中子通量-核控信号进行控制）和 T 控制逻辑（即只用堆芯出口温度信号进行控制），并使用模块模型系统（MMS）程序对这两种控制方式进行了评估。

(2)"陆奥"号[2]

"陆奥"号总体设计对负荷跟随性能提出的要求是：

1) 功率快速下降时，30 s 内功率自 100% FP 快速下降到 18% FP；

2) 功率快速上升时，30 s 内功率自 18% FP 快速上升到 90% FP；

3) 前进、后退切换时，5 s 内功率自 100% FP 快速下降到 18% FP，50 s 后，再用 30 s 时间将功率由 18% FP 提升到 80% FP；

4) 后退、前进切换时，5 s 内功率自 80% FP 快速下降到 18% FP，50 s 后，再用 30 s 时间将功率由 18% FP 提升到 100% FP。

(3) MRX[3]

MRX 堆是日本总结"陆奥"号的经验并借鉴其他国家在一体化压水反应堆方面的研究提出的新型一体化压水堆。标准型 MRX 的热功率为 100 MW，其双轴功率为 6 万马力。MRX 的控制棒驱动机构稳压器都放置于压力容器内，主泵设置在压力容器上部外侧，而压力容器和安全系统被布置在湿式安全壳内。

正常运行时，MRX 采用主冷却剂平均温度不变的运行方案。在二回路侧，通过主给水控制系统和主蒸汽控制系统保持直流蒸汽发生器出口压力维持不变。

瞬态过程中，控制系统满足如下变负荷要求：

1）快速降负荷（使用期内 200 次）

大洋航行和浮冰间航行（启用主蒸汽卸压系统的超压保护回路）50％负荷 $\xrightarrow{1\,s}$ 无负荷；连续破冰航行（100％堆功率）100％负荷 $\xrightarrow{1\,s}$ 无负荷。

2）降负荷（使用期内 20 000 次）

大洋航行和浮冰间航行（不使用主蒸汽卸压系统）50％负荷 $\xrightarrow{12\,s}$ 基底负荷（15％负荷）（负荷减少速率 3％/s）；连续破冰航行（100％堆功率）100％负荷 $\xrightarrow{28\,s}$ 基底负荷（15％负荷）（负荷减少速率 3％/s）。

3）升负荷（使用期内 20 000 次）

大洋航行和浮冰间航行（不使用主蒸汽卸压系统）基底负荷（15％负荷）$\xrightarrow{12\,s}$（50％负荷）（负荷增加速率 3％/s）；连续破冰航行（100％堆功率）基底负荷（15％负荷）$\xrightarrow{28\,s}$（100％负荷）（负荷增加速率 3％/s）。

MRX 变负荷瞬态特性研究采用了 RELAP5/MOD2 程序，LOCA、SGTR 等事故分析采用了 RELAP5/MOD2 和 COBRA-IV 程序，同时也进行了 PSA 分析，为 MRX 的设计、安全运行提供参考[4]。

（4）ABV-6M

ABV-6M 反应堆热功率为 38 MW，一回路运行压力为 15.41 MPa，堆芯出口温度为 327 ℃，入口温度为 245 ℃，满功率冷却剂流量为 307 t/h。主蒸汽压力为 3.14 MPa，温度为 290 ℃，流量为 53 t/h，主给水温度为 106 ℃。

ABV-6M 的机动性：堆功率从 20％上升到 100％需要 160 s，变功率为 0.5％/s。如果增设主泵，可达 1％/s。

此外，由于 ABV 一回路的流程短、流阻小，自然循环能力可达到 100％，即可以取消主泵，舰艇噪音可以降低很多[5]。

5.2　瞬态热工水力基本模型

在进行瞬态分析时，要通过各种方程对系统中的热工水力现象，以及各环节之间的联系进行数学描述，最终要解出系统各部分内的工况和参数的变化过程。所要计算分析的主要内容是：1）一回路冷却剂的压力、温度、流量、液位，两相流的含汽量、空泡份额、流动型式等；2）堆芯内冷却剂流动和传热工况，燃料包壳和堆芯的温度变化过程和变化幅度；3）如果冷却剂从一回路大量泄漏到安全壳内，则需要预计安全壳内气体的压力和温度的变化过程。

5.2.1　基本数学模型

瞬态分析的目的是揭示和预计反应堆瞬态工况的演变过程，审查参数的变化幅度是否符合安全准则。对瞬态过程的全面分析，就需要用到反应堆冷却剂系统分析程序。流体的质量守恒、动量守恒和能量守恒是系统分析程序的基础，再配合适当的结构关系式就可以对方程进行求解。

正常运行时反应堆主冷却系统处于单相状态，但是在轻水堆瞬态和事故工程中，冷却剂可能处于两相状态运行。两相流动的热工水力过程是非常复杂的，目前主要的两相流数学模型主要有均匀流模型、漂移流模型和两流体模型[6]。

（1）均匀流模型

均匀流模型将两相流体看成一种假想的均匀单相流体，认为气液两相介质流速相等、且处于热力平衡状态。均匀流模型的守恒方程与单相流相同，其基本守恒方程如下：

质量守恒方程

$$\frac{\partial(\rho A)}{\partial \tau} + \frac{\partial(GA)}{\partial z} = 0 \tag{5.1}$$

动量守恒方程

$$\frac{\partial(GA)}{\partial \tau} + \frac{\partial(\upsilon G^2 A)}{\partial z} = -A\frac{\partial p}{\partial z} - \frac{f\upsilon AG|G|}{2De} - \rho g A \sin\varphi \tag{5.2}$$

能量守恒方程

$$\frac{\partial(\rho e A)}{\partial \tau} + \frac{\partial}{\partial z}\left[GA\left(h + \frac{V^2}{2} + \Phi\right)\right] = (q + q_e)U_h \tag{5.3}$$

混合物平均密度

$$\rho = \rho_f(1-\alpha) + \rho_g\alpha = \left(\frac{1-x}{\rho_f} + \frac{x}{\rho_g}\right)^{-1} \tag{5.4}$$

质量流密度

$$G = \rho_f V_f(1-\alpha) + \rho_g V_g\alpha \tag{5.5}$$

（2）漂移流模型

漂移流模型是用代表两相介质横向分布的结构参数 C_0 和代表两相间局部相对速度

的结构参数 V_{gj} 来描述两相流的特性。从整体上看,漂移流模型具有均匀流模型的特点,求解简单,而两个结构参数又可以使漂移流模型具有"相"的局部特性。

可以使用漂移参数 C_0、V_{gj} 表示的滑速比关系式为:

$$S = \frac{\langle V_g \rangle_g}{\langle V_f \rangle_f} = \frac{1 - \langle \alpha \rangle}{\frac{1}{C_0} - \langle \alpha \rangle} + \frac{V_{gj}(1 - \langle \alpha \rangle)}{(1 - C_0\langle \alpha \rangle)\langle j_f \rangle} \tag{5.6}$$

式(5.6)中,C_0 为汽泡浓集度参数

$$C_0 = \frac{\langle \alpha j \rangle}{\langle \alpha \rangle \langle j \rangle} \tag{5.7}$$

V_{gj} 为漂移速度,是汽液相对速度的加权平均

$$V_{gj} = \langle (V_g - j)\alpha \rangle / \langle \alpha \rangle \tag{5.8}$$

漂移流模型根据瞬态过程性质的不同,可以使用不同形式的方程组。

1)四方程漂移流模型

两相混合物质量守恒方程

$$\frac{\partial}{\partial \tau}[\rho_f(1-\alpha) + \rho_g\alpha] + \frac{\partial}{\partial z}(\rho_f j_f + \rho_g j_g) + \frac{1}{A}(\rho_f j_f + \rho_g j_g)\frac{\partial A}{\partial z} = 0 \tag{5.9}$$

两相混合物动量守恒方程

$$-\frac{\partial p}{\partial z} - g[\rho_f(1-\alpha) + \rho_g\alpha] - \frac{\tau_w U_w}{A} - \Gamma\left(\frac{j_g}{\alpha} - \frac{j_f}{1-\alpha}\right)$$
$$= \rho_f(1-\alpha)\frac{\partial}{\partial \tau}\left(\frac{j_f}{1-\alpha}\right) + \rho_f j_f \frac{\partial}{\partial z}\left(\frac{j_f}{1-\alpha}\right) + \rho_g\alpha\frac{\partial}{\partial \tau}\left(\frac{j_g}{\alpha}\right) + \rho_g j_g \frac{\partial}{\partial z}\left(\frac{j_g}{\alpha}\right) \tag{5.10}$$

两相混合物能量守恒方程

$$(h_g - h_f)\Gamma = \frac{qU_h}{A} + q_v + \frac{\partial p}{\partial \tau} - \rho_g\alpha\frac{\partial h_g}{\partial \tau} - \rho_g j_g\frac{\partial h_g}{\partial z} - \rho_f(1-\alpha)\frac{\partial h_f}{\partial \tau} - \rho_f j_f\frac{\partial h_f}{\partial z} \tag{5.11}$$

汽相质量守恒方程

$$\frac{\partial \alpha}{\partial \tau} + \frac{\partial j_g}{\partial z} = \frac{\Gamma}{\rho_g} - \frac{\alpha}{\rho_g}\frac{\partial \rho_g}{\partial \tau} - \frac{j_g}{\rho_g}\frac{\partial \rho_g}{\partial z} - \frac{j_g}{A}\frac{\partial A}{\partial z} \tag{5.12}$$

四方程漂移流模型求解时选择 h、p、j 和 α 作为基本参量,其中 j 和 α 与 j_g 和 j_f 有如式(5.13)和式(5.14)关系:

$$j_g = \alpha C_0 j + \alpha V_{gj} \tag{5.13}$$

$$j_f = (1 - \alpha C_0)j - \alpha V_{gj} \tag{5.14}$$

2)五方程漂移流模型

五方程漂移流模型适用于汽相和液相都不处于饱和态的情况。

一些模型中引入相对速度 V_r 来表示两相之间的相对运动，

$$V_r = V_g - V_f \tag{5.15}$$

使用质心速度来表示汽液混合物的整体运动，

$$V_m = \frac{G}{\rho_m} = \frac{\alpha \rho_g V_g + (1-\alpha)\rho_f V_f}{\rho_m} \tag{5.16}$$

可以得出汽液相的速度分别为：

$$V_g = V_m + \frac{(1-\alpha)\rho_f V_f}{\rho_m} \tag{5.17}$$

$$V_f = V_m - \frac{\alpha \rho_g V_f}{\rho_m} \tag{5.18}$$

可以推导出下列守恒方程组：

混合物质量守恒方程

$$\frac{\partial \rho_m}{\partial \tau} + \frac{\partial}{\partial z}(\rho_m V_m) = 0 \tag{5.19}$$

汽相质量守恒方程

$$\frac{\partial}{\partial \tau}(\alpha \rho_g) + \frac{\partial}{\partial z}(\alpha \rho_g V_m) + \frac{\partial}{\partial z}\left(\frac{\alpha \rho_g (1-\alpha)\rho_f V_r}{\rho_m}\right) = \Gamma \tag{5.20}$$

混合物动量守恒方程

$$\frac{\partial V_m}{\partial \tau} + V_m \frac{\partial V_m}{\partial z} + \frac{1}{\rho_m}\frac{\partial}{\partial z}\left(\frac{\alpha \rho_g (1-\alpha)\rho_f V_r^2}{\rho_m}\right) = -\frac{1}{\rho_m}\frac{\partial p}{\partial z} - kV_m|V_m| + g \tag{5.21}$$

混合物能量守恒方程

$$\frac{\partial}{\partial \tau}(\rho_m e'_m) + \frac{\partial}{\partial z}(\rho_m V_m e'_m) + \frac{\partial}{\partial z}\left(\frac{\alpha \rho_g (1-\alpha)\rho_f (e'_g - e'_f)V_r}{\rho_m}\right) +$$
$$p\frac{\partial V_m}{\partial z} + p\frac{\partial}{\partial z}\left(\frac{\alpha(1-\alpha)(\rho_f - \rho_g)V_r}{\rho_m}\right) = q_{wf} + q_{w,g} \tag{5.22}$$

汽相能量守恒方程

$$\frac{\partial}{\partial z}(\alpha \rho_g e'_g) + \frac{\partial}{\partial z}(\alpha \rho_g V_m e'_g) + \frac{\partial}{\partial z}\left(\frac{\alpha \rho_g (1-\alpha)\rho_f V_r e'_g}{\rho_m}\right) +$$
$$p\frac{\partial}{\partial z}(\alpha V_m) + p\frac{\partial}{\partial z}\left(\frac{\alpha(1-\alpha)\rho_f V_r}{\rho_m}\right) = q_{wg} + q_{ig} - p\frac{\partial \alpha}{\partial z} + \Gamma h_{fg} \tag{5.23}$$

式（5.23）中，e'_m 为混合物总比能

$$e'_m = [\alpha \rho_g e'_g + (1-\alpha)\rho_f e'_f]/\rho_m \tag{5.24}$$

$$V_r = \frac{V_{gj} + (C_0 - 1)j}{1-\alpha} \tag{5.25}$$

（3）两流体模型

两流体模型对两相流的每一相分别列出质量、动量和能量守恒方程，同时考虑两相间的质量、动量和能量的交换、又称六方程模型。

液相质量守恒方程

$$\frac{\partial}{\partial \tau}[\rho_f(1-\alpha)A] + \frac{\partial}{\partial z}(\rho_f(1-\alpha)AV_f) = -\Gamma A \tag{5.26}$$

汽相质量守恒方程

$$\frac{\partial}{\partial \tau}[\rho_g \alpha A] + \frac{\partial}{\partial z}(\rho_g \alpha A V_g) = \Gamma A \tag{5.27}$$

液相动量守恒方程

$$-(1-\alpha)\frac{\partial p}{\partial z} - g\rho_f(1-\alpha)\sin\varphi - \frac{\tau_{wg}U_{wg}}{A} - \frac{\tau_i U_i}{A}$$
$$= \frac{\partial}{\partial \tau}(\rho_f(1-\alpha)V_f) + \frac{1}{A}\frac{\partial}{\partial z}(\rho_f A(1-\alpha)V_f^2) + \Gamma V_i \tag{5.28}$$

汽相动量守恒方程

$$-\alpha\frac{\partial p}{\partial z} - g\rho_g \alpha \sin\varphi - \frac{\tau_{wg}U_{wg}}{A} - \frac{\tau_i U_i}{A} = \frac{\partial}{\partial \tau}(\rho_g \alpha V_g) + \frac{1}{A}\frac{\partial}{\partial z}(\rho_g A \alpha V_g^2) - \Gamma V_i \tag{5.29}$$

液相能量守恒方程

$$\frac{\partial}{\partial \tau}[\rho_f e'_f(1-\alpha)A] - (1-\alpha)A\frac{\partial p}{\partial \tau} + \frac{\partial}{\partial z}[\rho_f e'_f V_f(1-\alpha)A]$$
$$= q_f U_{hf} + q_{vf}A(1-\alpha) + q_{if}U_i - \Gamma e'_{fi}A \tag{5.30}$$

汽相能量守恒方程

$$\frac{\partial}{\partial \tau}[\rho_g e'_g \alpha A] - \alpha A\frac{\partial p}{\partial \tau} + \frac{\partial}{\partial z}[\rho_g e'_g V_g \alpha A] = q_g U_{hg} + q_{vg}A\alpha + \Gamma e'_{ig}A - q_{ig}U_i - \tau_i U_i V_r \tag{5.31}$$

5.2.2　瞬态分析程序

核反应堆安全分析是判断安全系统在预期运行事件、运行瞬态以及设计基准事故中，能否很好的实现其功能的主要手段。

目前，核反应堆的运行与安全分析方法可分为两类[7]：一类是保守评价模型，采用偏于安全的模型或使用保守计算条件来评价一个即将建造的反应堆是否符合规定的安全准则；另一类是最佳估算程序，根据系统设备"最佳可用性"原则，力求尽可能准确地模拟反应堆系统的运行特性，去掉了一些不必要的保守性，从而评价系统瞬态响应行为。

（1）瞬态分析方法的发展

安全分析方法的发展是随着瞬态两相流知识的发展而演变的。由于高压反应堆系统发生大破口失水事故时会导致冷却剂的迅速降压和闪蒸，形成非常复杂的瞬态两相流现象，而当应急堆芯冷却水注入时，还会引起蒸汽冷凝并形成反向流动限制，使问题更加复杂化。而且在实际的反应堆条件和尺度下几乎没有相关实验数据可用。所以，在 20 世纪 60 年代和 70 年代初所使用的系统分析程序，如 FLASH-4[8]、RELAP 2-4[9-10] 等都采用了均相平衡模型，认为气液两相在热工水力学上处于一种平衡状态，有相同的温度和速度[11]，这与大破口失水事故期间的实际情况正相反。

反应堆发展初期，主要使用保守性分析方法进行反应堆安全分析。核电厂热工水力分析的保守性方法使用了很多偏于安全保守的模型、构架关系、边界及初始条件。但是由于数据库和计算程序的不全面性，对于核反应堆系统性能的评价不能形成综合的、完全量化的结论。此外，保守估算是基于普遍的保守假设，无法判断这些近似计算是否能够在所有情况下都满足对应急堆芯冷却系统性能的保守评价。

1974 年成立的美国核管会一直致力于发展最佳估算（BE）方法，以模拟 LOCA 事故中可预期的轻水堆热工水力行为。最佳估算方法尝试采用更接近实际物理过程的模型、构架关系、边界及初始条件，开发的最佳估算程序可以计算得到更为真实的系统安全边界。最佳估算程序的验证是通过与大量独立效应和整体效应试验的对比完成的。这些试验都是在各种尺度的与原型相同的汽-水条件下进行的，能够真实地反映原型系统的特性。通过大量的对比研究发现，最佳估算程序的计算结果与试验数据之间的一致性非常好，这使得美国核管会和核工业界对最佳估算程序在全尺寸轻水反应堆事故和瞬态应用中的适用性充满信心。美国核管会还与其运营商一起开发了一种被称为"程序比例、适用性和不确定度（CSAU）"的不确定性评估方法，用以支撑程序的修订规则。

在 1979 年的三哩岛核事故以后，各国倾向于研发更安全的反应堆系统。这些新型反应堆主要通过增加能动安全系统的冗余性和可靠性，或完全采用非能动的安全系统来提高反应堆的固有安全性。针对这些采用自然循环和重力驱动运行的反应堆内冷却剂的热工水力特性，进行了一系列的程序改进工作。因此，最佳估算程序同样能够适用于这些新型反应堆的安全分析工作。

最佳估算程序已经普遍用于新电厂的许可证申请过程，为未来的轻水堆核电厂设计节省大量资金，而且可用于支持现役核电厂的运行规程的修改和制定。

（2）主要系统分析程序简介

目前，针对核动力系统的热工水力分析工作开发了多种两相流分析程序。这些商用程序既可用于分析整个核动力系统的热工水力瞬态特性，又可以针对热工水力问题进行分析，下面针对常用的系统分析程序进行简单介绍。

1）RELAP5 程序[12]

RELAP5（Reactor Excursion and Leak Analysis Program）系列软件是美国爱达荷（Idado）国家工程实验室为美国核管会开发的轻水堆瞬态分析程序。可用于规程制定、注册审评计算、操作员准则评价及核电厂分析。程序基于两流体六方程模型，使用半隐式差分格式，也可选择隐式差分格式。可模拟压水堆系统的瞬态过程，其模拟范围包括失水事故、失流事故、未能紧急停堆的预期瞬态、丧失主给水、失去厂外电、全厂断电、汽轮机脱扣等，几乎覆盖了核电厂所有的热工水力瞬态过程。

RELAP5 程序可以模拟节点、接管、阀门、分离器、干燥器、泵、电加热器、汽轮机、安注箱等，控制系统模块包括算术函数、微分与积分函数、触发逻辑等。程序的应用范围不仅包括轻水堆、重水堆的运行瞬态分析，同时也被广泛用于第四代核电厂或其他用途核能动力的设计和系统运行安全特性的分析研究[13]，目前国际上正在开发的一体化压水堆 SMART、MRX、IRIS 和 MASLWR 等均采用过 RELAP5 程序进行系统运行瞬态和系统安全分析工作。

RELAP5 程序的不断改进开发得益于各国对程序的广泛应用和对大量实验数据的对比研究，通过如 LOFT、PBF、Semiscale、ACRR、NRU 及其他实验项目获得大量实验数据用于程序模型的验证和改进。经历约 40 多年的发展，程序集成了世界各国核能界研究分析人员在两相流理论研究、数值求解方法、计算机编程技巧和各种规模的实验计划等方面取得的研究成果。

RELAP5 程序的主要版本包括 RELAP5/MOD3.0、RELAP5/MOD4.0 和 RELAP5/3D。在其最新版的 RELAP5/3D 中主要添加了可用于计算下腔室三维流场的三维热工水力计算模块和三维堆芯中子动力学模块 NESTLE。RELAP5/SCDAP 模块还可用于反应堆严重事故分析。

2）TRAC 程序[14]

TRAC（Transient Reactor Analysis Code）程序是用于轻水反应堆或其他热工水力系统进行真实模拟的最佳估算程序。其压水堆版本是由洛斯阿拉莫斯国家实验室开发，沸水堆版本是由爱达荷国家实验室开发。程序基于两流体六方程模型，数值方法上采用了稳定性增强的两步法（SETS, Stability-Enhancing Two-Step）求解。

TRAC 程序对反应堆热工水力特性和材料特性都有十分详细的描述，堆芯部分采用一维并联通道热工水力模型和三维中子动力学模型，并可以分析压力容器内的三维两相流问题。TRAC 程序现在已经成为美国核管会的官方计算程序，可用来分析、评价反应堆系统的安全特性。

TRAC 程序的主要版本包括沸水堆版本（TRAC-BD1、TRAC-BF1 等）、压水堆版本（TRAC-PD2、TRAC-PF1 等），以及用于 ESBW 安全分析的 TRACG 版本。

3）RETRAN 程序[15]

RETRAN（REactor TRANsient）程序是由美国电力研究院（EPRI）在 RELAP4 程序的基础上开发的轻水堆最佳估算瞬态热工水力分析程序。程序采用了非平衡、非均匀两相流的五方程热工水力分析模型。采用显式和半隐式结合的求解方式，可用于压水堆及沸水堆运行瞬态、SBLOCA 及 ATWS 的分析计算。

RETRAN-02 是经过质量认证满足 10CFR50 准则 B 要求的程序，可用于模拟核电厂反应堆冷却剂系统及其辅助系统的热工水力行为、反应堆中子动力学和控制与保护系统的响应等，还提供了泵、阀门、汽轮机、汽水分离器和稳压器等的专用热工水力模型。

RETRAN-02 的独特之处在于可进行自洽稳态初始化，在瞬态计算之前帮助用户建立需要的稳态初始工况[16]。RETRAN 的最新版本为 RETRAN-3D，基于三方程均相流模型、四方程滑移模型和五方程滑移模型，在数值求解上采用隐式格式。

4）CATHARE 程序[17]

CATHARE（Code for Analysis of THermalhydraulics during Accident and for Reactorsafety Evaluation）程序是由法国原子能委员会（CEA）、法国核安全与辐射防护研究所（IRSN）、法国电力公司（EDF）和阿海珐公司联合开发的大型反应堆系统安全分析程序。CATHARE 程序以两流体六方程模型为基础，采用全隐格式求解，具有三维热工水力学和中子动力学计算的能力。CATHARE-2 已被法国核安全监管部门和企业界用于安全分析和产品设计。

CATHARE 程序可对压水堆的假想事故或其他事件，如失水事故、蒸汽发生器传热管破裂事故、余热导出能力丧失事故、二次侧破口和给水丧失事故等进行瞬态热工水力最佳估算和安全分析，还可作为核电厂分析程序，为训练仿真机提供实时计算。CATHARE 程序亦可用于聚变堆、沸水堆和研究堆等的分析计算，其应用领域逐渐向气冷堆扩展。

CATHARE 程序的最新版本 CATHARE-3 尚在开发之中。相对于先前版本 CATHARE-2 和 CATHARE-3 采用多场和湍流模型模拟两相流，功能也将扩展到第四代反应堆，包括钠冷快堆、气冷快堆和超临界水堆等的模拟[18]。

5）ATHLET 程序[19]

ATHLET（Analysis of Thermal-Hydraulics of LEaks and Transients）程序是由德国核安全技术咨询和安全分析中心（GRS）开发的用于轻水堆运行瞬态及失水事故分析的热工水力系统程序。程序基于五方程漂移流模型，采用全隐格式求解。ATHLET-CD可用于堆芯损毁事故的模拟，包括燃料的机械性能、堆芯熔化和再定位、碎片床形成以及裂变产物的释放。

ATHLET 程序的结构采用高度模块化设计，主要由热工流体力学模块、热传导模块、中子动力学模块和通用控制模块组成。这些模块又由各个子模块组成，模块通过输入数据组装在一起，有效地模拟任一相关的水堆系统或实验装置。当得到更好的关系式或实验数据时，可通过修改子模块以改进程序。ATHLET 程序曾经过多方面的验证、改善和提高，是国际上公认的用于核能系统热工水力学模拟的有效工具之一，可用于分析除堆芯熔化事故外的各种设计基准事故和多重事故

6）MARS 程序[20]

MARS（Multi-dimensional Analysis of Reactor Safety）程序是由韩国原子能研究院（KAERI）开发的轻水堆多维瞬态热工水力系统分析程序。程序结合了一维系统程序 RELAP5/MOD3.2 和子通道程序 COBRA-TF 的特点。其一维模块采用 RELAP5/MOD3.2 模拟，三维热工水力模块采用 COBRA-TF 模拟，包含三维中子动力学模型。

MARS 程序的最新版本 MARS3.1 被广泛应用于研究教育等领域。用于钠冷堆、铅铋冷却堆和聚变堆的 MARS 版本正在开发中。

5.3 一体化反应堆的启动及停闭

启动和停闭是核动力装置运行过程的两个重要环节。启动的目的是使核动力装置从停闭或备用状态转换为运行状态，停闭则是将处于运行状态的核动力装置转换为停止或备用状态。

直流蒸汽发生器运行时，二次侧工质由给水泵驱动一次流过传热管，依次经过预热段、蒸发段和过热段后产生过热蒸汽，其二次侧的蓄热量和储水量都很小，运行参数响应快。特别是在启动过程中，直流蒸汽发生器存在强烈的流动不稳定性和壁温波动阶段，并伴随着壁面的干湿交替现象，使直流蒸汽发生器的启动特性非常复杂。

5.3.1 核动力装置冷启动及停闭过程

压水堆核电厂的基本运行状态可分为换料停堆、冷停堆、次临界中间停堆、热备用、反应堆带功率运行 6 种。核反应堆的冷启动是指具有一定停堆深度的反应堆从次临界状态过渡到所需的功率水平的过程。这个过程反映了反应堆的状态变化，使主回路冷却剂从相对冷态（堆内的常温）升温到热态（额定工作温度），使反应堆从相对零功率上升到有功率的状态。

压水堆的冷启动分为外加热启动与核加热启动两种方式[20]。

（1）外加热启动

外加热启动是利用稳压器电加热功率和主泵机械功对反应堆冷却剂加热，将反应堆冷却剂系统升温升压至热停堆状态的过程。

压水堆核电厂反应堆系统升温升压过程中，主要依靠稳压器电加热件的功率和主泵的机械功来实现一回路冷却剂升温、升压到规定状态。此过程中，蒸汽发生器主蒸汽阀关闭，一回路冷却剂将蒸汽发生器内的水加热为饱和水，产生的少量蒸汽使蒸汽发生器内压力升高，当压力达到一定值时，将蒸汽阀门打开排放一部分蒸汽。当一回路系统升温升压完成以后，蒸汽发生器出口蒸汽温度与一回路冷却剂的平均温度是相同的。

在压水堆核电厂的运行中，各个状态间的转换都必须按照相应的运行规程进行操作，从冷停堆状态过渡到功率运行状态需要经历以下阶段：

1）一回路系统冲水排气；

2）启动主泵并投入稳压器电加热元件，对一回路系统升温升压；

3）当主回路温度达到 120～140 ℃，稳压器温度达到 210～220 ℃时，开始建立稳压器汽腔；

4）按照最佳提棒方式提升控制棒，使反应堆逐渐达到临界；然后控制反应堆功率为 1%～2%，使用核裂变功率继续对冷却剂进行加热，一回路系统升温升压直至达到额定的工作压力和温度；

5）提升反应堆功率，二回路系统投入运行。

自然循环蒸汽发生器启动时，蒸汽发生器内部存有大量冷水，饱和蒸汽压力随反应堆冷却剂平均温度升高而增大。当反应堆升温升压完成以后，只需要提升反应堆功率，同时增加蒸汽发生器给水流量就可以实现反应堆的带功率运行。

直流蒸汽发生器运行时需要保持二回路有足够大的给水流量（10%以上），以防止发生流动不稳定性。因此需要持续提升控制棒使反应堆功率达到相应给水流量下的负荷，才能完全实现冷启动过程。

（2）**核加热启动**

核加热启动是在冷停堆状态就直接提升控制棒启动反应堆，依靠核裂变功率加热反应堆冷却剂，使一回路系统升温升压达到运行状态的过程。

当核动力装置完成充水排气工作后，即可提升控制棒，使反应堆逐渐达到临界。然后维持较低的功率（一般为1%～5%FP）加热反应堆冷却剂，使一回路系统升温升压。后面的启动步骤与外加热启动方式相同。核加热启动方式的启动时间比外加热方式启动要短得多，但操作比较复杂，且不如外加热安全。

（3）**反应堆的冷停闭**

反应堆冷停闭是指反应堆从一定功率运行水平停闭并冷却到常温状态的过程。

反应堆冷停闭的过程与冷启动过程操作相反。正常冷停堆的主要步骤为：

1）关闭主机，停闭二回路系统；

2）停闭反应堆，一回路系统降温降压；

3）排出堆芯余热；

4）消除稳压器汽腔，使反应堆冷却剂系统保持水实体；

5）继续降温降压至冷停堆状态。

5.3.2 直流蒸汽发生器启停辅助系统

反应堆低功率工况下运行时，直流蒸汽发生器二回路侧给水流量较小，当给水流量出现扰动或中断时二回路侧容易烧干导致流量产生较大波动。为避免这一现象，直流蒸汽发生器二次侧必须保持最低稳定流量。在反应堆启动或停闭的过程中，由于堆芯功率很低，热流密度会很小，从而使得二回路给水不能达到过热，在出口处出现单相水或气液两相流的现象，这种高含气率的汽水混合物不仅会影响汽轮机的安全运行，而且会影响蒸汽发生器给水控制系统的动态响应特性。

直流蒸汽发生器启动时二次侧工质将产生复杂的汽液两相变化，并可能伴随有流动不稳定性的发生，导致直流蒸汽发生器的启动运行较为繁琐。直流蒸汽发生器启停辅助系统可以对反应堆启动初期或停闭后期的两相流体进行处理，并尽可能多的回收工质和热量。既能有效的满足二回路设备运行要求，又能最大限度地避免两相流动不稳定现象的发生。

（1）**启动分离器的设置方式**

直流蒸汽发生器启停辅助系统按分离器的设置可以分为外置式和内置式。

1）外置式启动分离器

外置式启动分离器只在系统启动和停运的过程中投入运行，在系统正常变负荷运行时解列于系统之外。汽水分离器与直流蒸汽发生器之间设有隔断阀，在直流蒸汽发生器达到运行参数后切除启动系统，关闭隔断阀，此后蒸汽不再通过分离器。图 5.1a 为采用外置式汽水分离器的直流蒸汽发生器启停辅助系统。

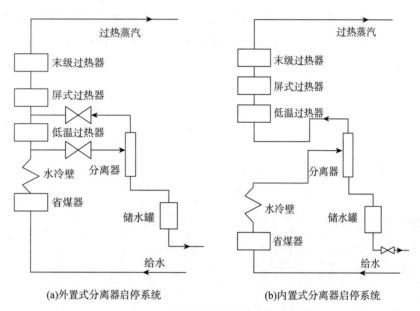

(a)外置式分离器启停系统　　　　　　(b)内置式分离器启停系统

图 5.1　启动分离式的设置方式

外置式启动分离器的缺点是：①在启动系统解列或投运前后过热汽温波动较大，难以控制，对汽轮机运行不利；②切除或投运分离器时操作较复杂，不适应快速启停的要求；③机组正常运行时，外置式分离器处于冷态，在停堆进行到一定阶段需要投入分离器时，会对分离器产生较大的热冲击；④系统复杂，阀门多，维修工作量大。

2）内置式启动分离器

内置式启动分离器在启停和正常运行过程中均投入运行。不同的是在直流蒸汽发生器启停及低负荷运行期间汽水分离器湿态运行，起汽水分离作用，而在正常运行期间汽水分离器只作为蒸汽通道。图 5.1b 为采用内置式汽水分离器的直流蒸汽发生器启停辅助系统。

内置式分离器的优点是操作简单，在反应堆装置运行过程中不需要切除分离器，不需要外置式启动系统所涉及的分离器解列或投运操作，从根本上消除了分离器解列或投运操作所带来的汽温波动问题。

(2) 循环泵设置方式

按照汽水分离器疏水的处理方式可以分为带循环泵和不带循环泵启停辅助系统。

1) 不带循环泵的启停辅助系统

不带循环泵的直流蒸汽发生器启停辅助系统如图 5.2a 所示。分离器运行过程中的疏水通过三级减温减压器直接排入凝汽器。使用不带循环泵的方案主要是考虑疏水的安全回收。一般电厂的冷凝器容积非常大，经过减温减压后疏水进入凝汽器立即扩容，高温水的热量立即被冷凝器的循环冷却水带走，有利于回收疏水，保证系统的安全运行。

不带循环泵的方案优点是系统比较简单，设备较少，控制程序简单，可靠性高。缺点是会存在工质和热量的巨大浪费，非常不经济。

2) 带循环泵的启停辅助系统

带循环泵的直流蒸汽发生器启停辅助系统如图 5.2b 所示。启动过程中汽水分离器疏水可以经循环泵重复循环，实现大部分热量和工质的回收，只有在循环水储水箱水位超过一定限值时，通过三级减温减压器将多余疏水排入冷凝器，造成的热量损失较少。

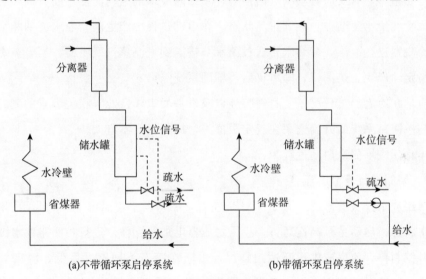

(a)不带循环泵启停系统　　　　(b)带循环泵启停系统

图 5.2　循环泵设置方式

带循环泵的方案优点是可以利用几乎全部热量和工质，经济性好，启动停闭所需时间短。缺点是系统设备比较多，控制程序相对复杂。而且再循环泵需要承受较高的温度，因此对循环泵的制造工艺要求高，特别要防止汽蚀现象的出现。

5.3.3　一体化反应堆的启动特性

对于直流蒸汽发生器来说，其二次侧水容量很小。如果给水泵不运转，则在一回路升温升压的过程中，直流蒸汽发生器内的水很容易被蒸干；如果给水泵以一定流量运转时，不断循环的冷水会带走大量的热量使一回路系统的升温升压过程难以实现。因此直流蒸汽发生器的冷启动过程不但需要实现一回路系统的升温升压，而且要使反应堆功率达到一定水平，保证直流蒸汽发生器二次侧出口蒸汽达到过热要求。

根据冷启动过程中，给水泵的运行状态可以将直流蒸汽发生器的启动过程分为干式启动和湿式启动两类。

(1) 湿式启动

直流蒸汽发生器采用湿式启动时，二回路始终保持一定的给水流量。持续不断的循环水会带走大量一回路热量，为了实现一回路系统的升温升压必须使用核加热启动的方式。

启动前一二回路侧为常温常压。在核动力装置完成启动前所有准备工作后，开启给水泵向直流蒸汽发生器提供维持最低水力稳定运行所需的给水流量。之后，逐步提升反应堆运行功率。随着反应堆功率逐渐提升，一回路冷却剂平均温度不断升高，直流蒸汽发生器二次侧给水逐渐被加热到过热状态。在启动过程中产生的高温水或两相混合物送到高温冷凝器进行冷凝，凝结水再通过给水泵输送到直流蒸汽发生器，当直流蒸汽发生器出口稳定地产生过热蒸汽，即可将启停辅助系统隔离。

反应堆在冷启动过程中，受材料特性以及设备的工作性能等相关因素的制约，应该严格控制一回路系统的升温速率在规定限值内，压力上升不宜太快。

一体化反应堆的冷启动过程为：

1) 一回路系统升温升压

一回路冲水排气后系统压力 2.0 MPa 左右，冷却剂平均温度 60 ℃。反应堆启动时处于满水状态，启动主泵高速运行，投入稳压器电加热元件，进行一回路冲水排气。

提升控制棒，使反应堆逐渐达到临界。由于在冷态下回路温度低、温度效应不明显，提升控制棒时需特别小心避免发生瞬发临界。缓慢提高反应堆功率，利用堆功率、稳压器电加热功率和主泵的机械功实现一回路冷却剂的升温升压。打开稳压器喷淋阀，在主回路和稳压器间建立一个循环，防止稳压器和一回路系统产生过大的温差，造成稳压器波动管产生较大的应力。图 5.3a 给出了升温升压过程中一回路冷却剂平均温度的变化。

一回路冷却剂升温过程中由于一回路水体积膨胀，导致一回路系统的压力迅速升高，为防止系统超压，需要打开排水阀对反应堆冷却剂系统进行间断排水。图 5.3b 给出了反应堆升温升压过程中一回路系统压力的变化。当一回路系统压力升高到某一阈值时，排水阀打开排出一部分冷却剂，当系统压力降低到 4.0 MPa 时，排水阀关闭，系统压力重新开始升高。在稳压器汽腔建立之前，排水阀持续重复这一过程，保证一回路系统压力在设定范围之内。

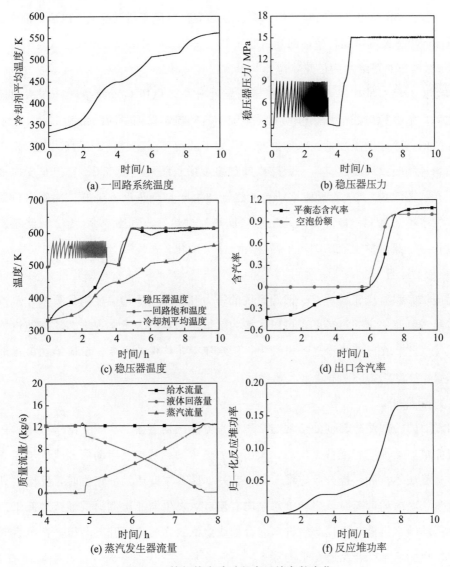

图 5.3　核加热启动过程中系统参数变化

2）建立稳压器汽腔

在冷启动过程初期，稳压器内处于水实体状态，没有压力控制的能力，整个一回路系统的压力主要靠排水阀的排水来控制。回路中水的温度始终低于相应压力下的饱和温度，如图 5.3c 所示。当回路温度达到一定值时，关闭稳压器喷淋阀，逐步拉大稳压器和主回路的温差。当稳压器温度达到系统压力（2.5～3.0 MPa）对应的饱和温度

(220～230 ℃)时，打开稳压器排水阀排水，一回路系统压力逐渐下降，当系统饱和温度降低到与稳压器水温相同时，稳压器内开始出现沸腾，在稳压器内形成汽空间。由于沸腾带走一部分热量，稳压器温度稍有下降。调整稳压器液位到规定范围，则建汽腔工作完成。图 5.3d 为建汽腔过程中稳压器水位的变化。稳压器汽腔建立以后，依靠稳压器来维持反应堆压力的恒定，冷却剂升温过程中，一回路体积膨胀，导致稳压器压力升高。

3）加热二回路给水为过热状态

继续提升反应堆功率，一回路冷却剂温度升高，稳压器压力缓慢升高达到规定范围。此后，依靠稳压器电加热件和喷淋系统的自动控制保证一回路系统压力。

当一回路冷却剂温度达到二回路相应压力下的饱和温度时，由于直流蒸汽发生器二次侧给水沸腾吸收大量热量，一回路冷却剂温度增长缓慢（图 5.3a），但是反应堆功率变化明显（图 5.3f）。随着反应堆功率的逐渐增大，直流蒸汽发生器二次侧出口两相混合物含气率不断增大，最终二回路给水被加热为过热蒸汽。图 5.3d 为一回路系统升温升压过程中，蒸汽发生器二次侧平衡态含汽率的变化。

4）功率运行

反应堆升温升压完成后，一回路系统的压力和冷却剂平均温度满足要求，蒸汽发生器出口蒸汽具有一定的过热度，可以切换为双恒定的运行方案实现堆芯功率随汽轮机负荷的跟踪变化。在反应堆冷启动过程中，给水流量始终保持不变，反应堆功率逐渐增大将二回路给水加热为过热状态。

（2）干式启动

启动时，一回路冷却剂处于常温常压，直流蒸汽发生器二次侧无给水流量。在核动力装置完成启动前所有准备工作后，采用外加热启动或核加热启动的方式逐步完成升温升压、建稳压器汽腔、提升反应堆功率。当一回路升温升压到一定值时，反应堆具有与给水流量相对应的负荷时，启动给水泵向直流蒸汽发生器二次侧提供维持最低水力稳定运行所需的给水流量，直接产生汽水混合物或蒸汽。之后继续升温升压，直至直流蒸汽发生器二次侧产生符合品质要求的蒸汽。

当向直流蒸汽发生器二次侧注入冷水时，传热管内存在由液相向汽相的快速转换，此时由于剧烈的沸腾现象将产生"喷发"现象，二回路系统的压力和温度也会出现较大波动。采用湿式启动时，直流蒸汽发生器二次侧出口温度随着一回路冷却剂温度的升高而缓慢增高。采用干式启动时，由于二次侧给水投入时一回路冷却剂温度以及反应堆功率已经达到比较高的水平，因此二次侧给水会直接被加热到较高的温度，如图 5.4 所示。

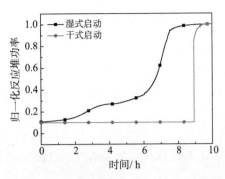

图 5.4 直流蒸汽发生器二次侧出口温度比较

由于二回路系统启动时初始压力较小，直流蒸汽发生器内汽液两相变化频繁，致使直流蒸汽发生器出口蒸汽压力出现小范围振荡。随着蒸汽产量的增大，以及二回路蒸汽压力控制系统的作用，经过一段时间的汽液两相波动后，系统最终稳定运行。在干式启动的整个过程中，直流蒸汽发生器给水系统，蒸汽冷凝器压力调节阀动作频繁，致使控制系统的设计较为复杂。此时一般采用手动方式调节给水泵转速或给水调节阀开度来控制给水流量，直到二回路系统参数满足要求后才会投入自动控制系统。

采用干式启动时，由于给水投入较晚，二回路耗电量小，而且给水直接被加热为过热蒸汽，只有少量两相混合物进入冷凝器，能量利用率高。但是当低温给水进入直流蒸汽发生器后产生高温的汽水混合物或过热蒸汽，压力、温度波动比较剧烈，对设备的热冲击比较大，运行也更加复杂。

5.4 一体化反应堆的瞬态运行特性

为了合理评价反应堆运行瞬态和意外事件下反应堆的安全性，就需要有一套有效的运行与安全分析方法和工具。从目前国内外有关核反应堆的研究方法和一体化压水堆的研究现状来看，已经有了一系列相当成熟的计算机程序来预测反应堆在运行过程中以及意外事件下系统的瞬态响应特性。

针对反应堆动态过程的仿真分析对于系统运行、控制和人员培训都有十分重要的意义。仿真得出的系统参数如蒸汽发生器蒸汽流量、给水流量、蒸汽出口压力、稳压器水位、稳压器压力、堆芯冷却剂温度和堆芯功率等用来进行稳态特性分析，研究控制策略的稳定性、快速性和灵活性；蒸汽发生器水位、蒸汽发生器出口蒸汽过热度、套管出口空泡份额、喷淋阀流量、电加热器功率、卸压阀流量等用来进一步研究控制策略的可行性和合理性；燃料元件中心温度、堆芯 MDNBR、堆芯冷却剂出口欠热度、安全阀流量等参数主要用来研究装置变负荷过程中的安全性和可靠性；反应性主要用来监测反应堆功率变化时是否发生瞬态临界。

5.4.1 快速变负荷过程

快速变负荷工况是实际正常运行中可能会出现的极限工况，是对控制策略的基本要求。负荷大幅度急剧变化条件下，如果反应堆功率与汽轮机负荷较长时间失配，会导致装置参数偏移正常运行值，影响装置安全、稳定运行。

（1）负荷阶跃变化

一体化反应堆二回路负荷快速下降并在各个工况下稳定运行。通过反应堆功率控制系统的调节，堆芯功率可以稳定运行在不同的负荷工况下，并保证一回路冷却剂平均温度恒定。给水流量控制系统自动调节给水流量跟随蒸汽流量的变化，并且保证蒸汽发生器出口蒸汽压力的恒定。图 5.5 给出了一体化反应堆连续负荷阶跃变化的运行特性。

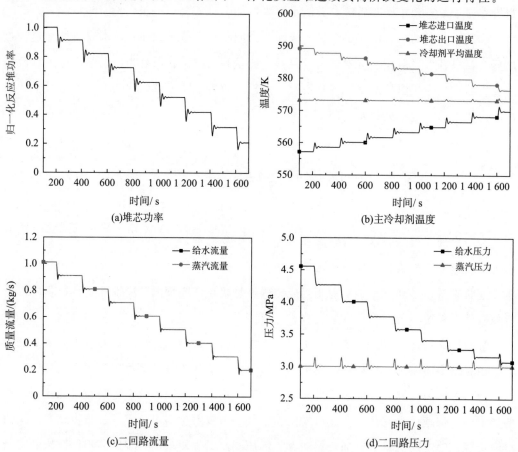

图 5.5 连续负荷阶跃变化特性

反应堆快速变负荷的过程中，二回路蒸汽需求量首先发生变化。蒸汽流量的变化导致二回路蒸汽压力偏离设定值。二回路给水流量控制系统自动调节给水流量跟随蒸汽流量的变化，同时维持蒸汽发生器出口蒸汽压力的恒定。

二回路负荷降低时，蒸汽发生器二次侧吸热量减少，一回路冷却剂平均温度偏离设定值，反应堆功率控制系统则根据蒸汽流量和一回路冷却剂平均温度偏差计算出功率需求值，通过调节反应性控制反应堆功率实现对二回路负荷的跟踪。

蒸汽发生器二次侧进口设置有节流元件，以保证直流蒸汽发生器的稳定性。满负荷工况下阻力件会产生 1.5 MPa 的节流阻力。但是随着给水流量的降低节流阻力压降不断减小。到 20％ FP 时只能产生 0.1 MPa 左右的压降。

（2）负荷快速变化

图 5.6 给出了负荷快速变化过程中一体化反应堆的动态特性。

二回路快速降负荷时，蒸汽流量不断减小，蒸汽压力升高。在蒸汽流量下降阶段，给水流量主要跟随蒸汽流量的变化，蒸汽压力出现小幅波动，随给水流量的减小，蒸汽压力下降，当蒸汽流量稳定后，给水流量基于蒸汽压力偏差信号进行微调，最后稳定在额定值。升负荷工况，蒸汽流量增大，蒸汽压力降低，随给水流量和二回路释热量的增大，蒸汽压力上升，最后通过给水流量的调节达到稳定。

稳压器压力波动和冷却剂体积相关。堆芯冷却剂平均温度升高，冷却剂体积膨胀，稳压器水位上升，稳压器压力上升；堆芯冷却剂平均温度降低，冷却剂体积收缩，稳压器水位下降，稳压器压力下降。一体化反应堆运行时一般采用保持一回路冷却剂平均温度恒定的运行策略，因此在快速变负荷过程中，冷却剂体积变化较小，减轻了稳压器压力控制系统的负担。

当负荷变化时，在蒸汽流量改变阶段，给水流量主要受蒸汽流量的影响，因此给水流量的变化基本和蒸汽流量的变化一致。蒸汽流量基本稳定后，给水流量的变化主要由蒸汽发生器出口蒸汽压力的变化控制，通过不断调节给水流量维持蒸汽压力恒定，表现为给水流量的波动特性。给水流量控制系统能很好地实现给水流量对蒸汽流量的跟踪，这保证了控制策略对堆芯冷却剂平均温度和二回路蒸汽压力的控制。

装置负荷变化时，在蒸汽流量改变阶段，反应堆功率的变化主要受蒸汽流量的影响。蒸汽流量稳定后，功率的变化主要由主冷却剂平均温度偏差控制，即通过调节功率保证主冷却剂平均温度恒定。例如，蒸汽流量减小时，直流蒸汽发生器的吸热量降低，主冷却剂平均温度会升高，在蒸汽流量和堆芯冷却剂平均温度偏差信号的共同调节下，堆芯功率达到新的稳态。同时，堆芯冷却剂和材料的温度负反馈效应也起了重要的调节作用。

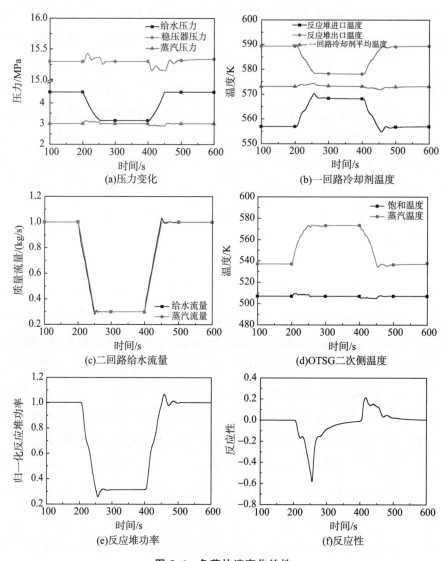

图 5.6　负荷快速变化特性

　　虽然变负荷过程中，冷却剂平均温度和一回路压力不变，平均密度也不变。但是当快速降负荷时，堆芯出口冷却剂温度降低，冷却剂密度相应增加，这时虽然泵的唧送体积流量不变，但是质量流量增大。快速升负荷工况和快速降负荷工况情况相反，表现为流量减小。快速降负荷工况，冷却剂流量增大；快速升负荷工况，冷却剂流量减小，流量的变化量在 5% 左右。

5.4.2　低负荷工况下的流动不稳定边界

　　直流蒸汽发生器二次侧存在剧烈的相变过程，因此在传热管进口处设置节流元件以提高系统运行的稳定性。但是在低负荷工况下给水流量降低，传热管内单相段压降减小，直流蒸汽发生器仍然容易产生流动不稳定性。当直流蒸汽发生器二次侧出现不稳定时，由于给水流量的变化导致直流蒸汽发生器一次侧进出口温度发生的较大波动，可能导致反应堆功率控制系统无法准确控制一回路冷却剂的平均温度。

针对窄缝通道流动不稳定性的研究表明，提高系统的压力、增大进口过冷度或增大进口节流阻力都可以有效地提高传热管内单相区的压降，进而提高两相流系统的稳定性。

对于固定的直流蒸汽发生器结构来说，如果要提高直流蒸汽发生器的稳定性，则需要提高传热管二次侧单相段的压降。根据直流蒸汽发生器的传热方程，在保证直流蒸汽发生器的传热量的前提下，能够影响直流蒸汽发生器稳定性的参数有蒸汽压力、一回路冷却剂平均温度、一回路冷却剂流量和传热管换热面积。

（1）蒸汽压力的影响

低负荷工况下提高直流蒸汽发生器二次侧蒸汽的压力可以有效改善直流蒸汽发生器的运行特性。图 5.7 给出了在不同的蒸汽压力条件下计算得出的直流蒸汽发生器流动不稳定性边界。可以看出，随着蒸汽压力的增大，不稳定运行区间减小。当蒸汽压力增高到 5.0 MPa 时，一体化反应堆可以在 6.5% FP 以上的负荷条件下稳定运行。

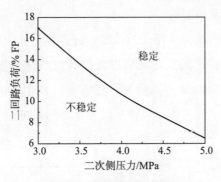

图 5.7　二次侧压力的影响

改变二回路蒸汽压力，相当于改变直流蒸汽发生器二次侧的饱和温度。在较低的负荷工况下，一回路冷却剂平均温度保持不变，增大二回路蒸汽压力可以有效减小传热管两侧的平均换热温差，增大直流蒸汽发生器内单相区和两相区的长度。但是由于直流蒸汽发生器产生蒸汽的温度受堆芯出口温度的限制，最多将蒸汽加热到与一次侧进口冷却剂相同的温度，所以随着蒸汽压力的增大，蒸汽过热度相应减小。如果蒸汽压力过大则不能保证二次侧蒸汽的过热度满足需求。

（2）一回路冷却剂平均温度的影响

一回路冷却剂平均温度降低，蒸汽发生器传热管之间的换热温差减小。单相区和两相区的长度增大，所以直流蒸汽发生器的稳定性提高。图 5.8 给出了直流蒸汽发生器的流动不稳定性区间随一回路冷却剂平均温度的变化。随着一回路冷却剂平均温度的减小，直流蒸汽发生器的稳定运行区间不断增大。当一回路冷却剂平均温度降为 270 ℃ 时，直流蒸汽发生器的流动不稳定性边界为 8.0％ FP。

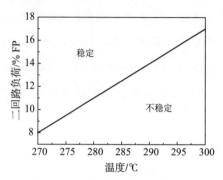

图 5.8　冷却剂平均温度的影响

理论上，随着一回路冷却剂平均温度的降低，直流蒸汽发生器的稳定运行区间增大，可以在更低的负荷工况下稳定运行。但是一回路冷却剂平均温度降低时，过热蒸汽区间的长度减小导致过热蒸汽温度降低。

（3）一回路冷却剂流量的影响

直流蒸汽发生器一次侧的换热模式为单相对流换热，降低直流蒸汽发生器一次侧冷却剂流速，可以减小一次侧对流换热系数进而提高直流蒸汽发生器二次侧单相区的长度。图 5.9 给出了采用不同冷却剂流量时，直流蒸汽发生器的稳定运行边界。可以看出，随着一回路冷却剂流量的减小，直流蒸汽发生器的稳定运行区间增大。当一回路冷却剂流量降低到 40％时，一体化反应堆可以在 13％ FP 以上稳定运行。

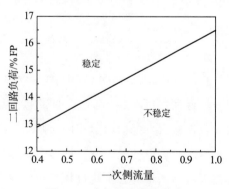

图 5.9　冷却剂流量的影响

降低一回路冷却剂流量可以提高直流蒸汽发生器二次侧单相区的长度，对于提高直流蒸汽发生器的安全稳定运行区间具有很好的效果。但是直流蒸汽发生器二次侧的两相对流换热系数明显大于传热管一次侧的单相对流换热系数，因此一回路冷却剂流量减小所引起的对流换热系数的减小不足以引起直流蒸汽发生器二次侧换热区间产生较大的变化。所以一回路冷却剂流量的变化对提高直流蒸汽发生器稳定运行区间的影响较小。而且由于一体化反应堆运行时保持一回路冷却剂平均温度不变，低负荷工况下一回路冷却剂流量减小会降低堆芯出口的过冷度，同样不利于反应堆的安全稳定运行。

（4）改变直流蒸汽发生器传热面积的影响

一体化反应堆将多台直流蒸汽发生器布置在堆芯吊篮和压力容器之间的环形空间内，蒸汽发生器之间通过共同的给水母管和蒸汽管道相连，每一台直流蒸汽发生器都是相对独立运行的。反应堆运行过程中可以将直流蒸汽发生器进行分组，低负荷工况下关闭一组或多组直流蒸汽发生器可以有效减少一二回路侧的换热面积。

图 5.10 所示为采用不同的直流蒸汽发生器数量时直流蒸汽发生器稳定运行区间的变化。通过比较可以看出，直流蒸汽发生器的稳定运行区间随着直流蒸汽发生器运行数量的减小而增大，当只有 4 台直流蒸汽发生器运行（总数为 12 台）时，一体化反应堆可以在 5% FP 以上稳定运行。

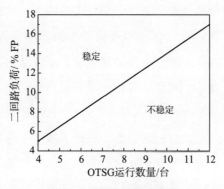

图 5.10　换热面积的影响

运行的直流蒸汽发生器的数量越少，传热管二次侧单相区和两相区的长度越长。而且每一组直流蒸汽发生器的停闭都会导致二回路给水的重新分配，使得正在运行的直流蒸汽发生器的给水流量增大，传热管进口节流阻力的效果更加明显。但是流量的增大和换热面积的减少，会导致蒸汽发生器出口蒸汽的温度降低。

5.4.3　主冷却剂泵变频运行

直流蒸汽发生器一次侧传热是单相对流传热模式。降低一回路冷却剂质量流量可以降低直流蒸汽发生器一次侧的传热系数，在相同的传热温差和传热面积条件下，会增大传热管二次侧单相段的长度，保证直流蒸汽发生器的稳定性。

为了实现根据负荷变化而改变冷却剂流量，可以采用的方法有以下几种[22]：

1）节流调节。在每个冷却剂环路的主管道上安装节流阀，通过改变管路的阻力特性来调节冷却剂流量。

2）旁通调节。在每个冷却剂环路的主管路上设置一条与蒸汽发生器相并联的旁通管道，通过旁通阀控制旁通流量，调节流经蒸汽发生器一次侧的冷却剂流量。

3）回流调节。在每个冷却剂环路的主管道上设置一条与主冷却剂泵相并联的回流管道，通过回流管道上的阀门控制回流量，调节流经主回路的实际流量。

4）变速调节。为主泵驱动电机安装调速设备，通过改变主泵转速来调节冷却剂流量。船用压水堆主泵为比转数较高的离心泵或者混流泵，对于同一台泵，其转速 n 与流量 Q、扬程 H 及轴功率 N 之间的关系为：

$$\frac{Q}{Q_0} = \frac{n}{n_0}, \ \frac{H}{H_0} = \left(\frac{n}{n_0}\right)^2, \ \frac{N}{N_0} = \left(\frac{n}{n_0}\right)^3 \tag{5.32}$$

公式中下标"0"表示额定工况的参数。

改变主泵的转速，即可改变整个主冷却剂系统的流量。这种调节方法不存在对冷却剂的节流，而且随着主泵转速降低，驱动电机消耗的功率相对于转速成三次方关系减小，具有较好的经济性。如果采用变频器实现调速，不仅结构简单、调速范围广、精度高、运行稳定可靠、节能显著，而且变频调速设备的安装不会对主冷却剂系统产生任何不利影响。因此，采用主泵变速调节是一种较为理想的冷却剂流量调节方式。

采用主泵变频的运行策略，在较低的负荷条件下减小主冷却剂泵的转速，通过减小一回路冷却剂流量来增加直流蒸汽发生器二次侧单相区的长度。在固定一次冷却剂平均温度和蒸汽压力条件下，可以实现反应堆功率跟随蒸汽流量的变化，而一回路冷却剂与二次侧蒸汽之间的传热温差增大，蒸汽过热度不断增加，如图 5.11a 所示。

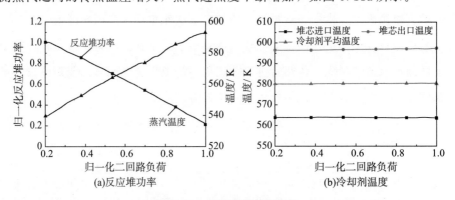

图 5.11　主泵变频运行特性

但是这种运行策略受到堆芯出口温度的限制。一回路冷却剂流量的减少显著增加了堆芯出口的温度。如图 5.11b 所示，反应堆堆芯进口和出口温度在一体化反应堆运行期间基本保持不变。如果一回路冷却剂流量过低，反应堆功率波动较大时可能导致一回路冷却剂沸腾，影响反应堆的安全稳定运行。

5.4.4　直流蒸汽发生器分组运行

为保证直流蒸汽发生器在低负荷工况下的稳定运行，核动力装置通常设定直流蒸汽发生器的最小稳定运行区间，限制其给水流量不能低于最小值。在低负荷运行时使用蒸汽旁排系统将多余的蒸汽排入高温冷凝器，增加了能量损失，不利于核动力装置的经济性。

通过各个系统运行参数对直流蒸汽发生器稳定运行区间的影响可以看出，采用直流蒸汽发生器分组运行的方案是最有效改善直流蒸汽发生器运行特性的方法。

（1）OTSG 分组运行特性

每台直流蒸汽发生器都是独立运行的。分组运行时，通过直流蒸汽发生器进口流量调节阀门的打开和关闭可以实现直流蒸汽发生器的启动和停运。这种方式简单可靠，当直流蒸汽发生器进口给水阀门关闭以后，给水流量迅速降为零，而一回路冷却剂依然强迫循环流过直流蒸汽发生器的一次侧。直流蒸汽发生器二次侧的水很快被一回路高温冷却剂加热为过热蒸汽。由于各直流蒸汽发生器的出口与共同的蒸汽母管相连，因此被隔离的蒸汽发生器内压力保持不变。当给水阀门重新打开以后，冷水进入直流蒸汽发生器传热管，到蒸汽发生器出口形成稳定的蒸汽流量。

直流蒸汽发生器的分组运行方案可以有多种。直流蒸汽发生器分组数越多，单组直流蒸汽发生器停闭时一二回路侧换热面积的变化越小，给水流量重新分配时引起的流量变化越小，对系统的影响越小。但是这样会导致控制系统比较复杂。一回路主冷却系统有 4 台主泵，因此考虑将直流蒸汽发生器分为 4 组。每一组直流蒸汽发生器分别在不同的负荷工况下运行，反应堆功率越高运行的直流蒸汽发生器越多。

图 5.12 所示为使用 OTSG 分组运行方案时一体化反应堆的运行特性。在二回路蒸汽需求量下降的过程中采用协调控制策略保证一回路冷却剂平均温度和二回路蒸汽压力的恒定，同时使用直流蒸汽发生器分组运行的方案。当二回路蒸汽需求量降低到 70% FP 时，第一组直流蒸汽发生器停闭；二回路蒸汽需求量下降到 45% FP 时，第二组直流蒸汽发生器停闭；二回路蒸汽需求量下降到 20% FP 时，第三组直流蒸汽发生器停闭；20% FP 以下时只有一组直流蒸汽发生器运行。

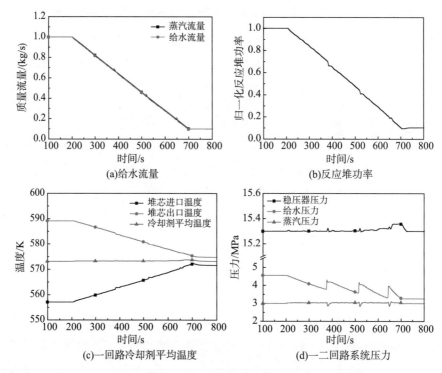

图 5.12 OTSG 分组运行特性

OTSG 分组运行时各组直流蒸汽发生器之间进行流量的重新分配,二回路总的给水流量保持不变。反应堆功率也能够很好的跟随蒸汽流量的变化。在快速降负荷过程中一回路冷却剂平均温度始终保持不变,堆芯进出口温度也不会受到直流蒸汽发生器分组运行的影响。直流蒸汽发生器之间给水流量的重新分配使得运行的直流蒸汽发生器进口流量增大。节流阻力压降与流速的二次方呈正比,直流蒸汽发生器进口给水压力变化明显。

采用 OTSG 分组运行时,一回路冷却剂平均温度和二回路蒸汽压力保持恒定。但是直流蒸汽发生器分组运行时,一二回路侧换热面积减小,在较大的给水流量条件时停闭直流蒸汽发生器可能使得换热面积不足,导致直流蒸汽发生器出口蒸汽的过热度降低。二回路负荷越低,直流蒸汽发生器的分组运行对蒸汽温度的影响越明显。需要根据蒸汽过热度对直流蒸汽发生器的分组运行区间进行优化。

(2) 分组运行对一回路冷却剂温度的影响

低负荷工况下使用 OTSG 分组运行方案,可以保证直流蒸汽发生器的稳定运行。但是每一组直流蒸汽发生器的停闭都会导致二回路给水的重新分配。如图 5.13 所示为直流蒸汽发生器分组运行时每组直流蒸汽发生器给水流量的变化。当直流蒸汽发生器进口给水阀门关闭以后,二回路给水流量会平均分配到其他直流蒸汽发生器中,导致正在运行的直流蒸汽发生器的给水流量突然增大。第一组直流蒸汽发生器关闭后给水流量下降为零,其他 3 组的流量增大 1/3。当第三组直流蒸汽发生器关闭,第四组直流蒸汽发生器的流量会增大一倍。给水流量的变化引起蒸汽温度的相应变化。

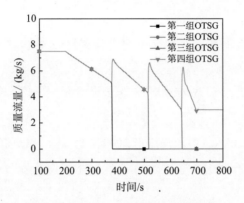

图 5.13　OTSG 二次侧给水流量变化

分组运行状态下,直流蒸汽发生器一次侧冷却剂的温度变化如图 5.14 所示。当 4 组直流蒸汽发生器同时运行时,反应堆出口温度为直流蒸汽发生器进口温度,各组直流蒸汽发生器的出口冷却剂温度与反应堆进口温度相同。当第一组直流蒸汽发生器停闭后,冷却剂流过第一组直流蒸汽发生器一次侧后温度保持不变,此时直流蒸汽发生器出口温度与进口温度相同。其他三组直流蒸汽发生器由于二次侧给水流量增大,吸热量增加导致一次侧冷却剂出口温度降低。反应堆功率越高,冷热流体的温度差越大。

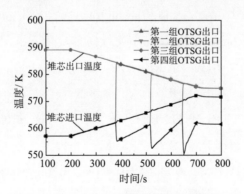

图 5.14　OTSG 一次侧冷却剂温度变化

参考文献

[1] 王兆祥，刘国健，储嘉康．船舶核动力装置原理与设计[M]．北京：国防工业出版社，1980．

[2] 汪胜国．日本改进型船用堆 MRX 概念设计综述[J]．核动力工程，1995(3)：209-217．

[3] KUSUNOKI T，ODANO N，YORITSUNE T，et al. Design of advanced integral-type marine reactor，MRX[J]．Nuclear Engineering & Design，2000，201(2)：155-175．

[4] 陈淑林，冷贵君，张森如，等．固有安全一体化 UZrH_x 动力堆 INSURE-100 初步研究[J]．核动力工程，1994(4)：289-293．

[5] 刘聚奎，唐传宝．俄罗斯一体化压水堆 ABV-6M 综述[J]．核动力工程，1997(3)：279-283．

[6] 于平安．核反应堆热工分析(修订本)[M]．北京：原子能出版社，1986．

[7] 刘建阁．一体化压水堆稳态运行特性研究[D]．哈尔滨：哈尔滨工程大学，2008．

[8] PORSCHING T A，MURPHY J H，REDFIELD J A，et al. FLASH-4：a fully implicit FORTRAN IV program for the digital simulation of transients in a reactor plant (LWBR Development Program)[R]．1969．

[9] MOORE K V，RETTIG W H. RELAP2：a digital program for reactor blowdown and power excursion analysis[R]．1968．

[10] MOORE K V，RETTIG W H. RELAP4：a computer program for transient thermal-hydraulic analysis[R]．1973．

[11] BAJOREK S M. A Regulator's Perspective on the State of the Art in Nuclear Thermal Hydraulics [J]．Nuclear Science & Engineering the Journal of the American Nuclear Society，2016，184(3)．

[12] RELAP5 Code Development Team. RELAP5/MOD3 Code Manual Volume Ⅰ：Code structure, system models, and solution methods[R]．Idaho Falls：Idaho National Laboratory，2001．

[13] WOLF J R. RELAP5-3D at the INL[C]//RELAP5 international users group

meeting and seminar，Salt Lake City，USA,2011.

[14] LILES D R，MAHAFFY J H．TRAC-PF1/MOD1：an advanced best-estimate computer program for pressurized water reactor thermal-hydraulic analysis[J]. Specific Nuclear Reactors & Associated Plants，1986.

[15] MCFADDEN J H，NARUM R E，PETERSON C E，et al．RETRAN-02：a program for transient thermal-hydraulic analysis of complex fluid flow systems．Volume 1．Theory and numerics (Revision 2)．[PWR；BWR][J]．Astrophysical Journal，1984，794(1)：210-210.

[16] 浦胜娣，孙吉良．RETRAN-02 程序的应用研究和实例[J]．原子能科学技术，1992(1)：47-47.

[17] BARRE F，BERNARD M．The CATHARE code strategy and assessment[J]．Nuclear Engineering & Design，1990，124(3)：257-284.

[18] EMONOT P，SOUYRI A，GANDRILLE J L，et al．CATHARE-3：A new system code for thermal-hydraulics in the context of the NEPTUNE project[J]．Nuclear Engineering & Design，2011，241(11)：4 476-4 481.

[19] LERCHL G，AUSTREGESILO H．ATHLET Mod 1.2 Cycle D：User's Manual [R]．Munich：Gesellschaft für Anlagen- und Reaktorsicherheit (GRS)，2001.

[20] KANG D H，SUH J S．LBLOCA analysis of PWR on the effects of Multi-D Modeling Compared with 1-D Modeling using MARS-KS code[C]//5th China-Korea workshop on nuclear reactor thermal hydraulics，Emei，China，2011.

[21] 彭敏俊．船舶核动力装置[M]．北京：原子能出版社，2009.

[22] 彭敏俊．船用压水堆核动力装置运行方案研究[D]．哈尔滨：哈尔滨工程大学，2000.

[23] 杨世铭，陶文铨．传热学(第三版)[M]．北京：高等教育出版社，1998.

[24] 苏光辉．矩形窄通道瞬态热工水力特性实验研究研究报告[R]．2008：1-200.

[25] 孙中宁．核动力设备[M]．哈尔滨：哈尔滨工程大学出版社，2003.

[26] 阎昌琪．气液两相流[M]．哈尔滨：哈尔滨工程大学出版社，1995.

[27] 阎昌琪，曹夏昕．核反应堆安全传热[M]．哈尔滨：哈尔滨工程大学出版社，2009.

[28] 彭敏俊，杜泽．船用压水堆核动力装置双恒定运行方案静态特性研究[J]．核科学与工程，2001，21(4)：304-310.

第6章 先进控制方法在反应堆协调控制中的应用

核能系统是一个工艺原理和过程复杂、结构庞大、具有多种用途的高科技工业系统，同时又是一个具有放射性的特殊对象。为了保证其安全、可靠和经济地实现核能的利用，除了必要的用于能量传递和转换的工艺系统和设备外，还有大量仪表与控制系统（包括仪表系统、控制系统和保护系统）。在过程控制中，大多控制对象具有多参数耦合、系统的非线性、不同工况下系统的动态特性不同等特点，对稳定性和安全性有着更高的要求，从而给控制系统的总体设计和控制器设计带来了很大的困难。

控制理论经历了"经典控制理论"和"现代控制理论"的发展阶段，已进入"大系统理论"和"智能控制理论"阶段。然而当前某些船用反应堆依然处于传统比例-积分（PI）或比例-积分-微分（PID）控制阶段，且控制参数多依赖于人为经验进行调节。近年来，随着核动力系统自动化程度的提高以及数字设备的可靠性技术日趋完善，核动力装置的仪控系统大量使用数字设备和网络技术[1]，智能控制算法在核动力装置协调控制中的作用越来越重要。

6.1 PID 控制

随着现代工业向大型化和复杂化方向发展，对控制系统提出了更高的设计要求，并形成了复杂工业过程系统。这种控制系统具有高度非线性、大滞后、强耦合性和噪声干扰等问题，而且受控过程模型也具有不确定性。因此目前控制问题主要在于，如何在高度复杂的工业系统中满足控制系统的高性能要求[2]。

协调控制系统采用多种控制策略，结合自动控制、逻辑推理、控制对象自身特性等要素，构造出具有多层结构的控制模型[3]。利用这种控制策略，在一些复杂大系统的控制方面已取得一定的成果[4]。但是目前工业复杂系统中广泛应用的控制方法大多限于理论研究阶段，应用于实际生产过程中的实例并不多。因此从实际应用角度出发，研究

PID 控制在复杂系统中的设计应用问题更具有现实意义。

6.1.1　PID 控制器

在核动力系统中，涉及大量力、热、光、电等流动信息和能量信息的传递和交换过程，管路和各种类型的线路传递信号过程中必然会带来时间上的滞后，就会使系统的响应变差，为解决这个问题，在选用控制器时，除了考虑偏差的比例调节外，还引入偏差的积分调节以提高控制的精度，当系统的惯性比较大时还需引入偏差的微分环节来消除系统惯性的影响，这就是传统的 PID 控制器。PID 控制器中各环节系数的调整很大程度上依赖于经验和实际效果，其算法简单，调整和使用方便，鲁棒性好，适用性强，可靠性比较高，调节性能指标对于受控对象特性的稍许变化不很敏感，现今的工业控制中，95％以上的控制回路基本上都采用了 PID 控制器结构或是以 PID 控制为基础。

现阶段控制系统都基于反馈以减少不确定性。反馈理论的要素包括测量、对比和执行 3 个部分。在工程实际中，应用最为广泛的调节器控制规律为比例、积分和微分控制，即 PID 控制。PID 控制系统原理如图 6.1 所示。

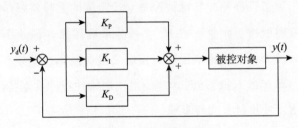

图 6.1　PID 控制器

PID 控制器是一种线性控制器，它根据给定值 $y_d(t)$ 与实际输出值 $y(t)$ 构成控制偏差 $e(t)$，

$$e(t) = y_d(t) - y(t) \tag{6.1}$$

PID 的控制率 $u(t)$ 为：

$$u(t) = K_P \left[e(t) + \frac{1}{T_I} \int_0^t e(t) \mathrm{d}t + \frac{T_D \mathrm{d}e(t)}{\mathrm{d}t} \right] \tag{6.2}$$

其传递函数形式为：

$$G(s) = \frac{U(s)}{E(s)} = K_P \left(1 + \frac{1}{T_I s} + T_D s \right) \tag{6.3}$$

式中：K_P——比例系数（放大系数）；

$\quad\quad T_I$——积分时间常数；

T_D——微分时间常数。

令 $K_i = K_P / T_I$，$K_d = K_P T_D$，称 K_i 和 K_d 为控制器的积分系数和微分系数。

在被控对象已知的前提下，通常需要选择适当的 PID 控制器对其进行修正，以达到预期的动态响应特性。实际上 PID 控制器就是一个超前滞后的调节器，其中 P 为可调增益的放大器；I 为滞后环节，即输入偏差信号消失后，控制器的输出有可能是一个不为 0 的常量，通过滞后环节消除稳态误差；D 为超前环节，即控制器能够在早期有效地修正信号，以增加系统的阻尼程度，从而改善系统的稳定性。

（1）比例系数 K_P 对控制系统的影响

比例环节及时成比例地反映控制系统的偏差，当偏差出现时，比例控制器立即产生控制作用以减少这种偏差。比例环节的比例系数越大，系统响应速度加快，系统稳态误差减小，从而提高系统的控制精度。但过大的比例系数会导致控制系统超调量增大，可能降低系统的稳定性。比例系数过小，会使超调量减小，过渡时间变长，降低系统的调节精度。另外，加大比例系数只是减小稳态误差，却无法从根本上消除稳态误差。

（2）积分系数 K_I 对控制系统的影响

积分环节主要用于消除静差，满足被控量对设定值的无静差跟踪，提高系统的控制精度。积分作用的强弱取决于积分系数 K_I。积分系数越大，积分作用越强，反之则越弱。然而，积分系数过大，系统将不稳定，甚至会出现振荡；积分系数过小，对系统性能的影响力会缩减，只有当 K_I 合适时，才能出现比较理想的动态特性。

（3）微分系数 K_D 对控制系统的影响

微分环节主要改善闭环系统的动态特性，而对稳态过程没有影响。微分控制作用只在系统动态调节中发挥作用，在稳态时不起作用，控制系统设计中任何情况下都不能单独使用微分环节，只能用 PD 控制或 PID 控制。微分环节能够反映偏差信号的变化趋势或者变化速率，并能在偏差信号值变得太大之前，在系统中引入一个有效的早期修正信号。微分作用的强弱取决于微分系数 K_D。增大微分作用可以加快系统的响应，使系统的超调量减小，提高稳定性。但过大的微分作用对扰动很敏感，会使系统抑制外干扰能力减弱，微分时间常数过大会使响应提前制动导致调节时间延长；微分时间常数过小会使调节过程的减速滞后，增加系统的超调量，响应变慢，稳定性变差。因此，微分时间常数视系统情况而定，可以取变化值。

6.1.2　PID 参数整定

目前虽然各种智能控制方法层出不穷，但是在控制工程中传统 PID 依然处于主导地位[5]。由于 PID 在结构设计、控制性能等方面的优势，在工程领域得到了广泛应用，使其成为理论和工程之间的一个桥梁[6]。PID 是各种复杂控制器的基本单元[7]。

PID 控制器广泛应用于工业过程中，而 PID 控制器的参数整定是核心问题之一。一般情况下需要经验丰富的工程技术人员来完成，既耗时又费力，加之实际系统千差万别，又有滞后、非线性等因素，使得 PID 参数的整定有一定的难度，因此对 PID 的参数自整定问题展开研究。所谓自整定，其含义是 PID 控制器的参数可根据用户的需要自动整定，用户可以通过按动一个按钮或给控制器发送一个命令来启动自整定过程。

PID 控制器参数自整定过程包括过程扰动、扰动响应和控制器参数计算 3 个过程。根据研究角度的不同，PID 控制器参数自整定有多种分类方法。根据研究方法，可分为基于频域的 PID 参数整定方法和基于时域的 PID 参数整定方法。按照控制对象的输入和输出个数可分为单变量 PID 控制器参数整定方法和多变量 PID 参数整定方法。按照控制量的组合形式，可分为常规 PID 控制器参数整定方法与智能 PID 控制器参数整定方法。下面介绍两种主要的 PID 参数整定方法[8]。

(1) 基于经验法的 PID 参数整定

基于经验法的 PID 参数整定方法，其本质是一种试凑法。它是根据使用者丰富的实际经验，并根据仪表的调节规律和系统的特性总结出来的方法，也是目前在实际过程控制中使用最为广泛的方法。在此引入"比例度"的概念，比例度又称比例带，是放大倍数 k_P 的倒数。考虑到各控制参数对系统的影响，调节过程的一般步骤为：

1) 先关闭积分控制器和微分控制器的作用，单独使用比例控制器，加大 P 的值，使系统出现震荡。其具体操作是将比例度、积分时间放至最大位置，把微分时间调至零。

2) 为简化调节器的参数整定，即先把积分作用取消和弱化，待系统较稳定后再投运积分作用。尤其是新安装的控制系统，对系统特性不了解时，需先取消积分作用，待调整好比例度，使控制系统大致稳定以后，再加入积分作用。

3) 逐渐增加比例作用或积分作用的放大倍数，即逐渐增加比例或积分作用的影响，避免系统出现大的振荡。最后再根据系统实际情况决定是否使用微分作用。在此过程中，通过调节比例，使系统出现临界震荡，找到临界震荡点。并加大积分作用，使系统达到设定值，即消除稳态误差。

4) 在调好比例控制的基础上再加入积分作用，会降低控制过程的衰减比，从而在一定程度上降低稳定性。为此还需要适当增大调节器的比例度，即减小调节器的放大倍数（通常比例度可增大 20%），其实质是比例度和积分时间的匹配关系。在一定范围内比例度的减小，是通过增加积分时间进行补偿。但也要看到比例作用和积分作用是互为影响的，如果设置的比例度过大时，即便积分时间恰当，系统控制效果也会不佳。

5）由于微分作用会增强系统的稳定性，故采用微分作用后，可适当增加调节器的比例度，一般以增大 20％为宜。微分作用主要用于滞后和惯性较大的场合，由于微分作用具有超前调节的功能，当系统有较大滞后或较大惯性的情况下，才会启用微分作用。

6）在调节过程中要注意的是，比例度过小时，会产生周期较短的激烈振荡，且振荡衰减很慢，严重时甚至会成为发散振荡；比例度过大时会使过渡时间增长，使被调参数变化缓慢，这时曲线波动较大且变化无规则，形状像绕大弯式的变化。此时需要减小比例度，使余差尽量小。

7）当积分时间太长时，会使曲线非周期性地慢慢回复到给定值，此时则应减少积分时间。当积分时间太短时，会使曲线振荡周期增长，且衰减很慢，此时应适当加长积分时间。

（2）基于 Z-N 法的 PID 参数整定

寻找合适的微分参数和积分参数并非易事，除了采用试凑的方法以外，还可以通过 Z-N 法来确定。Ziegler-Nichols 整定方法是 Ziegler 和 Nichols 于 1942 年提出的，它通过基于受控过程的开环动态响应中的某些特征参数进行参数整定。其整定经验公式根据带延迟的一阶惯性模型提出，即

$$G(s) = \frac{K}{Ts+1}e^{-Ls} \tag{6.4}$$

式中：K ——放大系数；

T——惯性时间常数；

L ——延迟时间。

令 $a = KL/T$，控制器的相关参数由 Ziegler 和 Nichols 给出的经验公式求得。表 6.1 给出了控制器相关参数的经验值。

表 6.1　控制器相关参数经验值

	K_P	T_I	T_D
P	$1/a$	—	—
PI	$0.9a$	$3L$	—
PID	$1.2a$	$2L$	$L/2$

这种方法多取决于开环试验，其抗扰能力较差，因此采用继电反馈方法测量闭环阶跃响应特性，求取临界振荡角频率 w_c（或临界振荡周期 $T_c = 2\pi/w_c$）和临界振荡增益 K_c，并通过 Ziegler 和 Nichols 给出的经验公式求得控制器的相关参数（表 6.2）。

表 6.2 临界振荡增益和临界振荡周期表示的控制器相关参数经验值

	K_P	T_I	T_D
P	$0.5K_c$	—	—
PI	$0.4K_c$	$0.8K_c$	—
PID	$0.6K_c$	$0.5T_c$	$0.12T_c$

这种方法在一定程度上提高了测算精度，简单实用，整定效果较好，是基本的 PID 参数整定方法。但是由于工业过程控制中，许多实际对象的模型不易建立，传统的 Z-N 法整定参数可能出现较大的超调量。因此可以对控制对象建立简易模型，并利用 Z-N 法求出控制参数的次优解，亦可以基于传统方法求出的整定参数，后续加入其他优化方法，从而完善控制参数。

6.2　模糊 PID 控制方法

由于操作者经验很难精确描述，控制过程中各种信号量以及评价指标不易定量表示，基于专家经验的 PID 控制方法受到限制，而模糊理论是解决这一问题的有效途径。人们运用模糊数学的基本理论和方法，把规则的条件、操作用模糊集表示，并把这些模糊控制规则以及有关信息（如评价指标、初始 PID 参数等）作为知识存入计算机知识库中，然后计算机根据控制系统的实际响应情况（即专家系统的输入条件），运用模糊推理，即可自动实现对 PID 参数的最佳调整，这就是模糊自适应 PID 控制。

6.2.1　模糊自适应控制器

模糊自适应 PID 控制器目前有很多种结构形式，但其工作原理基本一致。模糊自适应 PID 控制器以误差 e 和误差变化 e_c 作为输入（利用模糊控制规则在线对 PID 参数进行修改），以满足不同时刻的 e 和 e_c 对 PID 参数自整定的要求。自适应模糊 PID 控制器结构如图 6.2 所示。

离散 PID 控制算法可表示为：

$$u(k) = k_P e(k) + k_I T \sum_{j=0}^{k} e(j) + k_D \frac{e(k) - e(k-1)}{T} \tag{6.5}$$

式中：k ——采样序号；

T ——采样时间。

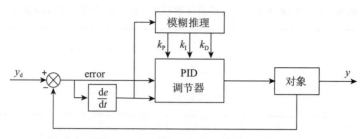

图 6.2 自适应模糊控制器结构

PID 参数模糊自整定是找出 PID 的 3 个参数与 e 和 e_c 之间的模糊关系,在运行中通过不断检测 e 和 e_c,根据模糊控制原理对 3 个参数进行在线修改,以满足不同 e 和 e_c 时对控制参数的不同要求,而使被控对象有良好的动、静态性能。

以 PI 参数整定为例,必须考虑到在不同时刻两个参数的作用以及相互之间的互联关系。模糊自整定 PI 是在 PI 算法的基础上,通过计算当前系统误差 e 和误差变化率 e_c,利用模糊规则进行模糊推理,查询模糊矩阵进行参数调整。针对 k_P、k_I 两个参数分别整定的模糊控制表见表 6.3 和表 6.4[9]。

(1) k_P 整定规则。当响应在上升过程中(e 为 P),Δk_P 取正,即增大 k_P;当超调时(e 为 N),Δk_P 取负,即降低 k_P。当误差在零附近时(e 为 Z),分 3 种情况:e_c 为 N 时,超调越来越大,此时 Δk_P 取负;e_c 为 Z 时,为了降低误差,Δk_P 取正;e_c 为 P 时,正向误差越来越大,Δk_P 取正。k_P 整定的模糊规则表见表 6.3。

表 6.3 k_P 的模糊规则表

e_c ╲ Δk_I ╲ e	N	Z	P
N	N	N	N
Z	N	P	P
P	P	P	P

注:N 为负,Z 为零,P 为正。

(2) k_I 整定规则。采用积分分离策略,即误差在零附近时,Δk_I 取正,否则 Δk_I 取零。k_I 整定的模糊规则表见表 6.4。

表 6.4　k_I 的模糊规则表

e_c Δk_I e	N	Z	P
N	Z	Z	Z
Z	P	P	P
P	Z	Z	Z

将系统误差 e 和误差变化率 e_c 变化范围定位模糊集上的论域。

$$e,\ e_c = \{-1,\ 0,\ 1\}$$

其模糊子集为 $e,\ e_c = \{N,\ Z,\ P\}$，子集中元素分别代表负，零，正。设 e，e_c 和 k_P，k_I 均服从正态分布，因此可得出各模糊子集的隶属度，根据各模糊子集的隶属度赋值表和各参数模糊控制模型，应用模糊合成推理设计 PI 参数的模糊矩阵表，查出修正参数代入式（6.6）和式（6.7）计算

$$k_P = k_{P0} + \Delta k_P \tag{6.6}$$

$$k_I = k_{I0} + \Delta k_I \tag{6.7}$$

在线运行过程中，控制系统通过对模糊逻辑规则的结果处理、查表和运算，完成对 PID 参数的在线自校正。

6.2.2　小波神经网络 PID 控制

小波神经网络是一种建立在小波理论基础上的基于知识的诊断方法，具有自学习和知识表达能力强等特点，所以不需要精确的数学模型，且具有良好的收敛性和鲁棒性。小波神经网络以小波分析理论为基础，结合传统神经网络的特点，从而提高其学习性能。然而小波神经网络在更新过程中依然保持着用梯度下降法调节权值的传统算法，不可避免地存在着过于强调克服学习错误降低其泛化效果等问题。因此，本节基于小波网络的 PID 参数整定方法，利用神经网络所具有的任意非线性表达能力，通过对系统性能的学习实现 PID 控制。

首先以含一个小波神经元因素的多输入单输出的网络模型为例进行介绍。设小波神经网络的输入层节点数为 n，隐含层节点数为 m，输出层为一个非时变神经元节点，小波神经网络模型如图 6.3 所示[8, 18]。

其网络输出与输入之间的关系为：

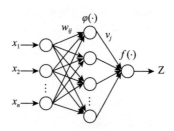

图 6.3　小波神经网络模型

$$y = f\left\{ \sum_{j=1}^{m} v_j \Psi \left[\frac{\int_0^{\mathrm{T}} \sum_{i=1}^{n} x_i(t) w_{ij}(t)\,\mathrm{d}t - b_j}{a_j} \right] \right\} \qquad (6.8)$$

式中：x_i——网络输入；

y——网络输出；

$\varphi(\cdot)$——隐含层的小波函数；

a_j——伸缩函数；

b_j——平移函数；

$f(\cdot)$——输出层的激活函数；

$w_{ij}(t)$——隐含层第 j 个神经元与输入层第 i 个神经元之间的权值；

v_j——输出层与隐含层第 j 个神经元之间的权值，其各神经元的基本信号流如图 6.4 所示。

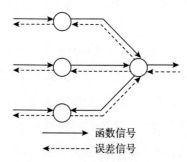

图 6.4　神经元的基本信号流

1）函数信号

函数信号从网络输入端流入，通过网络中的神经元前向传播，最终通过网络输出端流出成为输出信号。这种函数信号经过网络的各个神经元时，都会当作输入信号，然后与神经元所代表的函数及神经元间的权值进行运算。

2）误差信号

误差信号从输出神经元流入，并通过网络中的每一层反向传播。每个神经元对误差信号的计算都会涉及到误差函数，因此称其为误差信号。

结合图 6.4，图 6.5 表示函数信号流入某一神经元 j 。

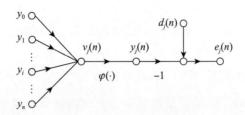

图 6.5　神经元 j 的信号流图

在神经元 j 的激活函数的作用下产生的诱导局部域 $v_j(n)$ 为：

$$v_j(n) = \sum_{i=0}^{m} w_{ji}(n) y_i(n) \tag{6.9}$$

其中 m 表示神经元 j 的信号个数，$w_{ji}(n)$ 中的 $w_{j0}(n)$ 为神经元 j 的偏置。经过 n 次迭代后神经元 j 的输出 $y_j(n)$ 表示为：

$$y_j(n) = \varphi_j[v_j(n)] \tag{6.10}$$

设神经元 j 的误差信号为：

$$e_j(n) = d_j(n) - y_j(n) \tag{6.11}$$

其中 $d_j(n)$ 为期望输出，定义神经元 j 的瞬时误差能量为：

$$E_j(n) = \frac{1}{2} e_j^2(n) \tag{6.12}$$

因此全网络的全部瞬时误差能量可表示为：

$$E(n) = \sum_{j \in J} E_j(n) = \frac{1}{2} \sum_{j \in J} e_j^2(n) \tag{6.13}$$

其中 J 集合表示输出层的所有神经元。神经网络的学习方法来自于极小化损失函数的瞬时值，损失函数为：

$$E(w_{ji}) = \frac{1}{2} e^2(n) \tag{6.14}$$

这里 $e(n)$ 是 n 时刻测得的误差信号。把 $E(w_{ji})$ 对权值向量 $\mathbf{w}_{ji}$ 求微分得到：

$$\frac{\partial E(n)}{\partial \mathbf{w}_{ji}} = \frac{\partial E(n)}{\partial e_j(n)} \frac{\partial e_j(n)}{\partial y_j(n)} \frac{\partial y_j(n)}{\partial v_j(n)} \frac{\partial v_j(n)}{\partial \mathbf{w}_{ji}} \tag{6.15}$$

结合式（6.14）和式（6.15）最终可得：

$$\frac{\partial E(n)}{\partial \mathbf{w}_{ji}} = -e_j(n) \varphi'_j[v_j(n)] y_i(n) \tag{6.16}$$

设 η 为学习率，则可得到权值的修正量：

$$\Delta \mathbf{w}_{ji} = \eta \delta_j(n) y_i(n) \tag{6.17}$$

其中定义局部梯度 $\delta_j(n)$ 为:

$$\delta_j(n)=\frac{\partial E(n)}{\partial v_j}=\frac{\partial E(n)}{\partial e_j(n)}\frac{\partial e_j(n)}{\partial y_j(n)}\frac{\partial y_j(n)}{\partial v_j(n)}=e_j(n)\varphi'_j[v_j(n)] \tag{6.18}$$

PID 控制器中比例、积分和微分 3 个参数间需要以相互配合和相互制约的关系来调整,这种关系是从复杂多变的非线性组合中寻求最佳的关系。神经网络具有任意的非线性表示能力,可实现最佳参数组合的 PID 控制器[10]。通过前文的讨论可知,小波核网络作为一种新型神经网络,在控制器参数整定方面能够体现出更好的性能。采用图 6.5 的网络结构,将输出端改为 3 个输出。当输入向量为 $\{x_I(1),x_I(2),\cdots,x_I(n)\}$ 时,网络输出向量可表示为:

$$\begin{cases} z_1=f(w_{1J}\,\boldsymbol{\varphi}_J)=K_P \\ z_2=f(w_{2J}\,\boldsymbol{\varphi}_J)=K_I \\ z_3=f(w_{3J}\,\boldsymbol{\varphi}_J)=K_D \end{cases} \tag{6.19}$$

采用增量型 PID 控制器结果,其基于小波核网络的参数整定方法与小波神经网络相似,在网络学习过程的基础上,令 $y(n)$ 为系统输出,取性能指标函数为:

$$\varepsilon(n)=\frac{1}{2}[rin(n)-y(n)]^2=\frac{1}{2}e^2(n) \tag{6.20}$$

根据式(6.15)可得到关系式:

$$\frac{\partial\varepsilon(n)}{\partial w_{KJ}(n)}=\frac{\partial\varepsilon(n)}{\partial y(n)}\cdot\frac{\partial y(n)}{\partial\Delta u(n)}\cdot\frac{\partial\Delta u(n)}{\partial z_K(n)}\cdot\frac{\partial z_K(n)}{\partial v_K(n)}\cdot\frac{\partial v_K(n)}{\partial w_{KJ}(n)} \tag{6.21}$$

易知 $\dfrac{\partial\varepsilon(n)}{\partial y(n)}=e(n)$,$\dfrac{\partial e(n)}{\partial z_K(n)}=-1$,$\dfrac{\partial z_K(n)}{\partial v_K(n)}=f'[v_K(n)]$,$\dfrac{\partial v_K(n)}{\partial w_{KJ}(n)}=$

$\varphi[v_J(n)]$。当系统内部结构及机理模型难以获取时,$\dfrac{\partial y(n)}{\partial\Delta u(n)}$ 未知,通常用符号函数

$\text{sgn}\left[\dfrac{\partial y(n)}{\partial\Delta u(n)}\right]$ 表示。根据 PID 控制器的构造可知这里 $K=3$,其中

$$\begin{cases} \dfrac{\partial\Delta u(n)}{\partial z_1(n)}=e(n)-e(n-1) \\[2mm] \dfrac{\partial\Delta u(n)}{\partial z_2(n)}=e(n) \\[2mm] \dfrac{\partial\Delta u(n)}{\partial z_3(n)}=e(n)-2e(n-1)+e(n-2) \end{cases} \tag{6.22}$$

基于反向传播算法的小波神经网络虽然一定程度上具有很强的学习能力,具有在控制问题中静态非线性映射以及动态处理的优势,但在权值更新过程中所采用的学习率在整体过程中是固定的,且不同网络层中也是统一的。现有研究表明,权值迭代更新过程中的学习率在控制算法收敛条件的同时,决定着小波神经网络算法的收敛速度和稳态误

差的大小。较大的学习率相当于增加了权值补偿更新时的比例系数，从而可以提高算法的收敛速度，但也带来了较大的稳态误差。反之，较小的学习率可以降低系统的稳态误差，可也同时减慢了算法的收敛速度。因此学习率在小波神经网络的收敛过程中是一个矛盾的变量。为了在保证较小稳态误差的前提下提高收敛速度，本节提出一种基于归一化最小均方算法（NLMS）的小波神经网络自适应学习率调节方法。

归一化 LMS（NLMS）滤波器是最小化干扰原理（principle of minimal disturbance）的一种表现形式，即从一次迭代到下一次中，自适应滤波器的权向量应朝着最小方式改变，同时会被更新的滤波器输出所约束，定义增量 $\delta \hat{w}(n+1)$：

$$\delta \hat{w}(n+1) = \hat{w}(n+1) - \hat{w}(n) \tag{6.23}$$

同时满足以下条件：

$$\hat{w}^H(n+1)\,x(n) = d(n) \tag{6.24}$$

1）输出层学习率

结合前文的 $f_L(\cdot)$，可得：

$$h[\eta_f(n)] = \mathrm{norm} - k_f\,[W_{JK}^T(n)X_J(n)] - b_f(n) \tag{6.25}$$

$$g[\eta_f(n)] = \frac{1}{2}\{h[\eta_f(n)]\}^2 \tag{6.26}$$

其中 $\mathrm{norm} = [\mathrm{norm}_1, \mathrm{norm}_2, \cdots, \mathrm{norm}_K]^T$ 表示网络输出的理论值，$W_{JK}(J \times K)$ 为输出层与隐含层间的权值矩阵，$X_J = [x_1, x_2, \cdots, x_J]^T$ 表示隐含层神经元的输出向量（相当于 NLMS 算法中的输入值），k_f 是 K 个 $f(\cdot)$ 的梯度组成的对角阵，而 $b_f = [b_{f1}, b_{f2}, \cdots, b_{fK}]^T$ 为截距向量。定义向量 $E_K(n) = [e_{wnn_1}, e_{wnn_2}, \cdots, e_{wnn_K}]^T$，$\bar{E}_K(n)$ 则是由 $e_{wnn_1}, e_{wnn_2}, \cdots, e_{wnn_K}$ 组成的对角阵，而 $\eta_f(n)$ 是由 $\eta_{f1}(n)$，$\eta_{f2}(n)$，$\cdots$，$\eta_{fK}(n)$ 构成的对角阵。根据小波神经网络的学习过程可知，每个待更新的权值 $w_{kj}(n)$ 都与一个 $x_j(n)$ 相对应。为了满足矩阵乘法以及小波神经网络学习规则，将 $X_J(n)$ 扩展为具有 $J \times K$ 结构的 $\bar{X}_{KJ}(n)$，使其每列均由 $X_J(n)$ 构成，可得：

$$h[\eta_f(n)] = \mathrm{norm} - k_f(n)\,[\hat{W}_{KJ}(n-1) + \hat{X}_{KJ}(n)\eta_f(n)k_f(n)\bar{E}_K(n)]^T X_J(n) - b_f(n)$$

$$= E_K(n) - \eta_f(n)k_f^2(n)\bar{E}_K(n)\hat{X}_{KJ}^T(n)X_J(n)$$

$$= [h_1(n) \quad h_2(n) \quad \cdots \quad h_K(n)]^T \tag{6.27}$$

将 $g[\eta_f(n)]$ 重新写为 $G_1[\eta_f(n)]$：

$$G_1[\eta_f(n)] = \frac{1}{2}\begin{bmatrix} h_1^2(n) & \cdots & 0 \\ \vdots & \ddots & \vdots \\ 0 & \cdots & h_K^2(n) \end{bmatrix} \tag{6.28}$$

令 $G_1[\eta_f(n)]' = 0$，则最优学习率可表示为：

$$\eta_f(n) = \begin{bmatrix} \dfrac{1}{k_{f1}^2(n)\left[x_1^2(n)+x_2^2(n)+\cdots+x_j^2(n)\right]} & \cdots & 0 \\ \vdots & \ddots & \vdots \\ 0 & \cdots & \dfrac{1}{k_{fK}^2(n)\left[x_1^2(n)+x_2^2(n)+\cdots+x_j^2(n)\right]} \end{bmatrix}$$

$$(6.29)$$

为了避免 $\sum_{j=1}^{J} x_j^2(n)$ 过小时会导致计算过程出现一定困难,所以为避免此类问题的出现,将式(6.29)写作:

$$
\begin{aligned}
n_{f_k}(n) &= \frac{1}{k_{f_k}^2(n)\left[x_1^2(n)+x_2^2(n)+\cdots+x_j^2(n)\right]} + \sigma_v^2 \\
&= \frac{P(n)}{P(n)k_{f_k}^2(n)\left[x_1^2(n)+x_2^2(n)+\cdots+x_j^2(n)\right] + \sigma_v^2}
\end{aligned}
$$

$$(6.30)$$

式中的 $P(n)=1$。为提高精确性,引入 $\lambda(n)$,使得网络输出层与隐含层间的权值更新公式变为:

$$
\hat{w}_{jk}(n) = \hat{w}_{jk}(n-1) + \frac{\lambda_k(n)}{\lambda_k(n)k_{f_k}^2(n)\left[x_1^2(n)+x_2^2(n)+\cdots+x_j^2(n)\right]+\sigma_v^2} \cdot
$$
$$
f'[v_k(n)]\{\mathrm{norm}-f[v_k(n)]\}x_j(n)
$$

$$(6.31)$$

$\lambda(n)$ 可由式(6.32)得到:

$$
\lambda(n) = \frac{E\left(\{\mathrm{norm}-f[v_k(n)]\}^2\right) - \sigma_v^2}{x_k^T(n)x_k(n)}
$$

$$(6.32)$$

2)隐含层学习率

假设 $\boldsymbol{\eta}_\varphi(n)$ 为对角线由 $\eta_{\varphi_1}(n)$,$\eta_{\varphi_2}(n)$,$\cdots$,$\eta_{\varphi_J}(n)$ 组成的对角阵,并将 $\boldsymbol{X}_J(n)$ 扩展为每行都是 $\boldsymbol{X}_J(n)$ 元素的 $\overline{\boldsymbol{X}}_{KJ}(n)$ 矩阵。因此可得如下表示:

$$
h[\eta_\varphi(n)] = \mathrm{norm} - k_f\left(\hat{W}_{JK}^T(n)\{k_\varphi[\hat{W}_{IJ}(n)X_I(n)] - b_\varphi(n)\}\right) - b_f(n) \quad (6.33)
$$

根据小波神经网络学习过程,令 $C(n)=W_{JK}(n)k_f(n)\bar{E}_K(n)$,则可得:

$$
\begin{aligned}
C(n) &= \begin{bmatrix} k_{f1}(n)w_{11}(n)e_{wnn_1}(n) & k_{f2}(n)w_{12}(n)e_{wnn_2}(n) & \cdots & k_{fK}(n)w_{1K}(n)e_{wnn_K}(n) \\ k_{f1}(n)w_{21}(n)e_{wnn_1}(n) & k_{f2}(n)w_{22}(n)e_{wnn_2}(n) & \cdots & k_{fK}(n)w_{2K}(n)e_{wnn_K}(n) \\ \vdots & \vdots & \ddots & \vdots \\ k_{f1}(n)w_{J1}(n)e_{wnn_1}(n) & k_{f2}(n)w_{J2}(n)e_{wnn_2}(n) & \cdots & k_{fK}(n)w_{JK}(n)e_{wnn_K}(n) \end{bmatrix}_{J\times K} \\
&= \begin{bmatrix} C_1(n) \\ C_2(n) \\ \vdots \\ C_J(n) \end{bmatrix}
\end{aligned}
$$

$$(6.34)$$

$$C_j(n) = \begin{bmatrix} k_{f1}(n)w_{j1}(n)e_{unn_1}(n) & k_{f2}(n)w_{j2}(n)e_{unn_2}(n) & \cdots & k_{fK}(n)w_{jK}(n)e_{unn_K}(n) \end{bmatrix}$$

$$(6.35)$$

令：

$$D(n) = \begin{bmatrix} D_1(n) & \cdots & 0 \\ \vdots & \ddots & \vdots \\ 0 & \cdots & D_J(n) \end{bmatrix} \tag{6.36}$$

$$D_j(n) = \sum_K C_{jk}(n) = \sum_{k=1}^{K} k_{fk}(n)w_{jk}(n)e_{unn_k}(n) \tag{6.37}$$

将上述结论代入可知：

$$h[\eta_\varphi(n)] = \mathrm{norm} - k_f\Big[\hat{W}_{JK}^{\mathrm{T}}(n)\Big(k_\varphi\{[\hat{W}_{IJ}(n-1)+\bar{X}_{IJ}(n)D(n)\eta_\varphi(n)]^{\mathrm{T}}X_I(n)\} - b_\varphi(n)\Big)\Big] -$$

$$b_f(n) = E_K(n) - A(n)\eta_\varphi(n)B(n) = \begin{bmatrix} h_1^*(n) & h_2^*(n) & \cdots & h_K^*(n) \end{bmatrix}^{\mathrm{T}}$$

$$(6.38)$$

其中：

$$A(n) = \begin{bmatrix} A_{11}(n) & \cdots & A_{1J}(n) \\ \vdots & \ddots & \vdots \\ A_{K1}(n) & \cdots & A_{KJ}(n) \end{bmatrix}$$

$$= \begin{bmatrix} k_{\varphi_1}(n)k_{f_1}(n)w_{11}(n) & k_{\varphi_2}(n)k_{f_1}(n)w_{21}(n) & \cdots & k_{\varphi_J}(n)k_{f_1}(n)w_{J1}(n) \\ k_{\varphi_1}(n)k_{f_2}(n)w_{11}(n) & k_{\varphi_2}(n)k_{f_2}(n)w_{22}(n) & \cdots & k_{\varphi_J}(n)k_{f_2}(n)w_{J2}(n) \\ \vdots & \vdots & \ddots & \vdots \\ k_{\varphi_1}(n)k_{f_K}(n)w_{11}(n) & k_{\varphi_2}(n)k_{f_K}(n)w_{2K}(n) & \cdots & k_{\varphi_J}(n)k_{f_K}(n)w_{JK}(n) \end{bmatrix}$$

$$(6.39)$$

$$B(n) = \begin{bmatrix} B_1(n) \\ \vdots \\ B_J(n) \end{bmatrix} = \begin{bmatrix} D_1(n)\bar{X}_{11}(n) & D_1(n)\bar{X}_{21}(n) & \cdots & D_1(n)\bar{X}_{I1}(n) \\ D_2(n)\bar{X}_{12}(n) & D_2(n)\bar{X}_{22}(n) & \cdots & D_2(n)\bar{X}_{I2}(n) \\ \vdots & \vdots & \ddots & \vdots \\ D_J(n)\bar{X}_{1J}(n) & D_J(n)\bar{X}_{2J}(n) & \cdots & D_J(n)\bar{X}_{IJ}(n) \end{bmatrix} \begin{bmatrix} x_1(n) \\ x_2(n) \\ \vdots \\ x_I(n) \end{bmatrix}$$

$$(6.40)$$

因此 $g[\eta_\varphi(n)]$ 也可写为 $G_2[\eta_\varphi(n)]$ ：

$$G_2[\eta_\varphi(n)] = \frac{1}{2}[E_K(n) - A(n)\eta_\varphi(n)B(n)][E_K(n) - A(n)\eta_\varphi(n)B(n)]^{\mathrm{T}}$$

$$(6.41)$$

令 $G_2[\eta_\varphi(n)]' = 0$ 可得：

$$A(n)\eta_{\varphi}(n)B(n)B^{\mathrm{T}}(n)A^{\mathrm{T}}(n)=\frac{1}{2}\{E_K(n)B^{\mathrm{T}}(n)A^{\mathrm{T}}(n)+[E_K(n)B^{\mathrm{T}}(n)A^{\mathrm{T}}(n)]^{\mathrm{T}}\}$$

(6.42)

当 $K=J$ 时，由于 $\boldsymbol{A}(n)$ 是方阵，因此后续步骤可按照输出层的方法进行求解。而当 $K\neq J$ 时，$\boldsymbol{A}(n)$ 不存在逆矩阵，根据齐次线性方程组有解判定定理可判断 $\eta_{\varphi}(n)$ 的解情况，从而对无穷多解或无解进行分类描述。若无解时，只是说明无法递推求出最优学习率，也可按传统 WNN 选择一组固定值。同时上述的这些公式也表明隐含层的计算结果在活化函数分段线性化后也要比传统卡尔曼滤波复杂，因此不能类似与输出层那样用卡尔曼滤波的理论对学习率作进一步的优化。通过上式可知，即使 $\boldsymbol{A}(n)$ 为方阵，其求解过程也会给 WNN 的更新增加很大负担。由于隐含层的更新是建立在输出层的基础上的，同时 $\sum f'[v_k(n)]\{\mathrm{norm}-f[v_k(n)]\}w_{kj}(n)$ 的存在使得隐含层第 i 个神经元与前一层间的权值更新与输出层的每个神经元输出均有关，即输出层的每个学习率对隐含层权值的更新都有贡献。为此可以在输出层学习率调整算法的基础上，对隐含层中的每个神经元采用同样的学习率：

$$\eta_{\varphi}(n)=\frac{1}{K}\sum_{k=1}^{K}\eta_f(n)$$

(6.43)

6.2.3 分数阶 PID 控制方法

(1) 分数阶 PID 控制器

分数阶微积分是将传统的微积分从整数阶推广到任意阶，分数阶微积分不仅为工程系统提供了新的数学工具[11]，而且对于复杂的、成比例的动态系统提供了更完善的数学模型。关于分数阶微积分的定义主要有 Riemann-Liouvile 定义、Caputo 定义和目前最广泛应用的 Grunwald-Letnikov 定义：

$$_aD_t^a f(t)=\lim_{h\to 0}h^{-\alpha}\sum_{r=0}^{[t-\alpha/h]}w_r^a f(t-rh)$$

(6.44)

式中：$_aD_t^a$ ——分数微积分理论 Caputo 定义中的微分算子；

α、t ——微分算子的上、下界；

$[t-\alpha/h]$ ——取整。

当 $\alpha>0$、$w_r^a=\dfrac{(-1)^r\Gamma(\alpha+1)}{r!\ \Gamma(\alpha-r+1)}$，微分算子具体定义形式为：

$$_aD_t^{\alpha} = \begin{cases} \dfrac{d^{\alpha}}{dt^{\alpha}}, & R(\alpha) > 0 \\ 1, & R(\alpha) = 0 \\ \displaystyle\int_a^t (d\tau)^{(-\alpha)}, & R(\alpha) < 0 \end{cases} \tag{6.45}$$

分数阶 PID 是整数阶 PID 控制器的推广（图 6.6），包含一个积分阶次 λ 和一个微分阶次 μ [λ，$\mu \in (0，2)$]，同时适用于分数阶和整数阶系统的控制[12]。

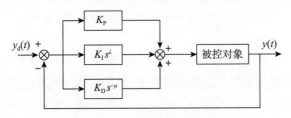

图 6.6　分数阶 PID 控制器

对于分数阶 PID 控制器来说，其控制器输出可以表示为：

$$u(t) = K_P e(t) + K_I D^{\lambda} e(t) + K_D D^{-\mu} e(t) \tag{6.46}$$

经过时间离散化，可表示为：

$$u(t) = K_P e(t) + K_I T^{\lambda} \sum_{r=0}^{t} q_r e(t-r) + K_D T^{-\mu} \sum_{r=0}^{t} d_r e(t-r) \tag{6.47}$$

式中：K_P、K_I 和 K_D ——比例、积分和微分增益；

λ、μ ——积分项和微分项的分数阶因子；

T ——时间学习率。

其中，$q_r = \left(1 - \dfrac{1+\lambda}{r}\right) q_{r-1}$，$d_r = \left(1 - \dfrac{1-\mu}{r}\right) d_{r-1}$，$q_0 = d_0 = 1$。若 λ 和 μ 中的阶次均大于 2，则控制器为高阶控制器，不属于目前的讨论范畴。分数阶 PID 控制器可根据 λ 和 μ 的取值组成不同的结构。当两个参数均取零时，则为比例控制器；当参数均取一时，则变为传统的整数阶 PID 控制器；当一个参数为零，一个参数为一时，则为传统的比例微分或比例积分控制器。综上所述，整数阶 PID 控制器只是分数阶 PID 控制器的特例。

由图 6.7 可知，在由 P-I-D 所构成的平面内，分数阶 PID 覆盖了整个平面，而整数阶 PID 只能在 4 个顶点之间变换。这说明分数阶 PID 的阶次可以在虚线构成的阴影区域内任意取值，且可以在整个阴影区域内连续平滑的移动。分数阶 PID 控制器可根据被控对象的动态特性和结构设计，选择不同的 λ 和 μ 值，从而获得更好的控制性能。

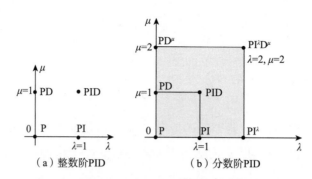

图 6.7　分数阶控制器与整数阶控制器的取值范围

由于分数阶 PID 控制器较比整数阶 PID 控制器多了两个整定参数 λ 和 μ，所以比传统的整数阶 PID 控制器具有更广阔的调节范围，因此适当的选择控制器的阶次 λ 和 μ 可以提高控制系统的动态特性。

1）积分阶次 λ 对控制系统的影响

在分数阶 PID 控制器积分阶次 λ 较小时，分数阶控制系统的低频段的斜率小，幅频特性的峰值小、频带较宽，系统的平稳性较好，快速响应性好，阶跃响应的超调量小，上升时间和调节时间短。随着控制器的阶次 λ 不断的增大，使得控制系统的积分作用不断增强，从而幅频特性的低频段的斜率不断增大而导致系统的峰值不断增大，系统的平稳性变差，系统的阶跃响应将有过大的超调量，上升时间和调节时间增大。λ 过大时，系统将出现严重的振荡现象，已不能使分数阶控制系统处于稳定的状态。欲使分数阶控制系统获得较好的控制性能，积分阶次 λ 取值须在一合理的范围内。

2）微分阶次 μ 对控制系统的影响

在分数阶 PID 控制器的微分阶次 μ 值较小时，其幅频特性曲线的低频段为直线且位置较高，说明在满足系统稳定性条件下，稳态误差小，动态响应精度高。但在幅频特性曲线中频段所占的区间过宽，说明系统的超调量及调节时间增大。如果微分阶次 μ 过小，则中频段的斜率将变陡，闭环系统将难以稳定。为了使分数阶 PID 控制器取得比较好的控制效果，则分数阶 PID 控制器微分阶次 μ 应在适当的范围之内取值。

（2）**基于小波核神经网络的分数阶 PID 控制器参数整定**

在整数阶 PID 参数整定的基础上，分数阶 PID 控制也将采用相似的整定策略。但由于比传统控制器更复杂，因此首先根据分数阶 PID 的数学描述推导出增量式分数阶 PID 控制器。

根据前文可得 $u(t-1)$ 的表达式：

$$u(t-1) = K'_P e(t-1) + K'_I T^\lambda \sum_{r=0}^{t-1} q_r e(t-1-r) + K'_D T^{-\mu} \sum_{r=0}^{t-1} d_r e(t-1-r)$$

$$(6.48)$$

将式（6.48）与式（6.47）两式相减，即

$$\Delta u(t) = u(t) - u(t-1) \tag{6.49}$$

其中：

$$\sum_{r=0}^{t} q_r e(t-r) - \sum_{r=0}^{t-1} q_r e(t-1-r) = e(t) - \sum_{r=1}^{t} \frac{1+\lambda}{r} q_{r-1} e(t-r) \tag{6.50}$$

$$\sum_{r=0}^{t} d_r e(t-r) - \sum_{r=0}^{t-1} d_r e(t-1-r) = e(t) - \sum_{r=1}^{t} \frac{1-\mu}{r} d_{r-1} e(t-r) \tag{6.51}$$

令 $K_P - K'_P$ 为 K_P，$K_I - K'_I$ 为 K_I，$K_D - K'_D$ 为 K_D，则可得：

$$\Delta u(t) = K_P [e(t) - e(t-1)] + K_I T^\lambda \left[e(t) - \sum_{r=1}^{t} \left(\frac{1+\lambda}{r} \right) q_{r-1} e(t-r) \right] +$$

$$K_D T^{-\mu} \left[e(t) - \sum_{r=1}^{t} \left(\frac{1-\mu}{r} \right) d_{r-1} e(t-r) \right]$$

$$(6.52)$$

根据 PID 控制器整定方法，可推导分数阶 PID 控制器的计算公式，首先假设：

$$f_1(t) = \sum_{r=1}^{n} \left(\frac{1+\lambda}{r} \right) q_{r-1} e(t-r) \tag{6.53}$$

$$f_2(t) = \sum_{r=1}^{t} \left(\frac{1-\mu}{r} \right) d_{r-1} e(t-r) \tag{6.54}$$

而通过分数阶 PID 控制器的构造可知这里 $K=5$，所以可求得：

$$\begin{cases} \dfrac{\partial \Delta u(t)}{\partial z_1(t)} = e(t) - e(t-1) \\[2mm] \dfrac{\partial \Delta u(t)}{\partial z_2(t)} = T^\lambda [e(t) - f_1] \\[2mm] \dfrac{\partial \Delta u(t)}{\partial z_3(t)} = T^{-\mu} [e(t) - f_2] \\[2mm] \dfrac{\partial \Delta u(t)}{\partial z_4(t)} = K_I T^\lambda \left\{ [e(t) - f_1(t)] \ln T - \dfrac{\partial f_1}{\partial \lambda} \right\} \\[2mm] \dfrac{\partial \Delta u(t)}{\partial z_5(t)} = -K_D T^{-\mu} \left\{ [e(t) - f_2(t)] \ln T + \dfrac{\partial f_2}{\partial \mu} \right\} \end{cases} \tag{6.55}$$

由于前文的 q_{r-1} 和 d_{r-1} 都是以递归形式给出，不利于后续计算，所以将推导出他们的一次计算形式，由 $q_r = \left(1 - \dfrac{1+\lambda}{r} \right) q_{r-1}$ 可得：

$$\begin{cases} \dfrac{q_r}{q_{r-1}} = \dfrac{r-1-\lambda}{r} \\[2mm] \dfrac{q_{r-1}}{q_{r-2}} = \dfrac{r-2-\lambda}{r-1} \\[2mm] \qquad\vdots \\[2mm] \dfrac{q_1}{q_0} = -\lambda \end{cases} \tag{6.56}$$

将上式相乘，即

$$q_r = \frac{(-1)^r}{r} \prod_{i=0}^{r-1} (\lambda - i) \tag{6.57}$$

同理可得 d_r 的一次计算公式，即

$$d_r = \frac{1}{r} \prod_{i=0}^{r-1} (\mu + i) \tag{6.58}$$

6.3 自抗扰控制方法

非线性 ADRC（Nonlinear ADRC，NLADRC）源于经典 PID 与现代控制理论的结合[13]。针对 PID 的固有特点，韩京清研究员提出可以从 4 方面改进：以扩张状态观测器来估计系统总扰动，以跟踪-微分器来实现微分信号的可靠获取，以安排过渡过程来减少给定突变引起的系统大幅度超调，以非线性状态误差反馈控制来改进控制效果[14]。

需要说明的是，韩京清以及其他研究者在寻求优化跟踪-微分器、扩张状态观测器以及非线性控制律性能的过程中找到了多个有效的非线性函数，因此，构建的 ADRC 算法有很多种选择。下面以韩京清的专著为主要依据[15]，以二阶对象为例，讨论常用算法。

设有二阶对象[15]：

$$\ddot{y} = f[y, \dot{y}, \omega(t), t] + bu \tag{6.59}$$

式中：$\omega(t)$——外扰作用；

$f[y, \dot{y}, \omega(t), t]$——综合了外扰和内扰的总扰动。

选取状态变量：$x_1 = y$，$x_2 = \dot{y}$，则可将式（6.59）转化成状态方程：

$$\begin{cases} \dot{x}_1 = x_2 \\ \dot{x}_2 = f[x_1, x_2, \omega(t), t] + bu \\ y = x_1 \end{cases} \tag{6.60}$$

ADRC 的核心在于如何实时估计 $f[y, \dot{y}, \omega(t), t]$，并加以消除，即采用线性积分器串联标准型，使控制变得简单。

$$\ddot{y} = u_0 \tag{6.61}$$

(1) 扩张状态观测器（ESO）

扩张状态观测器的基本思想：将总扰动扩张成系统的一个新状态变量，然后利用系统的输入、输出重构（也就是观测）出包含系统原有状态变量与扰动的所有状态。

对于二阶被控对象，$\omega(t)$ 为外扰作用，将过程进程中外扰作用的表现量：

$$a(t) = f[x_1, x_2, \omega(t), t] \tag{6.62}$$

当作新的未知的状态变量：

$$x_3(t) = a(t) = f[x_1, x_2, \omega(t), t] \tag{6.63}$$

加入原系统中，即在原系统状态的基础上扩张出一个新状态，原系统变成线性系统：

$$\begin{cases} \dot{x}_1 = x_2 \\ \dot{x}_2 = x_3 + bu \\ \dot{x}_3 = \dot{f}[x_1, x_2, \omega(t), t] = \omega_0(t) \\ y = x_1 \end{cases} \tag{6.64}$$

对此建立非线性状态观测器：

$$\begin{cases} \varepsilon_1 = z_1 - y \\ \dot{z}_1 = z_2 - \beta_{01}\varepsilon_1 \\ \dot{z}_2 = z_3 - \beta_{02}\mathrm{fal}\left(\varepsilon_1, \dfrac{1}{2}, \delta\right) + bu \\ \dot{z}_3 = -\beta_{03}\mathrm{fal}\left(\varepsilon_1, \dfrac{1}{4}, \delta\right) \end{cases} \tag{6.65}$$

其中 $\mathrm{fal}(x, a, \delta)$ 为非线性函数：

$$\mathrm{fal}(x, a, \delta) = \begin{cases} \dfrac{x}{\delta^{(1-a)}}, & |x| \leqslant \delta \\ \mathrm{sign}(x)\,|x|^a, & |x| > \delta \end{cases} \tag{6.66}$$

这样，在 b 已知或者接近的情况下，就能使扩张状态观测器的状态变量 $z_i(t)$ 跟踪系统的状态变量 $x_i(t)$，且有较大的适应范围。对应的离散形式 ESO 可表示为：

$$\begin{cases} \varepsilon_1 = z_1(k) - y(k) \\ z_1(k+1) = z_1(k) + h\,[z_2(k) - \beta_{01}\varepsilon_1] \\ z_2(k+1) = z_2(k) + h\,[z_3(k) - \beta_{02}\,\mathrm{fal}(\varepsilon_1,\ 1/2,\ \delta) + bu] \\ z_3(k+1) = z_3(k) - h\beta_{03}\,\mathrm{fal}(\varepsilon_1,\ 1/4,\ \delta) \end{cases} \tag{6.67}$$

这里的 ESO 所用的 fal 函数中的参量 a 可以取为有别于 $1/2$ 与 $1/4$ 的其他值，甚至 fal 函数也可以取为其他形式，对应的 ESO 性能会有一定的差异，但只要是合理的形式并适当选择参量，一般都能获得较好的效果。

（2）跟踪-微分器（TD）与安排过渡过程

适应数值计算的要求，离散系统：

$$\begin{cases} x_1(k+1) = x_1(k) + hx_2(k) \\ x_2(k+1) = x_2(k) - ru(k), \qquad |u(k)| \leqslant r_0 \end{cases} \tag{6.68}$$

推导出了一种最速综合函数 $\mathrm{fhan}(x_1,\ x_2,\ r_0,\ h_0)$：

$$\begin{cases} d = r_0\,h_0{}^2 \\ a_0 = h_0 x_2 \\ y = x_1 + a_0 \\ a_1 = \sqrt{d(d + 8|y|)} \\ a_2 = a_0 + \mathrm{sign}(y)(a_1 - d)/2 \\ s_y = [\mathrm{sign}(y+d) - \mathrm{sign}(y-d)]/2 \\ a = (a_0 + y - a_2)s_y + a_2 \\ s_a = [\mathrm{sign}(a+d) - \mathrm{sign}(a-d)]/2 \\ \mathrm{fhan} = -r\,[a/d - \mathrm{sign}(a)]\,s_a - r_0\mathrm{sign}(a) \end{cases} \tag{6.69}$$

其中，x_1，x_2 为系统状态，r_0，h_0 为函数控制参量。利用这个函数建立的离散最速反馈系统：

$$\begin{cases} \mathrm{fh} = \mathrm{fhan}\,[x_1(k) - v(k),\ x_2(k),\ r_0,\ h_0] \\ x_1(k+1) = x_1(k) + hx_2(k) \\ x_2(k+1) = x_2(k) + h\,\mathrm{fh} \end{cases} \tag{6.70}$$

实现了 x_1 快速无超调地跟上输入信号 v，而 x_2 作为 v 的近似微分，跟踪过程的微分信号。

需要注意的是，h_0 为有别于对象采样周期 h 的 fhan 函数步长。当然简化处理时可以取值与 h 一致，但这样一来，当输入被噪声污染时，会使跟踪-微分器在进入稳态时速度曲线的超调加剧噪声放大效应，因此宜将 h_0 取得不同于 h，比如可取为 h 的若干整数倍。

为了减少给定大幅度变化导致的超调、机构磨损以及不必要的能量损耗，需要根据控制目标和对象承受能力安排合适的过渡过程，并要同时给出过渡过程微分信号。这一过程可以是一个动态过程，也可以是一个函数发生器。在被控对象的变化不是很激烈的情况下，"安排过渡过程"和"跟踪-微分器"是合并在一起实现的，这样可以简化控制器结构。

另外需要说明的是，跟踪-微分器所用的最速综合函数有不同的表达形式，对应的性能也会存在一定的差异。

(3) 非线性状态误差反馈控制律（NLSEF）

基于跟踪-微分器和安排过渡过程手段，可以跟踪产生过渡过程的误差信号。利用该误差信号 e_1 和误差微分信号 e_2，可生成误差积分信号 e_0，进而实现 PID 控制。然而 PID 这种线性组合不一定最好，通常非线性组合效果更好。然而由于扰动可以得到估计和补偿，故误差积分信号可以不用。非线性 ADRC 推荐采用的非线性组合主要有两种形式：

$$u_0 = \beta_1 \mathrm{fal}(e_1,\ a_1,\ \delta) + \beta_2 \mathrm{fal}(e_2,\ a_2,\ \delta) \tag{6.71}$$

其中，$0 < a_1 < 1 < a_2$ 为好。

$$u_0 = \mathrm{fhan}(e_1,\ ce_2,\ r,\ h_1) \tag{6.72}$$

式中：c——阻尼因子；

h_1——精度因子。

(4) 控制量生成

由于通过 ESO，原对象中扩张出的代表扰动状态变量 x_3（即 f）被状态变量 ESO 的 z_3 跟踪，通过消除 x_3（即 z_3），可将原对象简化成式（6.71）的形式，即变成一个双重积分器串联单位增益的控制位置。当然，由于 z_3 对 x_3 存在跟踪误差，故得到的双重积分器模型存在一定的扰动。控制量可知为：

$$u = \frac{u_0 - z_3}{b_0} \tag{6.73}$$

这个结构中控制量实际上被分成两部分，其中 $-z_3/b_0$ 是补偿扰动的分量，而 u_0/b_0 是非线性反馈来控制积分串联型的分量，具体的非线性 ADRC 的完整算法可参考文献 [15]。

6.4　模型预测控制方法

近年来，模型预测控制（Model Predictive Control，MPC）作为工业实践中发展起来的控制算法，能够避免系统建模误差、环境干扰等方面的影响，利用过程模型预测控制系统在一定的控制作用之下未来的动态行为，根据给定的约束条件和性能要求滚动地求解最优控制作用，实施当前控制，在滚动的每一步通过检测实时信息修正对未来动态行为的预测，具有较高的鲁棒性和控制效果，受到国内外学者的重视。

6.4.1　李导数基本概念

首先简要介绍李导数的概念[16]。

若 $f(x)$ 是 n 维函数向量，即

$$f(x) = \begin{bmatrix} f_1(x_1, \cdots, x_n) \\ f_2(x_1, \cdots, x_n) \\ \vdots \\ f_n(x_1, \cdots, x_n) \end{bmatrix} \tag{6.74}$$

它的每一个分量 $f_i(x)$ 都是变量 $x = (x_1, \cdots, x_n)^{\mathrm{T}}$ 的函数。从几何观点看，即是对状态空间中每一个点（对应一个状态）对应一个确定的向量，即映射 $f: R^n \longrightarrow R^n$。即可以想象从每一个点 x "发射" 出一个向量，因而从整体上看形成一个由向量构成的场。

给定一个光滑的标量函数 $h(x)$ 和一个向量场 $f(x)$，则可以定义标量函数沿向量场的导数称为李导数，或称为 h 对 f 的李导数。它是一个新的标量函数，记为 $L_f h$。

设 $h(x): R^n \longrightarrow R$ 为一光滑标量函数；

$f(x): R^n \longrightarrow R^n$ 为 R^n 上的一个光滑的向量场；

$g(x): R^n \longrightarrow R^n$ 为 R^n 上的另一个光滑的向量场；

则

$$L_f h(x) = \frac{\partial h(x)}{\partial x} \cdot f(x) = \sum_{i=1}^{n} \frac{\partial h(x)}{\partial x_i} \cdot f_i(x) = \nabla h(x) \cdot f(x) \tag{6.75}$$

多重李导数可以递归地定义为：

$$L_f^k h(x) = L_f[L_f^{k-1} h(x)] = \frac{\partial[L_f^{k-1} h(x)]}{\partial x} \cdot f(x) \tag{6.76}$$

$$L_g L_f h(x) = L_g [L_f h(x)] = \frac{\partial [L_f h(x)]}{\partial x} \cdot g(x) \tag{6.77}$$

$$L_g L_f^k h(x) = L_g [L_f^k h(x)] = \frac{\partial [L_f^k h(x)]}{\partial x} \cdot g(x) \tag{6.78}$$

又定义：

$$L_f^0 h(x) = h(x) \tag{6.79}$$

同理：

$$L_g^0 h(x) = h(x) \tag{6.80}$$

上标"0"意味着不求导，因为 $L_f h(x) = L_f [L_f^0 h(x)]$ 适合递归公式。

6.4.2　模型预测控制基本原理

预测控制理论的基本原理可以描述为：已知当前时刻 k 的输出值 $y(k)$，根据某个可以预测未来时刻动态的模型，和该预测时域 p 中的控制输入 $U(k)$，同时，满足系统的约束条件，包括控制约束 $u(k+i)$ 和输出约束 $y(k+i)$，预测出起始于 $y(k)$ 的将来一段时间的输出，即

$$\{y_p(k+1 \mid k), y_p(k+2 \mid k), \cdots, y_p(k+p \mid k)\} \tag{6.81}$$

系统的控制目标是使预测输出 $y(\cdot)$ 能够达到给定的输出 $y_d(\cdot)$，d 表示期望。因此，需要给出一个性能指标，也就是使预测输出与给定输出之间的误差能够最小，以使预测输出能够尽可能的接近期望输出，也就是求得最佳控制输入 $U(k)$ 的过程。

即可以表示为如下所示的优化控制问题：

$$\min_{U_k} J [y(k), U(k)] \tag{6.82}$$

满足系统模型和约束条件（控制约束和输出约束）：

$$u_{\min} \leqslant u(k+i) \leqslant u_{\max}, \ i \geqslant 0 \tag{6.83}$$

$$y_{\min} \leqslant y(k+i) \leqslant y_{\max}, \ i \geqslant 0 \tag{6.84}$$

求解出 k 时刻的最优解：

$$U_m = \{u(k \mid k), u(k+1 \mid k), \cdots, u(k+m-1 \mid k)\} \tag{6.85}$$

显然，最优解 U_m 是当前输出值 $y(k)$ 的函数。

模型预测控制算法的主旨是依据滚动时域，通过模型预测、滚动优化和反馈校正的工作机理计算出当前时刻和未来时刻的控制输入，以使未来动态满足设定的期望值。因此，上述 3 个工作机理形成模型预测控制理论的 3 个特点[17-18]：

（1）预测模型

模型预测控制是依据模型的方法，此模型就是能够描述系统动态活动的预测模型。

模型要能够体现出在预测控制算法中的作用，能由之前发生过的状态信息预测出未来即将发生的输出状态，因此模型被称作预测模型。通常包括有卷积模型、脉冲响应模型、模糊模型、人工神经网络模型和混沌模型，只要是能够具有预测模型的特点，能够预测未来一段时刻的模型都可以作为预测模型。

（2）**滚动优化**

预测控制需要通过求解每一个采样时刻的优化问题得到控制输入，因此预测控制是一种优化控制。然而，预测控制不是采用一个贯穿整个过程的不变的优化性能指标，是通过时间向前滚动式的有限时域的优化策略。在每一个预测时域，通过该时域内的性能指标求解出控制输入，选取该时域内的控制输入序列的第一个分量 $u^*(k \mid k)$ 作为系统的控制输入，在下一时刻，将系统的输出值替换为新求出的输出值，重新作用于系统再次预测未来时刻新的输出，求出新的控制输入，以此类推，在线优化，滚动求解。

（3）**反馈校正**

预测控制方法求解出的是开环问题的解，然而，根据上一节中模型预测控制的基本原理，将每个采样时刻求出的控制输入的第一个值作用于系统，也就是，在 k 时刻的控制输入是 $u^*(k \mid k)$，求解优化问题的已知条件是当前时刻的输出值 $y(k)$，所以求解出的优化输入值是与输出值 $y(k)$ 有关的，是 $y(k)$ 的函数，即使对函数的具体形式不甚了解，但已经可以得出这是一个反馈求解问题的结论。并且，通过预测输出和实际的输出之间的误差可以进行校正，这就是反馈校正。

模型预测控制算法多种多样，一般分为三大类[19]：

1）基于非参数模型的预测控制算法；

2）基于参数模型的预测控制算法；

3）基于结构化的预测控制算法。

解析模型预测控制算法是一种广义预测控制，属于上述分类中的第二大类，是一种将自适应控制与预测控制结合的控制算法，能够对预测模型的输出误差做到及时修正。然而，大多数预测控制算法是基于离散系统展开研究的，离散时间广义预测控制有几个缺点：不能确保全局最优解，不能确保闭环系统的稳定性等[20]。连续时间广义预测控制对外界扰动和参数设动具有更强的鲁棒性和自适应能力，然而，反馈线性化的广义模型预测控制算法中，控制阶次为零导致系统输出的泰勒阶次展开的次数不能过高，最大阶次只能是系统的相关度，进而影响控制系统的精度。解析模型预测控制算法能够解决上述问题，预测输出的泰勒展开阶次是相关度和控制阶次的和[21]，解除了展开阶次的限制，提升了控制系统的精度。同时，解析模型预测控制算法有以下优点：可以以解析解的形式求出预测控制算法，不需要在线优化，大大节省了计算量，并且保证了闭环系统的稳定性[22]。

对于 SISO 的非线性系统[23]：

$$\begin{cases} \dot{\boldsymbol{x}} = f(\boldsymbol{x}) + g(\boldsymbol{x})u \\ y = h(\boldsymbol{x}) \end{cases} \tag{6.86}$$

其中，$\boldsymbol{x} \in R^n$，$u \in R$，$y \in R$ 分别表示单输入单输出非线性系统的状态变量、控制输入和输出，$f(x)$，$g(x)$，$h(x)$ 都是向量函数，满足在定义域上足够光滑。根据李导数的定义，则 h 沿 f 的李导数定义为：

$$L_f h = \nabla h \cdot f(\boldsymbol{x}) = \frac{\partial h}{\partial \boldsymbol{x}} \cdot f(\boldsymbol{x}) \tag{6.87}$$

也就是函数 h 沿向量场 f 的李导数就是 h 在向量场 f 方向上的梯度。

高阶的李导数为：

$$L_f^i h = L_f(L_f^{i-1} h) = \nabla(L_f^{i-1} h) \cdot f(\boldsymbol{x}) \tag{6.88}$$

其中，有 $i = 1, 2, \cdots$，并且，$L_f^0 h = h$。

如果 g 是另一个向量场，那么 $L_g L_f h$ 定义为：

$$L_g L_f h = \nabla(L_f h) \cdot g = \frac{\partial L_f h}{\partial \boldsymbol{x}} \cdot g(\boldsymbol{x}) \tag{6.89}$$

设 f 和 g 都是 $\boldsymbol{R}^n$ 中的向量场函数，则有 f 和 g 的李括号定义为：

$$[f, g] = \frac{\partial g}{\partial \boldsymbol{x}} \cdot f(\boldsymbol{x}) - \frac{\partial f}{\partial \boldsymbol{x}} \cdot g(\boldsymbol{x}) = \nabla g \cdot f(\boldsymbol{x}) - \nabla f \cdot g(\boldsymbol{x}) \tag{6.90}$$

李括号 $[f, g]$ 一般可以写作 $ad_f g$。

高阶李括号的定义是：

$$ad_f^i g = [f, ad_f^{i-1} g] \tag{6.91}$$

其中，有 $i = 1, 2, \cdots$，并且，$ad_f^0 g = g$。

根据（6.86）所表示的系统，定义如下：

$$\dot{y} = \frac{\partial h}{\partial \boldsymbol{x}} [f(\boldsymbol{x}) + g(\boldsymbol{x})u] \underline{\underline{def}} L_f h(\boldsymbol{x}) + L_g h(\boldsymbol{x})u \tag{6.92}$$

假设对于式（6.71）所示的非线性系统，在平衡点 $\boldsymbol{x}^o$ 处存在 $f(\boldsymbol{x}^o) = 0$，$g(\boldsymbol{x}^o) \neq 0$，那么可以认为当此系统在平衡点 $\boldsymbol{x}^o$ 处时，它的控制输入可以是 $u = 0$。

一般的，给出系统在平衡点 $\boldsymbol{x}^o$ 处的一个相对阶定义，记作 r，那么当这个系统符合下列所示的要求：

1）$L_g L_f^k h(\boldsymbol{x}) = 0$，对 $\boldsymbol{x}^o$ 的一个领域内的所有 $\boldsymbol{x}$ 均成立，$k = 0, 1, 2, \cdots, r-2$；

2) $L_g L_f^{r-2} h(\boldsymbol{x}^o) \neq 0$。

条件 1) 描述的是系统在 $\boldsymbol{x}^o$ 的任一邻域下的相对阶是 r。假设系统在 $\boldsymbol{x}^o$ 符合 $L_g L_f^{r-1} h(\boldsymbol{x}^o) = 0$，且在其随机非常小的一个领域内存在一点满足 $L_g L_f^{r-1} h(\boldsymbol{x}) \neq 0$，则平衡点 $\boldsymbol{x}^o$ 就是系统的奇异点。

在模型预测控制算法中，应给出一个综合反映最优的性能指标，考虑到各个方面的作用，为了实现连续时间条件下的模型预测控制算法，而不是将其应用在离散系统上，同时考虑到作用在系统上的其他各个方面，这里给出以下较综合的性能指标：

$$J[\boldsymbol{x}(t), \bar{\boldsymbol{u}}(\cdot)] = \| \bar{\boldsymbol{y}}(t+T) - \boldsymbol{y}_d(t+T) \|_{\boldsymbol{P}}^2 +$$

$$\int_t^{t+T} [\| \bar{\boldsymbol{y}}(\tau) - \boldsymbol{y}_d(\tau) \|_{\boldsymbol{Q}}^2 + \| \bar{\boldsymbol{u}}(\tau) \|_{\boldsymbol{R}}^2] \mathrm{d}\tau \tag{6.93}$$

式中：$\boldsymbol{P}$、$\boldsymbol{Q}$、$\boldsymbol{R}$——正定加权矩阵；

$\bar{\boldsymbol{y}}(t+T)$、$\boldsymbol{y}_d(t+T)$——时间段 $[t, t+T]$ 中的预测值和期望值；

$\bar{\boldsymbol{y}}(\tau)$、$\boldsymbol{y}_d(\tau)$ 和 $\bar{\boldsymbol{u}}(\tau)$——时间段 $[t, t+T]$ 中的预测值、期望值和控制输入。

在此给出模型预测控制算法中较能全面反映滚动时域优化的性能指标：

$$J = \frac{1}{2}\mu_1 [\hat{\boldsymbol{y}}(t+T) - \hat{\boldsymbol{y}}_d(t+T)]^{\mathrm{T}} [\hat{\boldsymbol{y}}(t+T) - \hat{\boldsymbol{y}}_d(t+T)] +$$

$$\frac{1}{2}\int_0^T \{\mu_2 [\hat{\boldsymbol{y}}(t+\tau) - \hat{\boldsymbol{y}}_d(t+\tau)]^{\mathrm{T}} [\hat{\boldsymbol{y}}(t+\tau) - \hat{\boldsymbol{y}}_d(t+\tau)] + \mu_3 \hat{\boldsymbol{u}}^{\mathrm{T}}(t+\tau)\hat{\boldsymbol{u}}(t+\tau)\} \mathrm{d}\tau$$

$$\tag{6.94}$$

其中 μ_1、μ_2、μ_3 都是正常数或为零，一般情形下，μ_1、μ_3 的值可以是零，分别代表输出终端约束和控制输入在性能指标 J 中所占的权值，然而 μ_2 则为正数，表示跟踪误差在性能指标中占的权值。预测周期是 T，$\hat{\boldsymbol{y}}(t+\tau)$ 为系统在某个时域 $\tau \in [0, T]$ 内的预测输出，$\hat{\boldsymbol{y}}_d(t+\tau)$ 为在某个时域 $\tau \in [0, T]$ 内的期望输出。在时域 $[t, t+T]$ 中可以将方程写为：

$$\begin{cases} \dot{\hat{\boldsymbol{x}}}(t+\tau) = f[\hat{\boldsymbol{x}}(t+\tau)] + g[\hat{\boldsymbol{x}}(t+\tau)]\hat{\boldsymbol{u}}(t+\tau) \\ \hat{\boldsymbol{y}}(t+\tau) = h[\hat{\boldsymbol{x}}(t+\tau)] \end{cases} \quad \tau \in [0, T] \tag{6.95}$$

其中，$\hat{\boldsymbol{x}}(t+\tau)$ 的初值可以设为：

$$\hat{\boldsymbol{x}}(t+\tau) = \boldsymbol{x}(t) \quad \tau = 0 \tag{6.96}$$

模型预测控制器设计的基本思想是，在式（6.83）和式（6.84）的约束条件下，将性能指标 J 最小化，可以得到控制的最优输入 $\hat{\boldsymbol{u}}(t+\tau)$，$\tau \in [0, T]$，将文字转换成数学语言，可用式（6.97）表示：

$$\min_{\hat{\boldsymbol{u}}(t)} J \tag{6.97}$$

根据预测控制总体思想及其基本特点，因为预测控制的滚动优化，一般系统的控制输入是各个采样时刻中的第一个分量，并不是 $\tau \in [0, T]$ 中的所有控制序列，只是每个时段中控制输入的初始值。所以，控制系统实际的控制输入 $\boldsymbol{u}(t)$，可以由通过性能指标 J 最小化后得到的最优控制输入量 $\hat{\boldsymbol{u}}(t+\tau)$ 的初值表示，如式（6.98）：

$$\boldsymbol{u}(t) = \hat{\boldsymbol{u}}(t+\tau) \quad \tau = 0 \tag{6.98}$$

综上，在上述 MPC 控制算法中，系统的控制输入 $\boldsymbol{u}(t)$ 取值总是秉承着使性能指标 J 最小，并且只关注 $\hat{\boldsymbol{u}}(t+\tau)$ 的初始值；因为在工程实践中，控制输入 $\boldsymbol{u}(t)$ 在每个时间域一般是常值，所以给出如下假设[24]：

控制输入在滚动时域 $[t, t+T]$ 内假设为一个常值，即

$$\hat{\boldsymbol{u}}(t+\tau) = \boldsymbol{u}(t) = \text{const} \quad \tau \in [0, T] \tag{6.99}$$

因此，可以得出在滚动时域 $[t, t+T]$ 下控制量 $\hat{\boldsymbol{u}}$ 的各阶导数都等于零的结论。

因为将性能指标 J 最小化，可以求出最优控制输入 $\hat{\boldsymbol{u}}$，得到模型预测控制算法的最优控制律，所以，可以将性能指标 J 求导并令其等于零，求出极小值点，以此得到控制输入的解析解。因为求导计算量太大，为控制律的求解造成一定的困难，因此先对时域 $[t, t+T]$ 内的期望值和虚拟预测值进行一定阶的泰勒展开。

系统的预测值 $\hat{\boldsymbol{y}}(t+\tau)$ 和期望值 $\hat{\boldsymbol{y}}_d(t+\tau)$ 的泰勒展开为：

$$\hat{\boldsymbol{y}}(t+\tau) = \boldsymbol{\tau}^{\mathrm{T}}(\tau)\hat{\boldsymbol{y}}(t) \tag{6.100}$$

$$\hat{\boldsymbol{y}}_d(t+\tau) = \boldsymbol{\tau}^{\mathrm{T}}(\tau)\hat{\boldsymbol{y}}_d(t) \tag{6.101}$$

其中，式中各项表示分别为：

$$\hat{\boldsymbol{y}}(t+\tau) = \begin{bmatrix} \hat{\boldsymbol{h}}_1(t+\tau) & \hat{\boldsymbol{h}}_2(t+\tau) & \cdots & \hat{\boldsymbol{h}}_l(t+\tau) \end{bmatrix}^{\mathrm{T}} \tag{6.102}$$

$$\hat{\boldsymbol{y}}_d(t+\tau) = \begin{bmatrix} \hat{\boldsymbol{h}}_{1d}(t+\tau) & \hat{\boldsymbol{h}}_{2d}(t+\tau) & \cdots & \hat{\boldsymbol{h}}_{ld}(t+\tau) \end{bmatrix}^{\mathrm{T}} \tag{6.103}$$

$$\boldsymbol{\tau}(\tau) = \begin{bmatrix} \boldsymbol{\tau}_1 & & & & \\ & \boldsymbol{\tau}_2 & & & \\ & & \boldsymbol{\tau}_3 & & \\ & & & \boldsymbol{\tau}_4 & \\ & & & & \boldsymbol{\tau}_5 \end{bmatrix}, \quad \boldsymbol{\tau}_1 = \boldsymbol{\tau}_2 = \boldsymbol{\tau}_3 = \boldsymbol{\tau}_4 = \boldsymbol{\tau}_5 = \begin{bmatrix} 1 & \tau & \cdots & \dfrac{\tau^N}{N!} \end{bmatrix}^{\mathrm{T}} \tag{6.104}$$

$$\hat{\boldsymbol{y}}(t) = \begin{bmatrix} \hat{\boldsymbol{h}}_1(t) & \dot{\hat{\boldsymbol{h}}}_1(t) & \cdots & \hat{\boldsymbol{h}}_1^{[N]}(t) & \cdots & \hat{\boldsymbol{h}}_5(t) & \dot{\hat{\boldsymbol{h}}}_5(t) & \cdots & \hat{\boldsymbol{h}}_5^{[N]}(t) \end{bmatrix}^{\mathrm{T}} \tag{6.105}$$

$$\hat{y}_d(t)=\begin{bmatrix}\hat{h}_{1d}(t) & \hat{h}_{1d}(t) & \cdots & \hat{h}_{1d}{}^{[N]}(t) & \cdots & \hat{h}_{5d}(t) & \hat{h}_{5d}(t) & \cdots & \hat{h}_{5d}{}^{[N]}(t)\end{bmatrix}^{\mathrm{T}}$$

$$\tag{6.106}$$

其中，$\hat{h}_j^{[i]}(t)$，$\hat{h}_{jd}^{[i]}(t)$，$i=0$，$\cdots$，N，$j=1$，$\cdots$，L 各自代表预测 $\hat{h}_j(t)$ 及期望输出 $\hat{h}_{jd}(t)$ 的 i 阶次对时间的导数，N 表示泰勒展开的阶次。

性能指标 J 的泰勒级数展开式是：

$$J=\frac{1}{2}\left[\hat{\boldsymbol{y}}(t)-\hat{\boldsymbol{y}}_d(t)\right]^{\mathrm{T}}M\left[\hat{\boldsymbol{y}}(t)-\hat{\boldsymbol{y}}_d(t)\right]+\frac{1}{2}\mu_3 T\hat{\boldsymbol{u}}(t)^{\mathrm{T}}\hat{\boldsymbol{u}}(t) \tag{6.107}$$

式中，

$$M=\mu_1\boldsymbol{\tau}(T)\boldsymbol{\tau}^{\mathrm{T}}(T)+\mu_2\int_0^T\boldsymbol{\tau}(\tau)\boldsymbol{\tau}^{\mathrm{T}}(\tau)\mathrm{d}\tau \tag{6.108}$$

综上，式（6.97）所表述的就是将式（6.107）对控制输入 $\hat{\boldsymbol{u}}(t)$ 求导，之后让求得的导数等于零，即

$$\left[\frac{\partial\hat{\boldsymbol{y}}(t)}{\partial\hat{\boldsymbol{u}}(t)}\right]^{\mathrm{T}}M\left[\hat{\boldsymbol{y}}(t)-\hat{\boldsymbol{y}}_d(t)\right]+\mu_3 T\hat{\boldsymbol{u}}(t)=0 \tag{6.109}$$

以此式求出 $\hat{\boldsymbol{u}}(t)$ 的值，即为模型预测控制的控制律。

6.5 反应堆协调控制方法

船舶核动力装置在剧烈的瞬态工况和故障工况下自动控制效果差，需要操作员采用手动控制和自动控制相结合的方式。本章开展了协调控制关键技术和智能控制关键技术研究。提出协调控制策略，模拟手动控制和自动控制结合的控制方式，解决单一控制算法无法满足控制需求的问题；研究协调控制方法，解决操作员手动/自动控制的切换时机难以获取的问题；提出具有快速调节能力的智能控制算法，解决操作员手动控制难以取代的问题；研究具有无差调节能力的智能控制算法，替代传统的 PID 控制器。

6.5.1 协调控制方法

（1）协调控制策略

针对单一控制算法无法在剧烈的瞬态工况和故障工况下满足控制需求的问题，本文提出了一种分层递阶的协调控制策略，借鉴了传统核动力装置手动控制和自动控制相结合的思想，采用快速调节控制器模拟手动控制，采用无差调节控制器实现自动控制，通过

协调控制器产生两种底层控制器的切换指令，即模拟了手动/自动控制相互切换的过程。

以一体化压水堆类型的小型模块化反应堆为例，协调控制策略如图 6.8 所示，包括一个协调控制器和用于每个子系统的两组底层控制器。为了达到控制目标，协调控制器使用模糊逻辑方法生成底层控制器切换指令，并由底层控制器执行特定的控制动作。本文设计了两种优势互补的底层控制器，分别为快速调节控制器和无差调节控制器。快速调节控制器使被控量快速、平稳地接近控制目标，这一过程的超调量很小甚至无超调，快速调节控制器没有积分环节，是一种有差调节控制器；当被控量接近控制目标后，采用无差调节控制器使被控量与控制目标吻合，从而实现高精度的无差调节。这两组底层控制器分别用于 3 个控制子系统，分别为反应堆功率控制子系统、稳压器压力控制子系统和给水控制系统。协调控制器的输出是 3 个子控制系统的两组底层控制器的实时切换指令，这意味着将根据当前的工作条件选择更合适的底层控制器来执行控制动作。

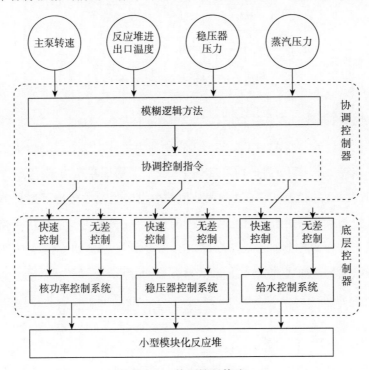

图 6.8　协调控制策略

协调控制器监测主泵转速、堆芯进出口温度、稳压器压力以及蒸汽压力，采用模糊逻辑方法得到协调控制指令，用以指引反应堆功率控制子系统、稳压器压力控制子系统和给水控制系统对快速调节控制器和无差调节控制器的切换。两种底层控制器优势互补，通过两种控制器的合理切换可实现瞬态过程的快速、平稳调节。这种协调控制策略对于正常工况下平缓的工况转换的作用不大，传统的 PID 控制方法也能取得较好的控制效果，但对于短时间内急剧变化的工况转换过程，特别是在剧烈的瞬态工况和故障工况下，这种协调控制策略能够明显优于传统的控制方法。

（2）基于模糊逻辑方法的协调控制方法

针对操作员手动/自动控制的切换时机难以获取的问题，提出了基于模糊逻辑方法的协调控制方法，将操作员的操作经验凝练为模糊规则，采用模糊逻辑方法进行模糊推理，模拟了操作员的手动/自动控制切换过程。

基于模糊逻辑的协调控制方法结构如图 6.9 所示，包括输入参数、模糊器、模糊规则库、模糊推理机、解模糊器和输出参数[25]，模糊逻辑将运行经验作为关键的知识储备，在输入参数选择和模糊规则库设计过程起到了决定性的作用。

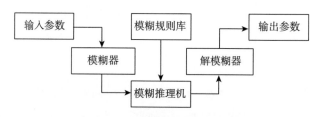

图 6.9　模糊逻辑方法结构

1）输入和输出参数

根据操作运行经验，将瞬态工况转换过程中最为关注的参数作为输入参数，输入参数包括核功率偏差 Δn、冷却剂平均温度偏差 ΔT_{av}、稳压器压力偏差 ΔP_p、给水流量偏差 ΔG_w、蒸汽压力偏差 ΔP_s，这些偏差值均由设定值减去传感器测量值得到。输出参数为 3 个子控制系统的两组底层控制器的切换指令，分别为反应堆功率控制器切换指令 CTR_{cr}、稳压器压力控制器切换指令 CTR_{prz}、给水控制器切换指令 CTR_{fw}。对输入参数进行数据标准化，如式（6.110）和式（6.111）所示：

$$x_i^* = \frac{x_{i,\min}^* + x_{i,\max}^*}{2} + k_i(x_i - \frac{x_{i,\min} + x_{i,\max}}{2}) \tag{6.110}$$

$$k_i = \frac{x_{i,\max}^* - x_{i,\min}^*}{x_{i,\max} - x_{i,\min}} \tag{6.111}$$

式中：x_i^*、$x_{i,\min}^*$、$x_{i,\max}^*$——标准化后的实际值、最小值、最大值；

x_i、$x_{i,\min}$、$x_{i,\max}$——标准化前的实际值、最小值、最大值；

k_i——比例因子。

2）模糊器

模糊器可以定义为标准化的输入参数 x_i^* 到模糊集 U 上的映射，表示为 $x_i^* \in U \subset R^n$，考虑到来自传感器的输入信号受到噪声干扰，采用高斯模糊器来克服这种干扰。

隶属度函数可以通过 t-范数定义为：

$$\mu_{A'}(x) = t\left[e^{-\left(\frac{x_1-x_1^*}{a_1}\right)^2}, \cdots, e^{-\left(\frac{x_i-x_i^*}{a_i}\right)^2}\right] \tag{6.112}$$

式中：a_i——描述数据分布的分散程度的正常数。

为了简化后续计算，选择了代数积运算符，式（6.112）可以进一步表示为：

$$\mu_{A'}(x) = e^{-\left(\frac{x_1-x_1^*}{a_1}\right)^2} \times \cdots \times e^{-\left(\frac{x_i-x_i^*}{a_i}\right)^2} \tag{6.113}$$

3）模糊规则库

模糊规则库由 M 条 IF-THEN 规则组成，第 l 条模糊规则 R_u^l 可表示为：

IF x_1 is A_1^l AND$\cdots$AND x_{n_1} is $A_{n_1}^l$，THEN y_1 is $B_{l,1}$ AND$\cdots$AND y_{n_2} is B_{l,n_2}

$$\tag{6.114}$$

式中：l——模糊规则数量，$l = 1, 2, \cdots, M$；

A_i^l——输入模糊集 U_i 的模糊子集；

B_i^l——输出模糊集 V_i 的模糊子集；

x_i——输入参数的语言变量；

y_i——输出参数的语言变量；

n_1——输入模糊子集的个数；

n_2——输出模糊子集的个数。

可以将多输入多输出规则分解为多个多输入单输出规则，可以将其写为：

$$R_u^{l,1}: \text{ IF } x_1 \text{ is } A_1^l \text{ AND}\cdots\text{AND } x_{n_1} \text{ is } A_{n_1}^l, \text{ THEN } y_1 \text{ is } B_{l,1}$$

$$\vdots \tag{6.115}$$

$$R_u^{l,n_2}: \text{ IF } x_1 \text{ is } A_1^l \text{ AND}\cdots\text{AND } x_{n_1} \text{ is } A_{n_1}^l, \text{ THEN } y_{n_2} \text{ is } B_{l,n_2}$$

并非所有的输入变量都与输出变量相关，仅仅特定的若干个输入变量与相应的输出变量相关，反应堆功率控制器切换指令 CTR_{cr} 通过核功率偏差 Δn、冷却剂平均温度偏差 ΔT_{av}、蒸汽压力偏差 ΔP_s 计算，稳压器压力控制器切换指令 CTR_{prz} 通过冷却剂平均温度偏差 ΔT_{av}、稳压器压力偏差 ΔP_p 计算，给水控制器切换指令 CTR_{fw} 通过核功率偏差 Δn、给水流量偏差 ΔG_w、蒸汽压力偏差 ΔP_s 计算。采用 3 个语言变量值描述输入语言变量，分别为正（P）、零（Z）、负（N），输出的控制模式包括快速控制（rapid control，RC）和无差控制（floating control，FC）两种控制模式，反应堆功率控制子系统、稳压器压力控制子系统、给水控制子系统的协调规则根据运行经验制定。

4）模糊推理机

模糊规则库由 M 条规则组成，第 l 条规则下第 i 个语言变量在其对应的模糊集下的隶属度函数可表示为：

$$\mu_{A_i^l}(x_i) = \mathrm{e}^{-\left(\frac{x_i - \bar{x}_i^l}{\sigma_i}\right)^2} \tag{6.116}$$

式中：$\mu_{A_i^l}(x_i)$——第 l 条规则下第 i 个语言变量在其对应的模糊集下的隶属度函数；

$\bar{x}_i^l$——使隶属度函数取得最大值的点，当语言变量分别为 N、Z、P 时，$\bar{x}_i^l$ 分别为 -1、0、1；

σ_i——描述数据分布的离散程度。

$A_1^l \times \cdots \times A_n^l$ 是输入模糊集 $U = U_1 \times \cdots \times U_2$ 上的模糊关系，其隶属度函数表示为：

$$\mu_{A_1^l \times \cdots \times A_n^l}(x_1, \cdots, x_n) = \mu_{A_1^l}(x_1) \times \cdots \times \mu_{A_n^l}(x_n) \tag{6.117}$$

模糊规则 IF$\langle FP_1 \rangle$THEN$\langle FP_2 \rangle$ 可以在 Mamdani 定义中解释为 $U \times V$ 的模糊关系，将 $A_1^l \times \cdots \times A_n^l$ 作为 FP_1，将 $B_{l,i}$ 作为 FP_2，则第 l 条规则下第 i 个输出变量的隶属度函数可表示为：

$$\mu_{R_u^{l,i}}(x, y) = \mu_{FP_1}(x) \mu_{FP_2}(y) \tag{6.118}$$

对于一个在 U 上的给定的模糊集 A'，根据每个规则的广义推论，第 j 个输出模糊集 B'_j 的隶属度函数为：

$$\mu_{B'_l}(y_j) = \sup_{x \in U} t \left[\mu_{A'}(x) \mu_{R_u^{l,j}}(x, y_j) \right] \tag{6.119}$$

其中，$j = 1, 2, \cdots, n_2$。

模糊推理机的输出是 M 个模糊规则的组合，可表示为：

$$\mu_{B'_l}(y_j) = \mu_{B'_{1,j}}(y_j) \dot{+} \cdots \dot{+} \mu_{B'_{M,j}}(y_j) \tag{6.120}$$

其中，$\dot{+}$ 为 s 范数。

采用乘积推理机，则 t 范数表示代数积算子，s 范数表示 max 算子，联立式（6.117）～式（6.120），可得：

$$\mu_{B'_l}(y_j) = \max_{l=1, \cdots, M} \left\{ \sup_{x \in U} \left\{ \mu_{A'}(x) \left[\prod_{i=1}^{n_1} \mu_{A_i^l}(x_i) \right] \mu_{B_l}(y_j) \right\} \right\} \tag{6.121}$$

将式（6.113）和式（6.116）代入式（6.120），可得：

$$\mu_{B'_l}(y_j) = \max_{l=1, \cdots, M} \left[\sup_{x \in U} \prod_{i=1}^{n_1} \mathrm{e}^{-\left(\frac{x_i - x_i^*}{a_i}\right)^2} \mathrm{e}^{-\left(\frac{x_i - \bar{x}_i^l}{\sigma_i}\right)^2} \mu_{B_l}(y_j) \right]$$

$$= \max_{l=1, \cdots, M} \left[\prod_{i=1}^{n_1} \sup_{x \in U} \mathrm{e}^{-\left(\frac{x_i - x_i^*}{a_i}\right)^2} \mathrm{e}^{-\left(\frac{x_i - \bar{x}_i^l}{\sigma_i}\right)^2} \mu_{B_l}(y_j) \right] \tag{6.122}$$

$$-\left(\frac{x_i - x_i^*}{a_i}\right)^2 - \left(\frac{x_i - \bar{x}_i^l}{\sigma_i}\right)^2 = -k_1 \left(x_i - \frac{a_i^2 \bar{x}_i^l + (\sigma_i^l)^2 x_i^*}{a_i^2 + (\sigma_i^l)^2}\right)^2 + k_2 \tag{6.123}$$

$$x_{iP} = \frac{a_i^2 \bar{x}_i^l + (\sigma_i^l)^2 x_i^*}{a_i^2 + (\sigma_i^l)^2} \qquad (6.124)$$

其中，k_1 和 k_2 为与 x_i 不相关的量，因此 $\sup\limits_{x \in U}$ 算子在 x_{iP} 出取得最大值。

式（6.122）可进一步整理为：

$$\mu_{B'_l}(y_j) = \max_{l=1,\cdots,M} \left[\prod_{i=1}^{n_1} e^{-\left(\frac{x_{iP}-x_i^*}{a_i}\right)^2} e^{-\left(\frac{x_{iP}-\bar{x}_i^l}{\sigma_i}\right)^2} \mu_{B_l}(y_j) \right] \qquad (6.125)$$

5）解模糊器

频繁的控制器切换会影响控制性能，选择具有连续输出的中心平均解模糊器可避免不必要的控制器切换，定义 y^* 为使式（6.125）获得 V 上加权中心平均值的点，可表示为：

$$y^* = \frac{\sum\limits_{l=1}^{M} \bar{y}^l \omega^l}{\sum\limits_{l=1}^{M} \omega^l} \qquad (6.126)$$

其中，$\bar{y}^l$ 和 ω^l 分别为第 l 个模糊集的中心和高度；根据模糊规则，当控制模式为 RC 或 FC 时，$\bar{y}^l$ 为 -1 或 1；ω^l 为式（6.125）中 $\mu_{B_l}(y_j)$ 的系数。

因此，当 $y^* \in [-1, 0]$ 时，控制模式为 RC，当 $y^* \in [0, 1]$ 时，控制模式为 FC。

6.5.2　快速调节控制器在反应堆中的应用

针对操作员手动控制过程难以替代的问题，研究了快速调节控制器。快速调节控制器作为一种底层控制器，其控制目标是使被控参数快速接近控制目标值，避免由一二回路功率不匹配或设备故障造成反应堆关键参数超出运行限制条件，本节提出了两种具有快速调节能力的智能控制算法，分别为基于多层感知器和粒子群优化（Multi-layer Perceptron and Particle Swarm Optimization，MLP-PSO）算法的控制器、模糊控制器，给出了这两种控制器的工作原理，并进行了控制性能的对比分析。

（1）模糊控制器在反应堆中的应用

1）模糊控制算法

模糊控制模拟了操作员手动控制的过程，可以抑制较大的被控量偏差引起的超调。首先将操作员观测的参数作为输入参数，然后将观测参数的数值转化为定性的语言变量描述，进而根据运行经验建立模糊规则库，形成输入参数的语言变量与控制器输出的语言变量的映射关系，采用推理机调用模糊规则库的知识，从而确定控制器的输出，并将输出值转换为可被执行器识别并正确执行的输出信号。

这里的模糊控制器与基于模糊逻辑的协调控制器具有一些相同点，包括相同的数据标准化方式和解模糊器。根据式（6.88）和式（6.89），将输入参数转换为值域 $[-1, 1]$ 的标准化值 e_1 和 e_2，输入参数一般为偏差或偏差变化率，采用高斯模糊器对输入参数进行模糊化，e_1 和 e_2 具有 M_0 个语言变量，第 m 个语言变量的隶属度函数可表示为：

$$\mu_{e_i^m} = e^{-\left(\frac{e_i - \overline{e_i^m}}{b_i}\right)^2} \tag{6.127}$$

其中，$i = 1, 2$；$\overline{e_i^m} = -1 + \dfrac{2(m-1)}{M_0 - 1}$；$b_i$ 为正常数。

e_1 或 e_2 的隶属度分布可以定义为如式（6.128）所示矩阵：

$$E_i = [\mu_{e_i^1}, \ \mu_{e_i^2}, \ \cdots, \ \mu_{e_i^{M0}}] \tag{6.128}$$

语言变量用于描述实际参数的状态，采用 5 个语言变量定性描述输入变量，分别为负大（NL）、负小（NS）、零（Z）、正小（PS）、正大（PL），并按照此顺序定义语言变量的序号 m，各语言变量中心点的标准化值分别为 -1、-0.5、0、0.5、1。对于 e_1 和 e_2 两个输入变量，可形成 25 条模糊规则，鉴于各条规则的输出可能呈非线性关系，因而简化了设置输出参数语言变量的过程，将具体的标准化数值作为模糊规则的输出，如 IF e_1 is PL and e_2 is PL，$y_{m,n}$ is -1，$y_{m,n}$ 为第 m 个语言变量和第 n 个语言变量对应模糊规则的输出。

为保证连续的控制量输出，采用中心平均解模糊器，标准化的控制量输出可表示为：

$$y^* = \frac{\displaystyle\sum_{m=1}^{M_0}\sum_{n=1}^{M_0}(\mu_{e_1^m}\mu_{e_2^n}y_{m,n})}{\displaystyle\sum_{m=1}^{M_0}\sum_{n=1}^{M_0}(\mu_{e_1^m}\mu_{e_2^n})} \tag{6.129}$$

将值域为 $[-1, 1]$ 的标准化输出 y^* 转化为子控制系统的实际输出，从而实现控制过程。

2）反应堆中典型控制系统的模糊控制器

将模糊控制器分别应用于反应堆功率控制子系统、稳压器压力控制子系统和给水控制子系统。

①反应堆功率控制子系统

对于反应堆功率控制子系统，其输入参数 e_1 和 e_2 分别为核功率偏差和冷却剂平均温度偏差，由于采用"堆跟机"的运行模式，核功率设定值为蒸汽流量，反应堆功率控制子系统一方面要跟踪二回路负荷，另一方面要跟踪冷却剂平均温度设定值的变化，核功率偏差可表示为：

$$e_1 = k_n(G_s^* - n^*) \tag{6.130}$$

式中：k_n——归一化系数；

G_s^* ——归一化的蒸汽流量；

n^* ——归一化的核功率实际值。

冷却剂平均温度偏差可表示为：

$$e_2 = k_T(T_{av,0} - T_{av}) \qquad (6.131)$$

式中：k_T ——归一化系数；

$T_{av,0}$ ——冷却剂平均温度设定值，℃；

T_{av} ——冷却剂平均温度实际值，℃。

反应堆功率控制子系统的模糊规则如表 6.5 所示，考虑到反应堆功率控制的首要目的是控制冷却剂温度以保证堆芯安全，而跟踪二回路负荷类似于一个前馈信号，因此，反应堆功率控制的输出更多地取决于冷却剂平均温度偏差，将核功率偏差作为次要的输入参数。结合模糊规则，反应堆控制控制器归一化输出通过式（6.129）计算，考虑到实际系统的控制棒价值，实际反应性的值域是有限的，将值域为 [-1, 1] 的归一化反应性线性变换为实际值域，即为控制器的实际输出。

表 6.5　反应堆功率控制子系统模糊规则

e_1 ＼ e_2	NL	NS	Z	PS	PL
NL	-1	-0.625	-0.25	0.125	0.5
NS	-0.875	-0.5	-0.125	0.25	0.625
Z	-0.75	-0.375	0	0.375	0.75
PS	-0.625	-0.25	0.125	0.5	0.875
PL	-0.5	-0.125	0.25	0.625	1

2）稳压器压力控制子系统

对于稳压器压力控制子系统，其输入参数 e_1 和 e_2 分别为稳压器压力偏差和冷却剂平均温度偏差，稳压器压力控制子系统一方面要消除已有的压力偏差，另一方面冷却剂平均温度变化会改变冷却剂总体积，从而影响稳压器压力，因此还要监测冷却剂平均温度偏差。稳压器压力偏差如式（6.132）所示：

$$e_1 = k_p(P_{p,0} - P_p) \qquad (6.132)$$

式中：k_p ——归一化系数；

$P_{p,0}$ ——稳压器压力设定值，MPa；

P_p ——稳压器压力，MPa。

冷却剂平均温度偏差按式（6.131）计算。稳压器压力控制子系统的模糊规则如表 6.6 所示，以稳压器压力偏差为主参数，以冷却剂平均温度偏差为辅参数。通过式（6.132）

计算控制器输出，当输出为正时控制电加热器功率以升高压力，输出为 1 时电加热器满功率运行，当输出为负时控制喷淋阀开度以降低压力，输出为−1 时喷淋阀全开。

表 6.6　稳压器压力控制子系统模糊规则

e_1 ＼ e_2	NL	NS	Z	PS	PL
NL	−0.6	−0.7	−0.8	−0.9	−1
NS	−0.2	−0.3	−0.4	−0.5	−0.6
Z	0.2	0.1	0	−0.1	−0.2
PS	0.6	0.5	0.4	0.3	0.2
PL	1	0.9	0.8	0.7	0.6

3）给水控制子系统

对于给水控制子系统其输入参数 e_1 和 e_2 分别为蒸汽压力偏差和蒸汽压力偏差变化率，蒸汽压力偏差按式（6.133）计算：

$$e_1 = k_s(P_{s,0} - P_s) \tag{6.133}$$

式中：k_s——归一化系数；

　　　$P_{s,0}$——蒸汽压力设定值，MPa；

　　　P_s——蒸汽压力，MPa。

蒸汽压力偏差变化率可表示为：

$$e_1 = k_{ss}(\Delta P_s^{k+1} - \Delta P_s^k) \tag{6.134}$$

式中：k_{ss}——归一化系数；

　　　ΔP_s^{k+1}——$k+1$ 时刻稳压器压力偏差，MPa；

　　　ΔP_s^k——k 时刻稳压器压力偏差，MPa。

蒸汽压力控制子系统的模糊规则如表 6.7 所示，两个输入参数均为主要参数，控制器输出为给水流量的变化量，其值域可通过归一化的控制器输出线性变换得到实际给水流量输出。

表 6.7　给水控制系统模糊规则

e_1 ＼ e_2	NL	NS	Z	PS	PL
NL	−1	−0.75	−0.5	−0.25	0
NS	−0.75	−0.5	−0.25	0	0.25
Z	−0.5	−0.25	0	0.25	0.5
PS	−0.25	0	0.25	0.5	0.75
PL	0	0.25	0.5	0.75	1

（2）基于多层感知器和粒子群优化算法的控制器在反应堆中的应用

1）基于多层感知器和粒子群优化的控制算法

针对在剧烈的瞬态工况和故障工况初期需要快速调节的问题，借鉴了预测控制的思想，采用多层感知器预测特定控制动作下的被控量变化，避免了反应堆过于复杂而难以准确进行系统辨识的问题，采用改进的粒子群算法得到使被控量最优的特定控制动作，从而实现快速控制。

基于多层感知器和粒子群优化算法控制器的控制原理如图 6.10 所示，将多层感知器（MLP）作为预测模型，MLP 的输入为可能的控制器输出量 u_k、被控量 y、关键的状态参数 $v_1, \cdots, v_n$，输出量为相应的被控量的预测值 y_k，通过训练集对 MLP 预测模型进行训练，以提高其预测精度。改进的粒子群优化（PSO）算法通过迭代优化来获得使被控量的预测值 y_k 最优的控制器输出量，并将其作为控制器的实际输出量 u。

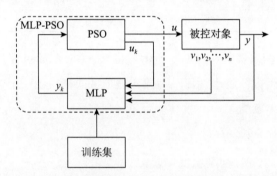

图 6.10 基于多层感知器和粒子群优化算法的控制器的控制流程

2）基于多层感知器和粒子群优化算法的控制器在反应堆控制中的应用

将基于多层感知器和粒子群优化算法的控制器应用于反应堆控制，首先要确定 MLP 预测模型和 PSO 优化模型的具体输入和输出参数，然后确定模型超参数的设置，最后建立 PSO 模型的目标函数。

MLP 模型输入参数如表 6.8 所示，输入参数为 k 时刻控制器输出量、被控量和状态量，将输入参数进行标准化处理，输出为 $k+1$ 时刻的被控量。对 MLP 模型的超参数进行重复迭代修改，从而得到使 MLP 模型预测性能最优的一组超参数，最终发现采用两层隐含层，隐含层节点数为 20 个和 8 个，并通过拟牛顿法求解权重因子时，MLP 模型预测性能最好。

表 6.8　MLP 模型的输入参数

参数类型	输入参数（k 时刻）	单位	标准化后值域
控制器输出	反应性		$[-1, 1]$
控制器输出	喷淋阀开度	％	$[-1, 0]$
控制器输出	电加热器功率	MW	$[0, 1]$
控制器输出	给水流量	kg/s	$[0, 1]$
被控量	冷却剂平均温度偏差	℃	$[-1, 1]$
被控量	稳压器压力偏差	MPa	$[-1, 1]$
被控量	蒸汽压力偏差	MPa	$[-1, 1]$
状态量	核功率	％ FP	$[0, 1]$
状态量	核功率偏差	％ FP	$[-1, 1]$
状态量	冷却剂平均温度	℃	$[0, 1]$
状态量	冷却剂流量	kg/s	$[0, 1]$
状态量	蒸汽流量	kg/s	$[0, 1]$

　　PSO 模型的输入输出参数如表 6.9 所示，将 $k+1$ 时刻的被控量作为输入参数，并建立目标函数，目标函数值越小越优，为使各被控量的都得到一定的优化，目标函数对输入参数取平方，可表示为：

$$f_{PSO} = (\Delta T_{av}^*)^2 + (\Delta P_p^*)^2 + (\Delta P_s^*)^2 \tag{6.135}$$

式中：ΔT_{av}^* ——标准化的冷却剂温度偏差；

　　　　ΔP_p^* ——标准化的稳压器压力偏差；

　　　　ΔP_s^* ——标准化的蒸汽压力偏差。

表 6.9　PSO 模型的输入输出参数

输入参数（$k+1$ 时刻）	输出参数（k 时刻）
冷却剂平均温度偏差	反应性
稳压器压力偏差	稳压器输出
蒸汽压力偏差	给水流量

　　PSO 模型的输出参数为各控制器输出量，由于控制稳压器压力的电热器和喷淋装置同时使用，当稳压器压力低于设定值时，电加热器工作而喷淋阀开度为零，当稳压器压力高于设定值时，喷淋阀打开而电加热器功率为零。因此将这两个控制器输出量合并为一个变量，称为稳压器输出，如式（6.136）所示：

$$prz_{out} = W_{eh}^* + V_{sp}^* \tag{6.136}$$

式中：prz_{out} ——稳压器输出；

W_{eh}^*——标准化的电热器功率；

V_{sp}^*——标准化的喷淋阀开度。

PSO 为优化模型，需要经历若干次迭代才能得到使目标函数最优的控制器输出，而迭代所需时间必须小于仿真程序计算的时间步长，因而对粒子数量和迭代次数有限制，为平衡优化时间和优化精度，通过重复迭代得到一组可行的超参数。

基于多层感知器和粒子群优化算法的控制器可同时用于反应堆功率控制子系统、稳压器压力控制子系统、给水控制子系统，若只用于单个控制子系统，可在 PSO 模型的输入和输出接口保留与该控制子系统相关的参数，并剔除无关参数。

6.5.3　无差调节控制器在反应堆中的应用

针对需要保留 PID 控制器以保证控制稳定性的需求，对 PID 控制器进行了改进，提出了基于反向传播神经网络的 PID 控制算法，将其作为无差调节控制器，用于使被控量无差跟踪设定值。本节首先介绍了基于反向传播神经网络的 PID 控制器的工作原理。

反应堆是具有高度非线性的复杂系统，简化系统模型会改变系统运行特性，针对简化模型进行的模式识别也具有一定的误差。本节提出的基于反向传播神经网络的 PID 控制算法是一种模型无关的控制算法，免去了模式识别的必要。与传统的 PID 控制器不同，基于反向传播神经网络的 PID 控制器可以通过反向传播神经网络在线调整参数，以提高控制性能。作为快速调节控制器的补充，基于反向传播神经网络的 PID 控制器可在被控量和设定值偏差较小的情况下实现平稳的无差控制，无差控制意味着反应堆可实现稳态运行且其被控量以零稳态误差跟踪设定值。基于反向传播神经网络的 PID 控制器具有非线性特性的三层前馈神经网络，将 PID 控制算法集成到神经网络中，其结构如图 6.11 所示。

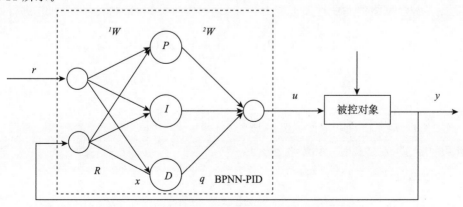

图 6.11　基于反向传播神经网络的 PID 控制器结构

输入层的两个节点分别为 k 时刻标准化的被控量及其设定值 $R=[r_1(k),\ r_2(k)]$，第 i 个隐含层节点的输入为：

$$x_i(k)=\sum_{j=1}^{2} {}^1\omega_{ij}r_j(k) \tag{6.137}$$

其中，$i=1,\ 2,\ 3$；$j=1,\ 2$；${}^1\omega_{ij}$ 为是输入层的第 j 个节点和隐藏层的第 i 个节点之间的权重因子。

3 个隐含层节点的输出分别为 PID 控制器的比例、积分和微分部分，可表示为：

$$q_1(k)=x_1(k) \tag{6.138}$$

$$q_2(k)=q_2(k-1)+x_2(k) \tag{6.139}$$

$$q_3(k)=x_3(k)-x_3(k-1) \tag{6.140}$$

其中，$i=1,\ 2,\ 3$；$j=1,\ 2$；${}^1\omega_{ij}$ 为是输入层的第 j 个节点和隐藏层的第 i 个节点之间的权重因子。

输出层为隐含层输出的加权和，即基于反向传播神经网络的 PID 控制器的输出，可表示为：

$$u=\sum_{i=1}^{3} {}^2\omega_i q_i(k) \tag{6.141}$$

式中：${}^2\omega_i$ ——隐含层第 i 个节点与输出层节点之间的权重因子。

通过反向传播算法对权重因子进行在线调整，使准则函数值在阈值范围内，准则函数可表示为：

$$E(k)=\frac{1}{2}\left[r(k)-y(k)\right]^2=\frac{1}{2}e^2(k)\leqslant\varepsilon \tag{6.142}$$

式中：$r(k)$ ——k 时刻的设定值；

$y(k)$ ——k 时刻的被控量。

为提高神经网络的非线性逼近能力，${}^2\omega_i$ 通过式（6.143）和式（6.144）进行调整：

$$ {}^2\omega_i(k+1)={}^2\omega_i(k)-\eta_2\frac{\partial E(k)}{\partial\, {}^2\omega_i(k)}={}^2\omega_i(k)-\delta'(k)q_i(k) \tag{6.143}$$

$$\delta'(k)=e(k)\mathrm{sgn}\frac{y(k)-y(k-1)}{u(k-1)-u(k-2)} \tag{6.144}$$

其中，η_2 为学习因子；$\mathrm{sgn}(\cdot)$ 为阶跃函数，当 $x>0$ 时，$\mathrm{sgn}(x)=1$，当 $x=0$ 时，$\mathrm{sgn}(x)=0$，当 $x<0$ 时，$\mathrm{sgn}(x)=-1$。

${}^1\omega_{ij}$ 可通过式（6.145）调整：

$$ {}^1\omega_{ij}(k+1)={}^1\omega_{ij}(k)-\eta_1\frac{\partial E(k)}{\partial\, {}^2\omega_{ij}(k)}={}^1\omega_{ij}(k)-\eta_1\delta_i(k)r_j(k) \tag{6.145}$$

$$\delta_i(k) = \delta'(k)^2 \omega_i(k) \operatorname{sgn} \frac{q_i(k) - q_i(k-1)}{x_i(k) - x_i(k-1)} \tag{6.146}$$

式中：η_1——学习因子。

将基于反向传播神经网络的 PID 控制器应用于反应堆功率控制子系统、稳压器压力控制子系统、给水控制子系统。

1）反应堆功率控制子系统

对于反应堆功率控制子系统，基于反向传播神经网络的 PID 控制器的输入层节点为冷却剂平均温度 T_{av} 及其设定值 $T_{av,0}$，输出层节点为冷却剂平均温度的比例、积分、微分的贡献之和 u_{cr}，为了跟踪二回路负荷，引入蒸汽流量 G_s，核功率设定值 n_0 可表示为：

$$n_0 = K_1 G_s + u_{cr} \tag{6.147}$$

式中：K_1——常数。

基于反向传播神经网络的 PID 控制器的输出为反应性 reac，可表示为：

$$\operatorname{reac} = K_2(n_0 - n) \tag{6.148}$$

式中：K_2——常数。

2）稳压器压力控制子系统

对于稳压器压力控制子系统，基于反向传播神经网络的 PID 控制器的输入层节点为稳压器压力 P_p 及其设定值 $P_{p,0}$，输出层节点为电加热器功率 W_{eh} 或喷淋阀开度 V_{sp}。

3）给水控制子系统

对于给水控制子系统，基于反向传播神经网络的 PID 控制器的输入层节点为蒸汽压力 P_s 及其设定值 $P_{s,0}$，输出层节点为给水流量变化量 ΔG_w。

参考文献

[1] 赵福宇. 核动力装置的协调控制系统[J]. 核动力工程，1999，20(2)：138-141.

[2] SU S B, LIU Z Y, HU Z B. Coordinate Control Modeling among Enterprises in B2B EC based on CBR[C]//International Conference on Networks Security, Wireless Communications and Trusted Computing, NSWCTC'09. IEEE, 2009：21-24.

[3] 苏瑞峰. 600MW 超临界机组协调控制系统分析与优化[D]. 上海：上海交通大学，2012.

[4] 涂序彦. 大系统控制论[M]. 北京：国防工业出版社，1994.

[5] BENNETT S. The past of PID controllers[J]. Annual Reviews in Control，2001,

25：43-53.

[6] 马建伟．多指标满意 PID 控制设计研究［D］．南京：南京理工大学，2005．

[7] ÅSTRÖM K J，HÄGGLUND T．The future of PID control［J］．Control
Engineering Practice，2001，9(11)：1 163-1 175．

[8] 黄友锐，曲立国．PID 控制器参数整定与实现［M］．北京：科学出版社，2010．

[9] 刘金琨．先进 PID 控制 MATLAB 仿真［M］．北京：电子工业出版社，2012．

[10] HOVAKIMYAN N，NARDI F，CALISE A，et al．Adaptive output feedback con-
trol of uncertain nonlinear systems using single-hidden-layer neural networks［J］．
Neural Networks，IEEE Transactions on，2002，13(6)：1 420-1 431．

[11] 王春阳．分数阶 PID 控制器参数整定方法与设计研究［D］．长春：吉林大学，2013．

[12] 薛定宇，赵春娜．分数阶系统的分数阶 PID 控制器设计［J］．控制理论与应用，
2007，24(5)：771-776．

[13] 韩京清．从 PID 技术到"自抗扰控制"技术［J］．控制工程，2002，9(3)：13-18．

[14] 朱斌．自抗扰控制入门［M］．北京：北京航空航天大学出版社，2017．

[15] 韩冰清．自抗扰控制技术—估计补偿不确定因素的控制技术［M］．北京：国防工业
出版社，2008．

[16] 何长安．非线性系统控制理论［M/OL］．(2017-07-03)http：//max.book118.com/html/
2017/0702/119750108.shtm．

[17] 席裕庚．预测控制(第二版)［M］．北京：国防工业出版社，2013．

[18] 舒迪前．预测控制系统及其应用［M］．北京：机械工业出版社，1996．

[19] 张日东．非线性预测控制及应用研究［D］．杭州：浙江大学，2007．

[20] CHEN W H，BALANCE D J，GAWTHROP P J．Optimal control of nonlinear sys-
tems：a predicitive control approach［J］．Automatica，2003，39：633-641．

[21] GAWTHROP PJ，DEMIRCIOGLU H，SILLER-ALCALA I．Multivariable con-
tinuous-time generalized predictive control：a state-space approach to linear and
nonlinear system［J］．IEEE Proc eedings of Control Theory Appl lications，1998，
145(3)：241-250．

[22] 郁晨曦．基于模型预测的 UUV 叉柱式回收控制方法研究［D］．哈尔滨：哈尔滨工程
大学，2017．

[23] CHEN W H，BALANCE D J，OREILLY J．Model predictive control of nonlinear
systems：computational burden and stability［J］．IEE Proceedings of Control

Theory and Applications，2001，148(1)：9-16.

[24] 张国银,杨智,谭洪舟. 一类非线性系统非切换解析模型预测控制方法研究[J]. 自动化学报,2008(9):1 147-1 156.

[25] ALTUNKAYNAK A，ÖZGER M，ÇAKMAKCI M. Water consumption prediction of Istanbul city by using fuzzy logic approach[J]. Water Resources Management，2005，19(5)：641-654.

第 7 章　一体化压水堆的固有安全性

核动力装置长期处于孤岛运行，而且船舶在海洋上航行时的运行环境非常恶劣，一旦发生事故可能造成大量放射性物质的泄漏，会对环境和工作人员造成严重的伤害。因此要求核动力装置具有较高的自动控制水平和安全特性，对于核动力装置的可靠性和安全性提出了越来越高的要求。

尽管一体化反应堆的结构形式存在差异，但其主要设计理念是一致的，即取消主冷却剂系统管路，将蒸汽发生器布置在堆芯上部，主泵位于压力容器内的中上部位或完全取消主泵，稳压器置于压力容器内部，整个冷却剂都在压力容器内循环流动，从根本上消除主冷却剂管道大破口事故的可能性，采用一系列措施来提高反应堆的固有安全性。在一体化反应堆的布置中，蒸汽发生器底部高于堆芯活性区顶部，这样可以确保一回路具有一定的自然循环能力，而且也可以减小核燃料对蒸汽发生器的辐照影响。

7.1　核反应堆的安全性

遵循纵深防御安全理念的水冷反应堆结构中设置了三道重要的物理安全屏障，包括燃料包壳、一回路冷却剂边界和安全壳。反应堆正常运行时，裂变产物几乎全部被包容在燃料元件内，泄漏的少量裂变气体以及放射性产物都被包容在一回路系统内，而所有的一回路系统和设备都被封闭在安全壳内部。所以，反应堆正常运行时对环境的污染是极其微小的。

核反应堆中的裂变反应会产生大量裂变产物，即使通过插入控制棒或添加硼酸停止链式裂变核反应之后，这些裂变产物仍然会持续产生大量热量。在反应堆停堆几个小时甚至几天之后，衰变热产生的反应堆功率仍然会占反应堆额定功率的很大比例（1.5%～0.5%）。1979 年的三哩岛事故及 2011 年的日本福岛事故，都是因为未能及时导出堆芯衰变热而导致核反应堆堆芯熔毁的严重事故。一旦发生严重的堆芯损坏事故，同时又出现一回路压力边界和安全壳破损的情况下，将有大量放射性物质释放到环境中，造成严重污染。

由于运行中的反应堆存在着潜在风险，在反应堆、核电厂的设计、建造和运行过程中，必须坚持和确保安全第一的原则。核电厂中设置有大量的安全设施，以达到反应性控制、确保堆芯冷却和包容放射性产物的目的。

7.1.1　专设安全系统

当反应堆运行异常或发生事故时，除了使用控制系统实现停堆保护之外，反应堆还设置有专设安全系统来限制事故的后果。

(1) 应急堆芯冷却系统

应急堆芯冷却系统又称为安全注射系统，其主要功能是在异常或事故工况下对堆芯提供冷却，以保持燃料包壳的完整性。任何以铀氧化物颗粒作为燃料，锆合金作为包壳的水冷堆都必须设置应急堆芯冷却系统，而且对于设计基准事故，各个国家的核监管机构通常会指定应急堆芯冷却系统的验收标准。

当发生主冷却剂回路管道破裂的事故造成冷却剂丧失时，应急堆芯冷却系统就会按照设计规定的要求动作，向堆芯内注入足够的应急冷却水，以防止燃料过热。安全注射系统按照不同压力等级可以分为高压安注子系统、中压安注子系统和低压安注子系统。

高压安注子系统一般使用高压小流量安全注射泵，用以应对一回路高压下的小流量泄漏。

低压安注子系统一般使用低压大流量安全注射泵从换料水箱取水注入主回路，水箱排空后会自动切换到安全壳地坑取水。利用低压再循环注入实现堆芯的长期冷却。

中压安注子系统主要是加压安注水箱，水箱内装有含硼水，用氮气加压，依靠安注箱和主回路之间的压差启动截止阀自动打开，硼水自动注入一回路主管道。为一回路冷却剂提供短时间的大流量注入。

(2) 辅助给水系统

辅助给水系统又称应急给水系统。当蒸汽发生器的主给水系统不能正常工作时，辅助给水系统自动启动向蒸汽发生器供水，以维持蒸汽发生器的排热能力，冷却一回路系统。在启动和停闭等低功率条件下也需要辅助给水以有效的控制蒸汽发生器水位。

对于绝大多数事故，都可依赖辅助给水来维持蒸汽发生器的热阱作用，通过二次侧蒸汽带出一回路热量。核动力装置的辅助给水泵通常设电动机和汽轮机驱动两种动力源，汽轮机使用的蒸汽来自蒸汽发生器，可以保证在断电的情况下仍能维持辅助给水的供应。

(3) 安全壳喷淋系统

一旦发生主回路破口事故，安全壳应该能够把放射性物质都封闭在其内部。为了应对因失水事故引起的压力增大和放射性强度增大，安全壳内部设有专门的喷淋系统和放射性物质去除系统。

安全壳喷淋系统可以用喷淋水泵把含硼水输送到安全壳的顶部、通过喷嘴喷出冷却水，使一部分蒸汽凝结，以防止安全壳超压。喷淋水中可以加氢氧化钠，在向安全壳喷淋的同时，去除泄漏的冷却剂中的放射性碘。

在 1979 年的三哩岛核事故以后，所有反应堆设计中都通过提高能动安全系统的可靠性和冗余性来提高反应堆的安全性。提出了安全设计的基本原则，包括单一故障原则、多样性原则、独立性原则、故障安全原则和定期试验维护检查措施。改进后所有的第三代反应堆设计都达到甚至超过了 1.0×10^{-5} 每堆年的国际堆芯损毁概率（CDF）目标。

但是，随着反应堆功率不断增大，核电厂系统越来越复杂，特别是在发生了三次比较严重的核事故以后，人们对反应堆安全性提出了更高的要求，迫切希望解决设计上的薄弱环节，提出了以固有安全概念为基础的反应堆、核电厂设计安全新论点。

固有安全性被定义为：当反应堆出现异常工况时，不依靠人为操作或外部设备的强制性干预，只是由堆的自然的安全性和非能动的安全性，控制反应性或移出堆芯热量，使反应堆趋于正常运行和安全停闭。具备这种能力的反应堆，即主要依赖于自然的安全性、非能动的安全性和后备反应性的反应堆体系被称为固有安全堆[1]。

小型一体化反应堆的设备普遍将固有安全的概念贯穿于反应堆的整个设计过程。大量采用了非能动系统以提高反应堆的固有安全性。

7.1.2　非能动安全系统

目前正在运行的大多数核电厂反应堆中都使用了能动的安全系统，然而在核电厂的很多事故进程中，反应堆可能会失去正常供电或厂外电源。因此，所有核电厂中都备有柴油发电机，在失去正常供电时迅速投入使用以提供电力驱动应急堆芯冷却泵运转。但是系统设备的增大进一步增大了发生故障的概率。

为了提高系统的可靠性，一些反应堆设计中开始采用非能动安全系统。非能动安全系统指不依赖外部触发和动力源，而靠自然对流、重力、蓄压等自然特性来实现安全功能的系统。

（1）非能动安全系统的分类

IAEA 的一项研究主要针对水冷反应堆非能动系统和自然循环，其报告中将各种形式的非能动安全系统分为两类[2]：堆芯衰变热导出系统、安全壳冷却和抑压系统。

用于堆芯衰变热导出的非能动系统又可分为：

1）预先加压的堆芯补水箱或安注箱；

2）自然循环回路中的高位堆芯补水箱；

3）高位重力水箱；

4）非能动冷却的蒸汽发生器自然循环；

5）非能动余热排出热交换器（单相液）；

6）非能动冷却的堆芯独立冷凝器（蒸汽）；

7）地坑自然循环。

用于安全壳冷却和抑压的非能动系统可分为：

1）安全壳抑压水池（沸水堆安全壳的标准特征）；

2）安全壳内非能动热量导出和抑压热交换器（基于蒸汽冷凝）；

3）非能动安全壳喷淋系统。

这些用于衰变热导出和安全壳热量导出的非能动系统提高了系统的可靠性并且减少甚至消除控制系统的动作，有效提高反应堆的安全性。除了安全上的优势，非能动安全系统还能减少需要多重备用泵和独立电力供应的能动安全系统的成本。

（2）大型电厂的非能动安全系统

1）AP1000[3]

AP1000 是由西屋电气公司开发的，热功率为 3 400 MWt，电功率约为 1 117 MWe 的三代＋反应堆。AP1000 反应堆的非能动堆芯冷却系统如图 7.1 所示。

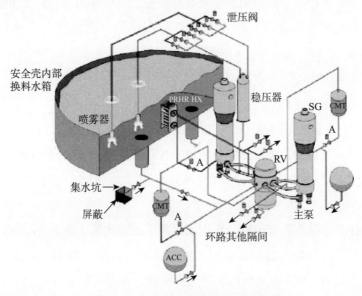

图 7.1 AP1000 非能动堆芯冷却系统

AP1000 的非能动余热排出系统包含一个非能动余热排出热交换器和相应的阀门、管道以及仪表。换热器采用 C 形管式设计，浸泡在安全壳内置换料水箱中，进口与反应堆热管段相连，出口与反应堆冷管段相连。在非能动余热排出热交换器到冷管段的出口连接管道上装有两个并联、常闭的气动流量控制阀，该阀门能够在接收到动作控制信号或失去气压时自动打开；换热器的位置高于主冷却剂回路，以获得一定的自然循环能力。换料水箱为换热器提供最终热阱。当换料水箱内的水沸腾时，蒸汽将在钢制安全壳内表面凝结，由于重力作用凝水将流回换料水箱。通过非能动堆芯冷却系统和非能动安全壳冷却系统，堆芯余热最终被安全地排放到大气环境中[1-3]。

非能动堆芯冷却系统可以在主冷却剂系统泄漏以及各种尺寸和位置的破口失水事故条件下保证反应堆的安全。当发生 LOCA 事故时，非能动堆芯冷却系统可以使用 3 种不同的应急堆芯冷却水源，分别是堆芯补水箱、安注箱、安全壳内置换料水箱。此外，应急堆芯冷却水通过直接注入管线直接注入到反应堆压力容器内部，因此在发生大破口失水事故时不会出现安注水由破口位置流出的情况。长期注水是在重力作用下，由位于安全壳内冷却剂回路上方的内置换料水箱提供的。反应堆冷却剂系统通过四级自动泄压系统（ADS）进行泄压，从而使换料水箱内的水能够在重力作用下流入反应堆压力容器。

图 7.2 给出了 AP1000 反应堆非能动安全壳冷却系统的基本原理。由图中的自然循环对流换热可以看出，安全壳内的热量通过壁面传导至空气中。最终，通过钢制安全壳外表面的空气自然循环对流将热量排入大气环境中。在事故过程中，安全壳保护建筑顶部水箱内的水在重力作用下流到钢制安全壳外表面，利用液膜的蒸发作用加强空气自然循环对流冷却的效果。

2）ESBWR[4-5]

ESBWR 是由通用电气-日立核能公司开发的三代＋全自然循环沸水反应堆，其热功率为 4 500 MWt，电功率约为 1 535 MWe。

ESBWR 反应堆设计了一系列的非能动安全系统以保证在所有的瞬态和假想事故条件下堆芯的安全，分别是：①独立冷凝系统（ICS）；②重力驱动的冷却系统（GDCS）；③非能动安全壳冷却系统（PCCS）。ESBWR 反应堆非能动安全系统的布置如图 7.3 所示。

当事故条件下隔离蒸汽管线时，反应堆内产生的蒸汽流入独立冷凝器，将堆芯热量传递到设置在安全壳外的大容积水箱中（ICS/PCCS 水池），冷凝水在重力作用下重新流回反应堆压力容器。ICS 水池中的水吸热蒸发后进入大气环境中。

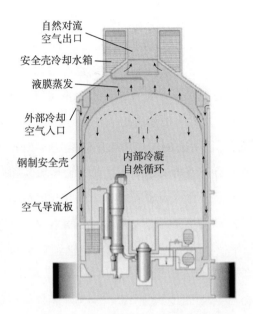

图 7.2　AP1000 非能动安全壳冷却系统

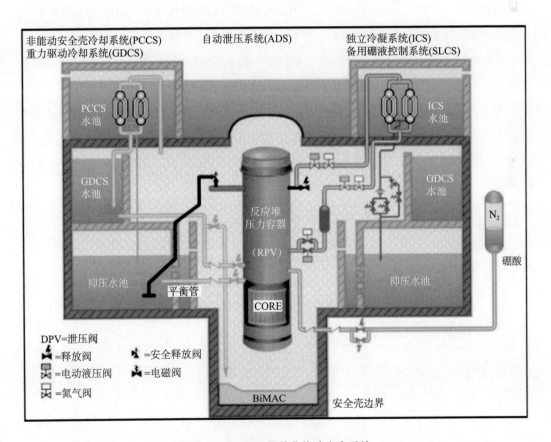

图 7.3　ESBWR 及其非能动安全系统

ESBWR 反应堆的自动泄压系统（ADS）由泄压阀（DPVs）和安全释放阀（SRVs）组成。当反应堆发生失水事故（LOCA）时，自动泄压系统会在压力容器内水位下降或安全壳干阱压力上升时自动开启。ADS 阀门开启会导致冷却剂系统压力迅速下降。当反应堆压力下降到接近安全壳干阱压力和 GDCS 水池重位压头之和时，GDCS 注射管线上的爆破阀自动开启，GDCS 水池中的水在重力作用下注入反应堆压力容器。

ESBWR 反应堆安全壳干阱中充满氮气。当反应堆发生 LOCA 事故时，由于堆芯衰变热产生的水蒸气与氮气混合，使得安全壳干阱的压力增大。随着压力的不断增大，安全壳干阱内水蒸气和氮气的混合物进入布置在 PCCS/ICS 水箱中的非能动安全壳冷却热交换器的管侧。水蒸气在换热器管侧内冷凝并流回 GDCS 水池，不凝性气体则进入抑压水池中。

3）VVER[6-7]

俄罗斯的 VVER-640/V-407 和 VVER-1000/V-392 先进反应堆均采用了非能动安全技术。其中，V-407 配备有两种不同连接方式的非能动余热排出系统，即蒸汽发生器侧非能动余热排出系统（SG-PRHRS）和安全壳非能动余热排出系统（C-PRHRS）。V-392 的非能动余热排出系统共包括 4 个独立的子系统，与蒸汽发生器二次侧相连，每个子系统包括 5 台并联的空气冷却器。蒸汽发生器吸收堆芯余热产生的蒸汽，通过自然循环在空气冷却器里冷凝，最终将热量排向大气环境。

堆芯的热量经过一回路冷却剂的自然循环传递到蒸汽发生器，蒸汽发生器产生的蒸汽进入位于安全壳外的热交换器将热量排入特殊加热箱（SHAT）中冷凝后重新流回蒸汽发生器，特殊热累积箱将蒸汽冷凝产生的热量排入空气中（VVER-1000）或水中（VVER-640）。

（3）一体化反应堆的非能动安全系统

一些水冷先进小型模块化反应堆（SMR）设计中同样使用了非能动的安全系统来导出堆芯衰变热。

1）美国的 NuScale[8-9]

NuScale 动力模块的热功率为 160 MWt，电功率约为 45 MWe。由压水堆堆芯、两个螺旋管直流蒸汽发生器和一个稳压器组成，这些反应堆的主要部件全部放置在一体化压力容器中，压力容器的外部包围着一个钢制的安全容器。钢制安全容器浸没在大容积水池中，水池中最多可以放置 12 个 NuScale 动力模块。

NuScale 反应堆是全自然循环反应堆。堆芯由 37 组燃料组件构成，使用典型的 17×17 的压水堆燃料组件排列方式。但是为了提高冷却剂自然循环能力，其堆芯活性区的高度只有 2 m。正常运行时，堆芯出口的热流体向上流经一个很长的上升段，然后在顶部发生流向反转，下降过程中流经螺旋管直流蒸汽发生器的壳侧，对流过直流蒸汽发生器管侧的给水进行加热以产生过热蒸汽，然后继续向下流入下降段，最后进入堆芯底部，形成一个自然循环回路。

每个 NuScale 模块都配备有两套非能动余热排出系统和一套应急堆芯冷却系统，如图 7.4 所示。

NuScale 反应堆的非能动余热排出系统由两套独立的序列组成。每一套非能动余热排出序列都能以两相自然循环的方式，将堆芯衰变热通过任意一个蒸汽发生器传递到浸没在大容积水池中的余热排出热交换器中。

NuScale 反应堆的应急堆芯冷却系统由位于反应堆压力容器顶部的反应堆排放阀和侧面的反应堆再循环阀组成。当正常给水系统以及非能动余热排出系统都不能正常工作时，反应堆排放阀打开，应急堆芯冷却系统投入运行。压力容器内的蒸汽排放进入安全容器，并在安全容器内表面冷凝后聚集到安全容器底部。当安全容器内的水位上升到高于再循环阀顶部时，再循环阀打开形成自然循环回路。安全容器下部的冷凝水通过再循环阀进入反应堆压力容器，堆芯内产生的蒸汽向上流动，通过反应堆排放阀进入安全容器中冷凝。钢制安全容器浸泡在大容积水池中，水池中的水能够保证在 30 d 内为安全壳提供冷却并导出堆芯衰变热。

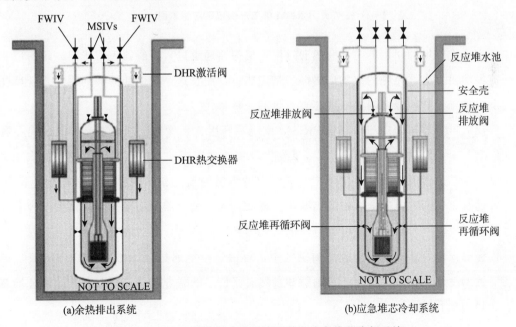

图 7.4　NuScale 模块的余热排出系统和应急堆芯冷却系统

2）PRISM[10]

通用电气-日立核能公司（GEH）的 PRISM 反应堆是热功率为 840 MWt 的模块化池式钠冷快堆。PRISM 反应堆在发电的同时能够有效回收轻水堆使用过的核燃料。PRISM 反应堆的核蒸汽供应系统示意图见图 7.5。

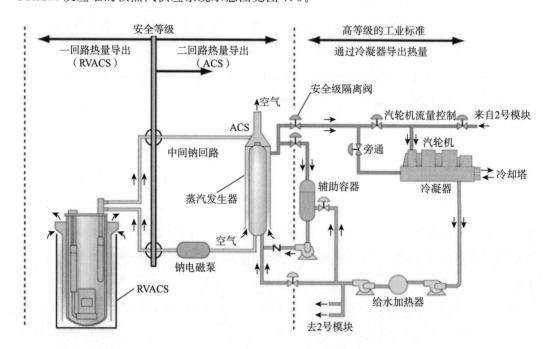

图 7.5　PRISM 核蒸汽供应系统示意图

反应堆停堆期间，堆芯衰变热通过汽轮机旁路通道进入冷凝器正常排出。还可以利用流经蒸汽发生器壳侧的空气自然循环带走热量，而且这个非能动的辅助冷却系统可作为反应堆维护和检修期间去除堆芯衰变热的一种替代方法。

反应堆容器辅助冷却系统是 PRISM 反应堆利用自然循环去除堆芯衰变热的另一种非能动安全系统。如果 PRISM 反应堆发生严重的瞬态现象，例如无保护的失流和丧失热阱，堆芯热量无法顺利导出时，反应堆内钠工质的温度和压力容器的温度开始上升，导致通过氩气间隙向安全容器的辐射热量增加，而安全容器的温度升高使得安全容器外表面的空气温度升高，进而引起空气的自然循环流速增大。堆芯的衰变热最终由安全容器传递到安全容器周围向上流动的空气中，再由热空气通过烟囱排出。PRISM 反应堆容器辅助冷却系统中热传导、热辐射和自然对流传热的联合应用，可以有效的保证堆芯衰变热的顺利导出。

3）中国一体化先进反应堆[11]

中国一体化先进反应堆（CIP）采用球形钢制安全壳；反应堆一回路系统采用一体化布置的方式，如图 7.6 所示。反应堆的专设安全系统主要有：非能动堆芯补水系统、非能动余热排出系统、应急硼注入系统、非能动安全壳抑压系统、自动卸压系统以及反应堆超压保护系统。

非能动余热排出系统由 4 个单独的系列构成，每个系列均包括 1 台 U 形管式热交换器，换热器水平放置在位于安全壳外的换料水箱中，分别与蒸汽发生器的给水和蒸汽管道相连，以自然循环的方式带出堆芯余热。

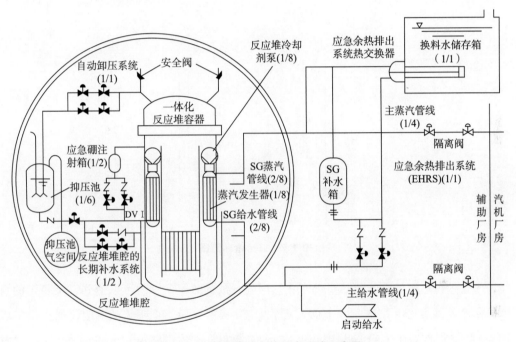

图 7.6　CIP 非能动余热排出系统示意图

7.2　反应堆内的自然循环

自然循环是指在闭合系统中仅仅依靠冷热流体间的密度差形成的浮升力驱动流体循环流动的一种能量传输方式。在现役压水反应堆中，大多数蒸汽发生器的二次侧流体都是以自然循环方式工作。自然循环冷却可有效增强反应堆的固有安全性，对于核反应堆系统的设计和安全运行是非常有利的，因而自然循环技术在新一代反应堆的设计和运行中占有重要地位。国际原子能机构着重强调了自然循环现象以及采用自然循环的非能动安全系统来提高反应堆的经济性和安全性。

7.2.1 自然循环基本原理

最基本的自然循环系统通常由一个热源、一个热阱以及相连接的管道组成，如图7.7所示。管道内的流体在热源吸热后温度升高，密度减小，流体在浮力的作用下向上流动进入上升通道；然后，高温流体在热阱处释放热量，温度降低，密度变大后向下流动进入下降通道。上升通道和下降通道之间的密度差是流体循环流动的驱动力，利用冷却剂自然流动将热量从热源传递到热阱。

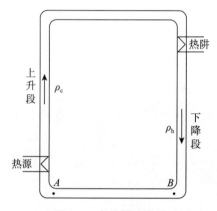

图 7.7 自然循环回路

当流体在热源处吸收的热量等于在热阱处释放的热量时，就可以达到一个稳定的自然循环状态。如果用 ρ_c 表示垂直向上流的密度，ρ_h 表示垂直向下流的密度。那么位于底部 A 和 B 处的静压力可以分别用式（7.1）和式（7.2）表示，由于 $\rho_c < \rho_h$，则有 $p_A < p_B$，A 点和 B 点的压差产生驱动力使工质建立起循环流动。显然，与两个垂直管路有关的高度差和密度差是自然循环的重要影响因素。

$$p_A = \rho_c g H \tag{7.1}$$

$$p_B = \rho_h g H \tag{7.2}$$

7.2.2 自然循环流量确定

（1）差分法求流量

在反应堆冷却剂系统内，堆芯是热源，一般都在比较低的位置；蒸汽发生器相当于热阱，一般都放在比较高的位置。流过堆芯的冷却剂被加热，温度较高，密度小；而流过蒸汽发生器的冷却剂被冷却，温度较低，密度大。

假设反应堆上升段内冷却剂密度为 ρ_{up} ，下降段的冷却剂密度为 ρ_{down} ，z 为冷热源的高度差。则反应堆内冷却剂自然循环的驱动压头为：

$$\Delta p_d = (\rho_{down} - \rho_{up})gz \tag{7.3}$$

在稳定流动的条件下，这个驱动压头等于冷却剂回路的摩擦阻力损失 $\Delta p_{f,i}$ 、局部阻力损失 $\Delta p_{c,i}$ 和加速度压力损失 $\Delta p_{a,i}$ 之和，即：

$$\Delta p_d = \sum_i \Delta p_{f,i} + \sum_i \Delta p_{c,i} + \sum_i \Delta p_{a,i} \tag{7.4}$$

在给定运行参数和反应堆具体结构尺寸的情况下，系统内的驱动压头和各种压力损失都可以由相应的公式求出。

使用差分法求冷却剂自然循环流量时，通常是把回路各段的平均密度 ρ_i 写成差分方程的形式，然后根据式（7.4）的平衡方程进行求解。如果将回路上升段和下降段都划分成高度为 Δz 的 n 段，则得到的差分方程为：

$$\sum_{i=1}^{n} g\rho_i \Delta z - \sum_{i=n+1}^{2n} g\rho_i \Delta z = \sum_{i=1}^{2n} \frac{C_{f,i}\rho_i V_i^2}{2} \tag{7.5}$$

式中：g——重力加速度；

$C_{f,i}$——第 i 段的总阻力损失系数；

V_i——第 i 段的平均流速。

（2）图表法求流量

自然循环总阻力等于回路中上升段和下降段的阻力损失之和，即

$$\Delta p_d = \Delta p_{down} + \Delta p_{up} \tag{7.6}$$

将克服上升段阻力以后的剩余压头称为有效压头，则：

$$\Delta p_e = \Delta p_d - \Delta p_{up} \tag{7.7}$$

这个有效压头应该等于下降段的压降。

下降段的总压力损失为：

$$\Delta p_{dc} = \Delta p_{dc,f} + \Delta p_{dc,c} \tag{7.8}$$

式中：$\Delta p_{dc,f}$——下降段的摩擦压降；

$\Delta p_{dc,c}$——下降段所有局部压降之和。

自然循环有效压头 Δp_e 和下降段压降 Δp_{dc} 都是系统流量 W_{in} 的函数，采用改变系统水流量的办法可以得到不同流量下的有效压头 Δp_e 和下降段压降 Δp_{dc} 随 W_{in} 的变化曲线，如图 7.8 所示。

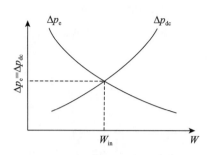

图 7.8　自然循环流量的图解法

因为上升段和下降段的压力损失都随着 W_{in} 的增加而增加，因此有效压头是随着 W_{in} 的增加而下降的。两条曲线的相交点就是 $\Delta p_e = \Delta p_{dc}$ 的工况，即有效压头全部用于克服下降段的压力损失。交点的横坐标 W_{in} 就是所要求的系统自然循环水流量。

从上述内容可知，自然循环的建立是依靠驱动压头克服了回路内的流动损失而产生的，否则无法建立稳定的自然循环流动。一方面原因可能是由于上升段和下降段的摩擦压降和局部阻力太大，需要通过采用管径稍大的管子、尽量减少各种局部阻力件等措施设法减小这些压降。另一方面的原因可能是由于驱动压头太小，即上升段（热段）和下降段（冷段）之间流体的密度差不够大。另外，自然循环回路必须是一个流体可以连续流动的回路或容器，如果中间被隔断，自然循环流动也要停止下来。

7.3　一体化反应堆的自然循环特性

一体化反应堆的结构有利于实现冷却剂的自然循环流动，在事故条件下可以利用冷却剂的自然循环导出反应堆余热，而且在低负荷工况下同样可以采用自然循环的方式运行，以提高反应堆的固有安全性。如果能够取消主冷却剂泵，还可以极大提高反应堆的制造成本和环境适应能力。

7.3.1　强迫转自然循环运行

（1）过渡过程中的系统参数变化

低负荷工况下停闭一回路主泵，反应堆主冷却剂系统将由强迫循环转为自然循环运行方式。在转换过程中，由于冷却剂流量的大幅度减小，会引起其他运行参数的剧烈变化，如图 7.9 所示。

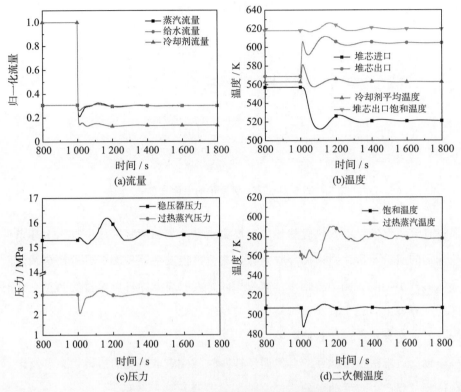

图 7.9　一体化反应堆强迫转自然循环特性

一体化反应堆冷却剂由强迫循环向自然循环转换过程中，冷却剂流量变化会对一体化反应堆的运行造成以下影响：

1）一回路冷却剂平均温度大幅震荡，进一步造成稳压器压力波动。稳压器压力波动的趋势基本能够和一回路冷却剂平均温度的波动相匹配。因此，在强迫转自然循环过程中可以保证堆芯出口冷却剂始终处于过冷状态。

2）二回路蒸汽压力瞬时减小。一回路冷却剂流量降低造成直流蒸汽发生器传热管两侧换热系数迅速下降，传热量的减小造成蒸汽压力降低。在控制系统的快速调节作用下，可以使蒸汽压力迅速稳定在设定值。

3）蒸汽温度升高。自然循环条件下，冷却剂流量减小，堆芯进出口温差增大。蒸汽发生器进口（堆芯出口）冷却剂温度升高，直流蒸汽发生器蒸汽区间的传热温差增大，蒸汽的温度升高，有利于提高二回路系统的热效率。

冷却剂自然循环不仅有利于提高反应堆的固有安全特性，而且有利于提高直流蒸汽发生器的稳定性和安全性。不同运行方式（强制循环和自然循环）下，直流蒸汽发生器传热管两侧的温度分布如图 7.10 所示。

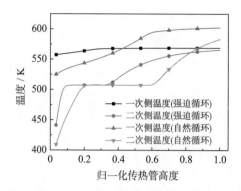

图 7.10　传热管两侧的温度分布

通过直流蒸汽发生器传热管的传热主要集中在单相和两相区域。自然循环条件下反应堆冷却剂的质量流量比强迫循环时要低，直流蒸汽发生器一次侧对流换热系数随着流速的降低而减小，二次侧的单相水区和两相区长度明显增加，以保持传热量。此时，单相水区的压降增大有利于直流蒸汽发生器的稳定运行。

（2）系统参数对过渡过程的影响

一体化反应堆由强迫循环向自然循环转换时，反应堆系统的初始状态以及运行策略都会对过渡过程产生较大的影响。

1）转换负荷的影响

在强制循环向自然循环的转换过程中，一回路冷却剂质量流量迅速减小，主冷却剂平均温度迅速上升，由于反应性反馈的影响，堆芯功率跟随冷却剂平均温度波动而波动，而且反应堆功率的变化一般滞后于温度。

一回路冷却剂平均温度在转换的初始阶段会有剧烈波动，而且冷却剂平均温度的波动幅值随着负荷的增加而增大，如图 7.11 所示。较大的温度偏差会引起反应堆功率的剧烈振荡，造成反应堆安全裕度减小，因此在较低负荷下进行强迫循环向自然循环的转换会更安全。但是在低负荷条件下达到自然循环稳定运行需要更长的时间。

2）功率控制系统的影响

在理想的稳态运行模式下，控制系统调整反应堆功率保证冷却剂平均温度的恒定。在反应堆由强迫循环向自然循环转换过程中，会出现反应堆功率振荡，这主要是由于冷却剂温度响应的延迟造成的。根据这一特点，可以在初始转换阶段取消反应堆功率控制，经过一定时间的运行后再重新投入。这样，冷却剂平均温度偏差的快速变化不会影响反应堆功率，而反应堆功率控制系统重新投入以后可以快速调节堆芯功率达到稳定的自然循环状态。

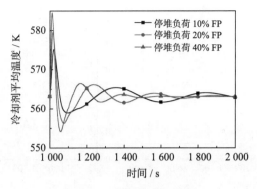

图 7.11 转换负荷的影响

控制系统的取消时间可以由主泵的惰转时间确定，主泵停止惰转时一回路冷却剂流量基本稳定，此时冷却剂平均温度会达到一个新的平衡状态。转换初期取消反应堆功率控制系统时，由于冷却剂温度变化引起的反馈作用，反应堆功率会有小幅波动。当控制系统投入调节以后，一回路冷却剂可以迅速建立稳定的自然循环。此时，由于冷却剂平均温度的偏差较小，反应堆功率控制对堆芯功率的影响不大。采用这种转换方式，冷却剂由强迫向自然循环转换过程更快，而且不会造成系统参数的剧烈波动，如图 7.12 所示。

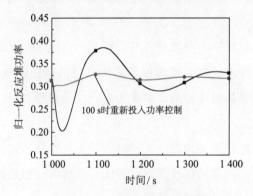

图 7.12 功率控制系统的影响

3）主泵停闭时间的影响

一体化反应堆中设置了多台彼此独立的主泵。在由强迫循环向自然循环转换的过程中逐台关闭主泵可以减弱冷却剂流量变化对平均温度的影响，如图 7.13 所示。

每台主泵的停闭间隔大于主泵的惰转时间，第一台主泵停止惰转以后再关闭第二台主泵的电源，以此类推，最后四台主泵全部停闭。采用这种转换方式，一回路冷却剂的质量流量缓慢下降。一体化反应堆系统在每台主泵停闭时都有一定的稳定运行时间，所以冷却剂平均温度的变化很小。但是当最后一台主泵停闭时，仍然存在由强迫循环向自然循环的过渡过程，冷却剂温度的变化仍然会对反应堆功率产生一定的影响。

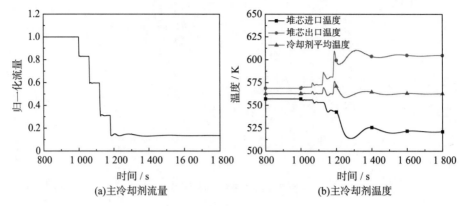

图 7.13　主泵依次停闭对过渡过程的影响

7.3.2　自然循环稳态运行区间

稳态条件下，一回路冷却剂自然循环流量由反应堆功率和冷热源位差决定，因此不同的一回路冷却剂平均温度对冷却剂自然循环流量几乎没有影响。但是在相同的冷却剂流量和反应堆功率条件下，一回路冷却剂平均温度设定值会影响堆芯出口温度和二回路蒸汽温度。

一方面，一回路冷却剂平均温度较高时，堆芯出口温度升高，甚至接近当地压力下的饱和温度。当出现流量波动时，反应堆堆芯出口处的冷却剂很容易出现沸腾。因此，需要给定一回路冷却剂平均温度的最高温度边界，以确保堆芯出口冷却剂具有足够的过冷度。

另一方面，一回路冷却剂平均温度较低时，蒸汽发生器两侧传热温差减小，蒸汽的过热度减小而不能满足二回路的运行要求。因此，须确定一回路冷却剂平均温度的最低温度限值，以确保蒸汽具有足够的过热度。

图 7.14 中给出了不同负荷条件下的冷却剂自然循环运行温度边界，包括最高温度边界和最低温度边界，可以选择两条曲线之间的温度作为一回路冷却剂平均温度的设定值。在不同的负荷条件下，冷却剂平均温度的选择区间存在显著差异，低负荷条件下的温度范围比高负荷条件下的温度范围宽得多。根据一回路冷却剂平均温度设定值，也可以确定一体化反应堆的自然循环稳定运行区间。冷却剂平均温度设定值过高和过低都会减小一体化反应堆自然循环的运行区间。

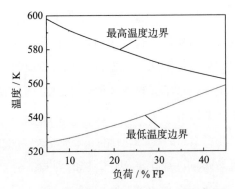

图 7.14 自然循环条件下的稳定运行边界

7.3.3 自然循环变负荷特性

自然循环条件下，一回路冷却剂流量跟随反应堆功率的变化，因此采用自然循环的反应堆运行特性与强迫循环有很大不同。

(1) 自然循环稳态运行特性

一体化反应堆的自然循环运行参数同样可以在不同的负荷条件下快速达到稳定运行状态，如图 7.15 所示。

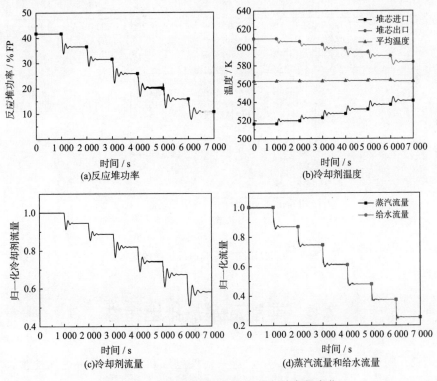

图 7.15 稳态自然循环条件下的系统参数变化

在控制系统的调节下,反应堆功率能够跟随二回路负荷下降,迅速实现稳定运行。随着反应堆功率下降,堆芯入口温度升高,出口温度降低,上升段和下降段的密度差减小,一回路冷却剂的自然循环驱动力减小,所以一回路冷却剂质量流量随反应堆功率降低而减小。在给水控制系统的调节下,给水流量可以跟踪蒸汽需求量的变化。

(2) **自然循环快速变负荷过程**

在反应堆协调控制系统的作用下,一回路冷却剂平均温度的变化会影响反应堆功率,而冷却剂自然循环流量随反应堆功率变化,同时冷却剂流量的改变将进一步影响冷却剂平均温度。在系统参数的耦合作用下,自然循环运行的一体化反应堆系统通常需要更长的时间才能达到稳定运行状态。图 7.16 给出了采用不同的负荷变化率时的快速变负荷特性,可以看出,二回路负荷变化越快,冷却剂温度变化越剧烈,那么反应堆功率在控制系统调整时会有更大的波动。

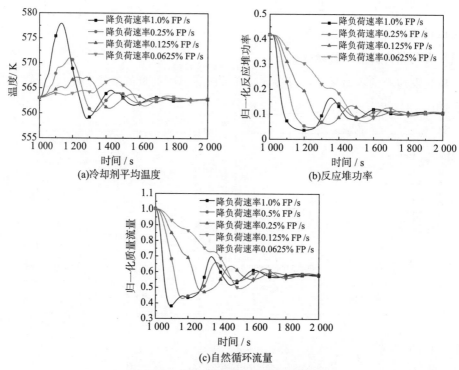

图 7.16　快速变负荷时的系统参数变化

7.4　非能动余热排出特性

近年来,随着核安全要求的提高,新一代核电厂在设计过程中更加注重其安全特性。对于核电厂运行期间可能发生的事故中,全厂断电事故仍然是核电厂设计中备受关注的问题。在反应堆停堆后，仍会有大量的衰变热产生，如何移除这部分衰变热以避免造成严重事故，是新型反应堆研究的重点。传统的应急堆芯冷却系统是由电动泵驱动的强迫循环供水系统，在核电厂失去电力供应时不可用。在先进核电厂的设计中，大多使用非能动余热排出系统[12-16]，利用系统的固有属性，如高度差或密度差，在自然对流条件下去除堆芯衰变热。

非能动余热排出系统要求热源和冷源之间有足够的高度差，以提高自然循环能力。在一体化压水反应堆的设计中，反应堆的主要设备，如蒸汽发生器、反应堆堆芯、稳压器和主泵都设置在压力容器内部。这种布置方式增加了反应堆堆芯和蒸汽发生器之间的高度差，并且消除主管道可以减少主冷却剂的流动阻力，这些改进都有助于提高一回路冷却剂的自然循环能力。

7.4.1　非能动余热排出系统的运行特性

由于一体化反应堆取消了主管道，非能动余热排出系统的设计通常使用连接到蒸汽发生器二次侧的非能动安全系统[17-18]，示意图如图 7.17 所示。

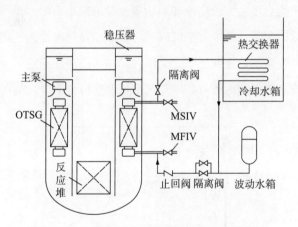

图 7.17　一体化反应堆的非能动余热排出系统

一般利用高位冷却水箱作为最终热阱，水箱的位置高于蒸汽发生器，非能动余热排出热交换器浸没在其中。换热器入口与主蒸汽管连接，换热器出口与给水管连接。在直流蒸汽发生器和热交换器之间的凝水管道上安装有止回阀，以避免冷凝水倒流。直流蒸汽发生器二次侧、热交换器、蒸汽管道、凝水管道和阀门组成非能动余热排出回路。

在反应堆正常运行期间，非能动余热排出回路中的隔离阀关闭，回路内充满水。主给水隔离阀（MFIV）和主蒸汽隔离阀（MSIV）打开，二回路给水强迫流入蒸汽发生器被加热为过热蒸汽。当发生停电事故时,二回路给水供应中断,反应堆停堆保护系统关闭反应堆。同时,MFIV 和 MSIV 关闭,非能动余热排出回路中的隔离阀自动打开。存储在非能动余热排出系统管路中的冷水流入直流蒸汽发生器二次侧,产生的蒸汽进入热交换器中冷凝成水。冷凝水在重力作用下重新流回直流蒸汽发生器二次侧,通过水的蒸发和冷凝持续导出堆芯衰变热。

一回路主泵停转后,主冷却剂运行状态从强迫循环转变为自然循环。在非能动余热排出期间,通过单相(主回路)和两相(余热排出回路)自然循环将剩余热量从主回路移至冷却水箱。随着热量的不断积累,水箱中的水温升高,最终蒸发排入大气中。

(1)主回路中的单相自然循环

主泵失去电力后,主冷却剂的质量流量迅速减少,很快建立稳定的自然循环流动,一回路冷却剂的运行状态从强迫循环变为自然循环。同时,冷却剂流量低信号触发反应堆停堆保护,控制棒在重力作用下快速插入堆芯,反应堆裂变功率迅速下降,裂变产物衰变热成为反应堆功率的主要部分。随着堆芯衰变热的减小,冷却剂自然循环流量会缓慢下降。

一回路冷却剂平均温度一方面随冷却剂质量流量的减小而增加,另一方面随反应堆功率的减小而迅速降低。实际运行中由于反应堆功率和冷却剂流量的不同变化速率导致一回路冷却剂平均温度持续震荡,直到主泵完全停转,一回路建立稳定的自然循环流动。当非能动余热排出系统投入并稳定运行时,冷却剂平均温度持续下降,如图 7.18 所示。

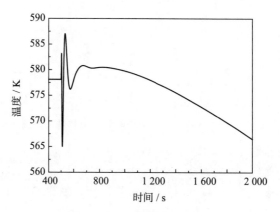

图 7.18　冷却剂平均温度

(2)非能动余热排出回路中的两相自然循环

当非能动余热排出系统运行时,过热蒸汽流入热交换器冷凝成水,然后通过重力流入蒸汽发生器,形成两相自然循环。在建立稳定的自然循环后,水在蒸汽发生器中蒸发，蒸汽在热交换器中冷凝，冷凝水流与蒸汽流相同。随着反应堆功率的降低，蒸汽压力会缓慢下降。

停堆初期，非能动余热排出换热器吸收的热量小于反应堆功率，因此一回路冷却剂平均温度稍有升高。然后随着堆芯衰变热的持续降低，冷却水箱吸收的热量逐渐高于反应堆衰变功率，一回路冷却剂平均温度会持续缓慢下降，如图 7.19 所示。

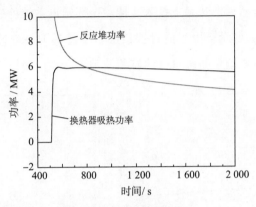

图 7.19　换热器吸热功率

7.4.2　自然对流条件下的 PRHRS 参数研究

通过主回路中的单相自然循环和非能动余热排出回路中的两相自然循环，非能动余热排出系统顺利的从主冷却剂系统中去除堆芯衰变热量。自然循环流动受多种因素的影响，如高度差、密度差和流动阻力，这些参数的任何变化都会影响非能动余热排出系统功能的实现。

（1）蒸汽隔离阀关闭时间的影响

自然循环蒸汽发生器二次侧水容积比较大，反应堆发生事故后，可以利用蒸汽发生器二次侧水的蒸发导出一回路热量。但是直流蒸汽发生器二次侧水容积很小，蒸汽隔离阀关闭的时间直接影响蒸汽发生器二次侧压力，最终会影响蒸汽在换热器内的冷凝效率。

事故发生后，非能动余热排出系统的蒸汽和冷凝水隔离阀根据低流量信号快速打开。此时会有大量冷水进入蒸汽发生器。由于直流蒸汽发生器中的水蒸发，蒸汽压力在开始时迅速增加，然后随着非能动余热排出系统的运行蒸汽压力开始降低。如果蒸汽隔离阀关闭时间延长，则会有更多蒸汽流入二回路，蒸汽压力降低会减小非能动余热排出换热器之间的换热温差，进一步降低了蒸汽冷凝的效率，非能动余热排出系统的排热能力降低。

（2）高度差的影响

当非能动余热排出系统运行时，两相自然循环的驱动力是蒸汽发生器与非能动余热排出换热器之间的水位差。水的密度远大于蒸汽，较小的水位差就可以产生足够的驱动力。因此可以在低高度差条件下建立稳定的两相自然循环。

（3）自然循环状态下非能动余热排出系统投入

在一回路冷却剂自然循环状态下投入非能动余热排出系统的过渡过程比强迫循环状态时更稳定，如图 7.20 所示。由于此过程消除了主冷却剂泵的冲击，不会引起冷却剂温度和压力的急剧增加，避免系统参数的剧烈波动。

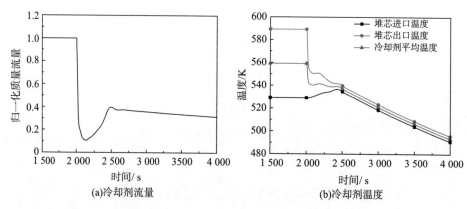

图 7.20　非能动余热排出系统投入瞬态过程

当反应堆停闭后，堆芯功率迅速下降，一回路冷却剂自然循环流量减少，然后在自然循环驱动力的作用下逐渐达到稳定的自然循环热量导出状态。在反应堆停堆后，一回路冷却剂平均温度迅速降低，随着温度的变化，自然循环驱动力减弱，这是导致自然循环流量减少的主要原因。

参考文献

[1] 朱继洲，奚树人，单建强，等. 核反应堆安全分析[M]. 西安：西安交通大学出版社，2011.

[2] International Atomic Energy Agency. Passive safety systems and natural circulation in water cooled nuclear power plants [J]. IAEA-TECDOC-1624，Vienna，November，2009.

[3] SCHULZ T L. Westinghouse AP1000 advanced passive plant[J]. Nuclear Engineering & Design, 2006, 236(14): 1 547-1 557.

[4] HINDS D, MASLAK C. Next-generation nuclear energy: The ESBWR[J]. Nuclear News, 2006, 49(1): 35-40.

[5] GE Hitachi Nuclear Energy. The ESBWR Plant General Description[Z]. Wilmington, NC, 2011.

[6] AREVA. EPR 在核安全方面的设计选择[J]. 核安全, 2005(3): 59-62.

[7] GLEB L, YURI D, VSEVOLOD V, et al. 俄罗斯先进的 VVER 反应堆设计[J]. 国外核动力, 2003(4): 47-58.

[8] REYES J N. NuScale Plant Safety in Response to Extreme Events[J]. Nuclear Technology, 2012, 178(2): 153-163.

[9] DOYLE J, HALEY B, FACHIOL C, et al. Highly Reliable Nuclear Power for Mission-Critical Applications[C]//Proc. ICAPP 2016, San Francisco, 2016:17-20.

[10] International Atomic Energy Agency. Status of Fast Reactor Research and Technology Development. IAEA-TECDOC-1691, Vienna, 2012.

[11] 沈瑾, 江光明, 唐钢, 等. 一体化先进堆全厂断电事故下非能动余热排出系统能力分析[J]. 核动力工程, 2007, 28(6): 80-83.

[12] SCHULZ T L. Westinghouse AP1000 advanced passive plant[J]. Nuclear Engineering & Design, 2006, 236(14): 1 547-1 557.

[13] IWAMURA T, MURAO Y, ARAYA F, et al. A concept and safety characteristics of JAERI passive safety reactor (JPSR)[J]. Progress in Nuclear Energy, 1995, 29(95): 397-404.

[14] JUHN P E, KUPITZ J, CLEVELAND J, et al. IAEA activities on passive safety systems and overview of international development [J]. Nuclear Engineering & Design, 2000, 201(1): 41-59.

[15] ZHANG Y, QIU S, SU G, et al. Design and transient analyses of emergency passive residual heat removal system of CPR1000. Part I: Air cooling condition[J]. Progress in Nuclear Energy, 2011, 53(5): 471-479.

[16] ZHANG Y P, QIU S Z, SU G H, et al. Design and transient analyses of emergency passive residual heat removal system of CPR1000. Nuclear Engineering & De-

sign，2012，242：247-256.

[17] CHUNG Y J，YANG S H，KIM H C，et al. Thermal hydraulic calculation in a passive residual heat removal system of the SMART-P plant for forced and natural convection conditions[J]. Nuclear Engineering & Design，2004，232(3)：277-288.

[18] PARK H S,CHOI K Y，CHO S，et al. Experimental study on the natural circulation of a passive residual heat removal system for an integral reactor following a safety related event[J]. Annals of Nuclear Energy，2008，35(12)：2 249-2 258.

[19] 孙中宁. 核动力设备[M]. 哈尔滨：哈尔滨工程大学出版社，2003.

[20] 阎昌琪. 气液两相流[M]. 哈尔滨：哈尔滨工程大学出版社，1995.

[21] 阎昌琪，曹夏昕. 核反应堆安全传热[M]. 哈尔滨：哈尔滨工程大学出版社，2009.

第8章 海洋条件下的流动与传热

随着核能技术的日益成熟，核动力装置在海洋平台（包括船舶、深潜设备、浮动式中小型核电厂及海水淡化等方面）的研究与应用越来越受到各个国家的关心与重视。自然循环在海洋平台核动力系统中具有广泛应用，一方面自然循环可在低负荷运行时提供动力，大大减少主泵所产生的振动噪声；另一方面自然循环在非能动系统方面的应用可以确保在事故工况下反应堆余热能够不靠人为干预而安全导出。因此核动力装置在海洋条件下自然循环特性的深入研究对于提高反应堆的固有安全性、简化系统和降低噪声都具有重要意义。

针对海洋条件下核反应堆自然循环的研究方法包括理论分析、实验研究和程序仿真。理论分析是指导程序仿真和实验研究的理论基础，受限制少，但是它往往需要对分析对象进行一定的抽象和简化；实验研究更为真实可信，但所需经费更多，周期也长；程序仿真在一定程度上对前两种方法进行了补充，耗资少，可以任意改变参数组合，但同样需要利用理论分析进行指导和试验结果进行验证和校核。

8.1 海洋条件下船体的运动特点

海洋条件下核动力装置自然循环的实现及运行特性与陆基核电厂有很多不同之处。归纳起来，海洋条件下核动力装置自然循环研究的内容主要包括：1）自然循环运行时能够稳定输出的反应堆功率；2）自然循环运行时能否适应快速的负荷变化；3）自然循环和强迫循环的相互转换能否平稳；4）事故工况下的非能动安全系统能否完成其功能；5）海洋条件影响自然循环能力的主要因素；6）自然循环流动的稳定性。

日本船用堆工程研究专门委员会报告指出："在摇摆、冲击、倾斜等舰船运动条件下，必须注意运行于自然循环方式下的反应堆的核、热、水力的稳定性和堆芯流量的变化。其目标是获得最大的自然循环功率运行能力，追求实现热源和热阱中心间尽可能大的垂直距离和尽可能小的流动阻力；同时在多种海洋风浪条件下使船舶在纵倾、横倾和摇摆等运动状态下获得满意的自然循环性能。"日本在掌握海洋条件影响舰船反应堆的热工水力特性的技术上逐渐趋于成熟，并在后期的舰船反应堆研发过程中提出了针对性的抵抗海洋条件影响的措施。正是由于这种技术上的不断改进，其后期研发的船用反应堆在抵抗海洋条件影响的能力方面得到了提高。

8.1.1　海洋条件下反应堆热工水力特性

海洋条件下，风、浪、涌的作用使船体产生复杂摇摆运动，船体的倾斜、起伏和摇摆运动都会改变核动力装置的几何姿态，并产生非稳态力场，影响核动力装置冷却剂的热工水力特性。

由于冷热源位差产生的自然循环驱动力以及海洋条件附加力都会对冷却剂的自然循环流动产生影响，为了明确这两种影响因素的作用机理，国内外学者开展了一系列试验和理论研究，包括倾斜条件下的自然循环实验、摇摆对自然循环的影响实验。针对双回路布置的 NSR-7 反应堆建立的试验装置采用了吊装式装置实现简谐摇摆运动，研究了摇摆对单相自然循环的影响机理，重点指出左右两个回路的自然循环流量在摇摆附加力的作用下产生波动，并且振幅会随周期的减小而增大，但流经堆芯的总流量基本保持不变[1-2]。

倾斜条件不会产生周期性的力场，但是会影响冷热源的位差，造成左右两个环路的自然循环流量出现偏差，不利于反应堆的安全稳定运行。倾斜角度的增加会降低热驱动力并降低自然循环流量，但是即使在倾斜 60° 的较为极端工况下，反应堆功率在无控制系统的作用下仍可恢复初始功率水平[3]。起伏运动可造成堆芯功率与流量出现同相振荡，在特定的周期下，系统流量和起伏的共振将导致堆芯功率和流量出现大幅度的波动，而在一回路稳压区填充不可凝气体可有效地抑制振荡[3]。

通过考虑热驱动压头和附加力压降影响，可以给出用以模拟堆芯流量随周期的变化规律的一维分析模型，该计算模型的计算结果和试验数据符合较好[2]。一些系统分析程序也被用于开发适用于船体运动情况下的热工水力分析程序。Retran02/grav 程序就是在 Retran-02 的基础上修改了动量方程与能量方程，并且增加了倾斜、起伏和摇摆运动的计算功能[3-4]。结合倾斜和摇摆条件下的单相自然循环实验、起伏运动下单相和两相自然循环实验等实验内容验证了程序应对海洋条件计算的有效性，并用于分散式双回路布置的"陆奥"号[5]和一体化布置的 DRX 反应堆[6]的强迫循环与自然循环的热工水力特性研究。韩国自主开发的 RETRAN-03/INT 程序被用于模块式先进一体化反应堆

SMART 的海洋条件影响分析[7]。

国内于 20 世纪末进行海洋条件下热工水力特性的相关研究。

试验研究方面,哈尔滨工程大学建立了机理性的摇摆试验台架,针对海洋条件自然循环运行特性开展广泛研究。清华大学针对低温核供热堆(NHR),建立了全参数的自然循环试验装置,开展了倾斜和摇摆工况下的实验研究,并通过数值模拟的方法,进行了对应运动条件下的理论分析。其中,冷态摇摆的实验研究指出,流量波动程度和回路的几何结构、阻力系数以及摇摆参数等多个因素有关[8-9];倾斜会导致支路流量不平衡,并影响二回路侧的蒸汽品质,缩短换热器与加热器间的水平距离或增大换热器与加热器间的竖直距离都可抑制支路的不平衡性[10]。

仿真分析方面,采用一维附加力模型编制了多种简谐摇摆运动情形下的仿真计算程序,用于研究海洋条件下主回路自然循环[11-13]或非能动余热排出系统的自然循环特性[14-16]。虽然这些程序取得了一定的研究成果,但是往往采用较多假设以减小计算量和降低编程难度,在相当程度上限制了计算程序的仿真精度与适用范围。系统分析程序如RELAP5[17]、ATHAS[18]等也被用于研究海洋条件对自然循环的影响。但是到目前为止,仍没有一种计算程序能在计算海洋条件下自然循环流动特性具有足够的准确性。

摇摆情形下的流动不稳定性吸引了一些研究人员的注意。摇摆使得自然循环两相流动不稳定性提前发生,而且摇摆运动下的波谷型两相流动不稳定性和密度波型脉动相互叠加形成复合型脉动,加剧了系统的两相流动不稳定性[19-20]。针对海洋条件下并联多通道系统两相流动不稳定性的理论分析指出,海洋条件会使并联系统趋于不稳定,而通道数目的增多可以减弱海洋条件的影响[21-22],而且在反应性反馈的作用下,核热耦合并联多通道系统具有强烈的非线性与混沌性[23]。这些都是海洋条件下流动不稳定性研究的主要内容。

目前的数值研究大多是通过一维分析程序进行的,一些研究人员开始使用 CFD 程序模拟海洋条件下的局部流场特性,分析了摇摆条件下棒束通道、压力容器下腔室内单相流体的流动特性[24-25],将附加力作为源项考虑,计算摇摆条件下不同位置的流场[26]。这些研究为海洋条件下的局部流场特性提供依据。

8.1.2 周期力场下流动及传热模型

起伏和摇摆条件下,自然循环冷却剂受周期力场作用而产生波动,影响流体的壁面摩擦阻力特性和对流换热特性。陆基条件下的流动和传热关系式是在稳态工况下建立的,对于海洋条件下的热工水力计算的适用性需进行充分考证,因此一些研究人员开展了周期力场作用下的流动及传热模型验证与改进研究。

基于模拟"陆奥"号自然循环蒸汽发生器的实验装置，研究了起伏运动下两相热工水力行为指出[27]，起伏会直接导致蒸汽发生器循环流量产生波动，并进一步影响蒸汽压力和空泡份额；对于低加热功率情形，起伏运动会增加蒸汽发生器的换热系数。小角度的倾斜不会影响堆芯的换热系数，而摇摆产生的附加力和重力的变化会对加热通道的温度梯度产生影响，导致堆芯以及加热器壳侧流体出现多种流动形式，同时摇摆造成的内部流动会增强堆芯换热，根据换热系数受附加力和自然对流这两个因素不同程度的主导地位，换热系数在不同的理查德数范围内被划分为三个区域[28]。

国内关于海洋条件下的局部实验研究主要局限于摇摆运动。主要是针对摇摆情形下圆管及窄缝通道的单相流动及传热模型进行试验研究，通过理论分析给出适用于摇摆条件的单相流体的摩擦阻力系数及对流换热系数表达式[29-33]。哈尔滨工程大学进行了一系列的摇摆条件下两相流动特性研究[34-36]，包括摇摆对临界热流密度及两相流型的影响，摇摆对两相流流型转变界限的影响，不同流型的空泡份额特征等。但由于实验中采用空气-水这种两相介质，相关特性还无法推广应用于水和水蒸气的两相流动中。

综上所述，目前开展的摇摆条件下的流动及换热模型的研究已取得一定成果，有益于加深对海洋条件影响的认识。采用可靠的流动及换热关系式对海洋条件热工水力的有效模拟十分重要，但目前的实验研究的参数条件和压水堆有较大差距，相关模型的适用范围还十分有限。由于海洋条件下两相流动涉及的问题较多，目前尚未有成熟的模型，这加大了海洋条件下两相流动的仿真难度。

8.2 海洋条件计算模型

海洋条件下的数学物理模型主要包括 3 个部分：典型运动条件下的附加力模型、节点空间坐标求解模型及流动换热模型。

8.2.1 附加力模型

在海洋条件下，船体相对地面（惯性系）做加速运动（见图 8.1），固定在船体上的坐标系属于非惯性系，牛顿运动定律不再成立，无法在该坐标系下直接建立流体的动量守恒方程。但为了便于描述流体运动，仍将流体的动量方程建立在非惯性系下，此时需要在动量方程中引入惯性力。

非惯性系下的液相和汽相动量方程分别如式（8.1）和式（8.2）所示。非惯性系和惯性系下动量方程的唯一区别是非惯性系下的动量方程多了附加力项。非惯性系下的质量方程和能量方程和惯性系下的方程没有区别。

$$\alpha_f \rho_f A \frac{\partial v_f}{\partial t} + \frac{1}{2}\alpha_f \rho_f A \frac{\partial v_f{}^2}{\partial x} = -\alpha_f A \frac{\partial P}{\partial x} + \alpha_f \rho_f (B_x + F_a) A + S_f \tag{8.1}$$

$$\alpha_g \rho_g A \frac{\partial v_g}{\partial t} + \frac{1}{2}\alpha_g \rho_f A \frac{\partial v_g{}^2}{\partial x} = -\alpha_g A \frac{\partial P}{\partial x} + \alpha_g \rho_g (B_x + F_a) A + S_g \tag{8.2}$$

式中：t ——时间；

x ——流动方向的位置；

A ——流道的横截面积；

P ——压力；

B_x ——惯性系下流动方向的质量力，包括重力和泵驱动压头；

F_a ——非惯性系下流动方向的附加力；

α_f、α_g ——液相、气相空泡份额；

ρ_f、ρ_g ——液相、气相密度；

v_f、v_g ——液相、气相速度；

S_f、S_g ——包含壁面摩擦力项、界面动量交换项、界面摩擦力及虚拟质量力项。

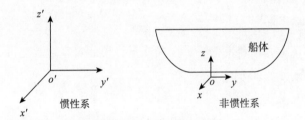

图 8.1　惯性系和非惯性系

定义流体质点在 $oxyz$ 坐标系中的位置和速度分别为 r 和 v。考虑两种坐标系的相互运动关系，动坐标 $oxyz$ 相对 $o'x'y'z'$ 的平动加速度、角速度和角加速度分别为 α、ω 和 β。经推导，非惯性系下动量方程中的附加力 F_a 可表示为：

$$F_a = -[a + \boldsymbol{\beta} \times r + \boldsymbol{\omega} \times (\boldsymbol{\omega} \times r) + 2\boldsymbol{\omega} \times v] e_v \tag{8.3}$$

式中：$\beta \times r$ ——切向加速度；

$\omega \times (\omega \times r)$ ——向心加速度；

$2\omega \times v$ ——科氏加速度；

e_v ——流动方向的单位矢量。

海洋环境下，由于风浪以及船体自身运动的作用，船体的运动方式十分复杂。在实验或理论研究中，通常可以将海洋条件下船体的运动简化为倾斜、起伏和摇摆 3 种形式，如图 8.2 所示。

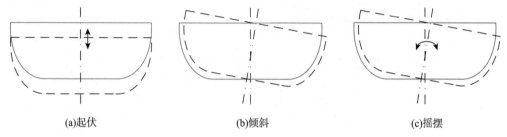

(a)起伏   (b)倾斜   (c)摇摆

图 8.2　3 种典型的海洋条件示意图

（1）起伏条件

起伏运动直接改变有效重力加速度的大小，简谐起伏条件下有效重力加速度在流动方向的分量可表示为：

$$B_x = \left[1 + A \sin\left(\frac{2\pi t}{T_f}\right) \right] g\boldsymbol{e}_v \tag{8.4}$$

式中：A ——起伏幅度；

$\quad\quad T_f$ ——起伏周期；

$\quad\quad g$ ——重力加速度。

在计算程序中，重力加速度为一个全局变量，因此可直接改变该全局变量的值来模拟起伏条件下重力加速度的变化。

（2）倾斜和摇摆条件

倾斜条件下，船体以固定角度偏离竖直状态；摇摆条件下，船体偏离竖直状态的角度随时间变化，且流体受附加力作用。因此，倾斜和摇摆条件下控制体的竖直位差都会产生变化，并改变动量方程的重力项。考虑倾斜和摇摆的共同点，可以将倾斜条件归并到摇摆条件中一起定义。

简谐摇摆条件下的角位移、角速度和角加速度可分别表示为：

$$\phi(t) = \phi_o + \phi_m \sin\left(\frac{2\pi t}{T_r}\right) \tag{8.5}$$

$$\omega(t) = \frac{2\pi \phi_m}{T_r} \cos\left(\frac{2\pi t}{T_r}\right) \tag{8.6}$$

$$\beta(t) = -\frac{4\pi^2 \phi_m}{T_r^{\,2}} \sin\left(\frac{2\pi t}{T_r}\right) = -\frac{4\pi^2}{T_r^{\,2}} \left[\phi(t) - \phi_0 \right] \tag{8.7}$$

式中：ϕ_0——倾斜角度；

　　　ϕ_m——摇摆幅度（即最大摇摆角度）；

　　　T_r——摇摆周期。

当 $\phi_0 = 0$ 时，式（8.5）表示摇摆工况；当 $\phi_m = 0$ 时，式（8.5）表示倾斜工况。

摇摆条件下流体受切向力、向心力和科氏力的共同作用。在一维动量方程中，只能考虑流动方向上的受力。和流动方向相同的力对流动有加速作用，反之有阻碍作用。根据科氏加速度的定义可知，科氏力始终垂直于流速，因此可忽略科氏力的影响。摇摆条件下，作用在控制体上的切向加速度和向心加速度如图 8.3 所示。可以发现，在定义起伏运动时，仅需直接给出起伏的加速度，而无需给出起伏的位移和速度等物理量。摇摆运动的作用效果更为复杂，控制体的竖直位差 ΔH 和角位移 ϕ 有关；向心加速度 f_c 与摇摆角速度 ω 相关；切向加速度 f_t 和摇摆加速度 β 相关，且摇摆运动下流体的受力和流体质点距离摇摆轴的矢量 r 位置有关。

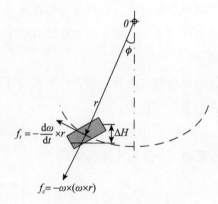

图 8.3　切向力和向心力

对于绕 x 轴摇摆的情形，令角速度为 $\omega = \omega_x(t)i$。根据切向力和向心力的定义，受力的矢量表达式为：

$$\begin{cases} f_c = -\omega_x(t)i \times [\omega_x(t)i \times (xi + yj + zk)] = \omega_x^2(t)(yj + zk) \\ f_t = -\dfrac{\mathrm{d}\omega_x(t)}{\mathrm{d}t}i \times (xi + yj + zk) = \beta_x(t)(zj - yk) \end{cases} \tag{8.8}$$

同理，对于绕 y 轴摇摆的情形有：

$$\begin{cases} f_c = \omega_y^2(t)(zk + xi) \\ f_t = \beta_y(t)(xk - zi) \end{cases} \tag{8.9}$$

对于绕 z 轴摇摆的情形有：

$$\begin{cases} f_c = \omega_z^2(t)(xi + yj) \\ f_t = \beta_z(t)(yi - xj) \end{cases} \tag{8.10}$$

合并式（8.9）～式（8.11），将附加力分解为各坐标轴的分力形式：

$$\begin{cases} f_x = (\omega_y^2 x - \beta_y z + \omega_z^2 x - \beta_z y)i \\ f_y = (\omega_x^2 y + \beta_x z + \omega_z^2 y - \beta_z x)j \\ f_z = (\omega_x^2 z - \beta_x y + \omega_y^2 z + \beta_y x)k \end{cases} \tag{8.11}$$

进一步将式（8.11）转化成矩阵形式，可表示为：

$$\begin{bmatrix} f_x \\ f_y \\ f_z \end{bmatrix} = \begin{bmatrix} \omega_y^2 + \omega_z^2 & \beta_z & -\beta_y \\ -\beta_z & \omega_z^2 + \omega_x^2 & \omega_x \\ \beta_y & -\beta_x & \omega_x^2 + \omega_y^2 \end{bmatrix} \begin{bmatrix} x \\ y \\ z \end{bmatrix} \tag{8.12}$$

式（8.12）描述了控制体在摇摆作用下所受的附加力和控制体坐标以及摇摆参数间的关系。在推导上式的过程中，各个方向的摇摆是相互独立的。向心力的表达式中有角速度的二次幂项，这意味着绕单个坐标轴的摇摆角速度计算出的向心力，不可通过简单叠加获得总的向心力。因此上式仅适用于绕坐标轴摇摆的情形，写成这种统一的表达式仅仅是为了数学形式上的整洁。

为了提高程序的适用性与建模的方便性，在进行附加力计算时，考虑了任意方向的摇摆运动。定义摇摆轴方向的单位矢量为 $e = e_x i + e_y j + e_z k$，将角速度 $\omega = \omega(t)e$ 和流体质点的位置矢量 $r = xi + yj + zk$ 代入式（8.3）中，可获得非惯性系下切向加速度 f_t、向心加速度 f_c 在各坐标轴上分量的矩阵形式：

$$\begin{pmatrix} f_x \\ f_y \\ f_z \end{pmatrix}_c = \omega^2(t) \begin{pmatrix} e_y^2 + e_z^2 & -e_x e_y & -e_x e_z \\ -e_x e_y & e_x^2 + e_z^2 & -e_y e_z \\ -e_x e_z & -e_y e_z & e_x^2 + e_y^2 \end{pmatrix} \begin{pmatrix} x \\ y \\ z \end{pmatrix} \tag{8.13}$$

$$\begin{pmatrix} f_x \\ f_y \\ f_z \end{pmatrix}_t = \beta(t) \begin{pmatrix} 0 & e_z & -e_y \\ -e_z & 0 & e_x \\ e_y & -e_x & 0 \end{pmatrix} \begin{pmatrix} x \\ y \\ z \end{pmatrix} \tag{8.14}$$

不管是起伏引入的重力还是摇摆引入的附加力，其本质都是在流体质点上引入了惯性力。当船体偏离竖直位置（倾斜或摇摆）时，需重新计算每个控制体的有效位差，以准确模拟重力的作用距离。复合运动为简单自由度运动的叠加，复合运动条件下的流体受力为相应力场的叠加。通过设置倾斜、起伏和摇摆参数的组合，即可模拟复合运动。

不同条件下的力场矢量图如图 8.4 所示。力场的特征直接决定了其对流体的作用效果。结合前文中各个力场的矢量表达式可以看出，向心力和重力一样，属于保守力，而切向力属于非保守力。

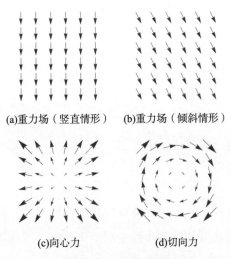

(a)重力场（竖直情形）　　(b)重力场（倾斜情形）

(c)向心力　　　　　(d)切向力

图 8.4　力场示意图

　　很多一维系统分析程序，如 RELAP5 程序，使用交错网格方法划分节点，这种离散方式容易编制计算程序，有利于通用性建模，而且对于采用中等大小的时间步长的求解是稳定可靠的。如图 8.5 所示，J 为连接上游控制体 K 以及下游控制体 L 的接管。在控制体上建立质量和能量守恒方程，在接管上建立动量守恒方程。

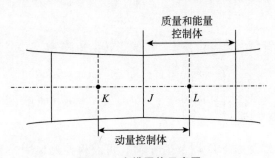

质量和能量
控制体

K　J　L

动量控制体

图 8.5　交错网格示意图

　　在接管 J 上，离散的动量方程中的重力项可表示为：

$$\int_{K}^{L}\rho g\,\mathrm{d}r=\int_{K}^{J}\rho g\,\mathrm{d}z+\int_{J}^{L}\rho g\,\mathrm{d}z=\rho_{K}g\,\Delta z_{KJ}+\rho_{L}g\,\Delta z_{JL} \tag{8.15}$$

式中：ρ_{K}、ρ_{L} ——控制体 K、L 的平均密度；

　　　Δz_{KJ}、Δz_{JK} ——KJ、JL 在竖直方向的高度差，并随摇摆角度变化。

在程序中通过计算惯性坐标系下的节点坐标获得位差随摇摆角度的变化。

摇摆条件下的附加力和重力同属于质量力，因此具有和重力项相同的形式：

$$\int_K^L \rho f \, \mathrm{d}r = \int_K^J \rho f \, \mathrm{d}r + \int_J^L \rho f \, \mathrm{d}r = \rho_K \int_K^J f \, \mathrm{d}r + \rho_L \int_J^L f \, \mathrm{d}r$$

$$= \rho_K (f_x, f_y, f_z)_{KJ} (\Delta x, \Delta y, \Delta z)_{KJ} + \rho_L (f_x, f_y, f_z)_{JL} (\Delta x, \Delta y, \Delta z)_{JL} \qquad (8.16)$$

式中：f_x，f_y，f_z ——附加力在非惯性系下的分力；

Δx，Δy，Δz ——控制体在非惯性系下各坐标轴的投影长度。

8.2.2 节点空间坐标模型

(1) 空间坐标求解

控制体所受的附加力和控制体相对摇摆轴心的位置相关，因此在求解特定时刻控制体所受附加力时，需预先获得各控制体的空间坐标信息。当计算节点数不太多时，可直接采用手动的方式输入坐标。而系统热工水力问题可划分上百个控制体，手动计算并输入坐标工作量巨大，且容易出错。本节提供一种自动计算控制体三维空间坐标的方法。

1) 计算投影长度

首先，需要计算出控制体在惯性坐标系各坐标轴上的投影长度。如图 8.6 所示，控制体长度 L 为面 1 到面 2 的距离。默认控制体为圆柱形，通过流通面积 A 获得直径 D：

$$D = 2\sqrt{\frac{A}{\pi}} \qquad (8.17)$$

根据控制体的倾斜角 θ 与方位角 φ，将投影转换矩阵 $\boldsymbol{M}$ 定义为：

$$\boldsymbol{M} = \begin{pmatrix} \cos\varphi\cos\theta & -\sin\varphi & -\cos\varphi\sin\theta \\ \sin\varphi\cos\theta & \cos\varphi & -\sin\varphi\sin\theta \\ \sin\theta & 0 & \cos\theta \end{pmatrix} \qquad (8.18)$$

通过控制体长度 L、直径 D 以及矩阵 $\boldsymbol{M}$，可获得控制体中心和表面间的距离在惯性坐标系 $o'x'y'z'$ 3 个坐标轴上的投影长度，如表 8.1 所示。

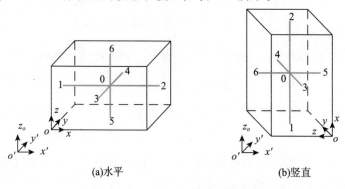

(a)水平　　　　　　　　　　(b)竖直

图 8.6　水平与竖直情形的控制体

表 8.1 控制体的投影长度

表面号 i	$\Delta x\ (i)$	$\Delta y\ (i)$	$\Delta z\ (i)$
1	$0.5M_{11}L$	$0.5M_{21}L$	$0.5M_{31}L$
2	$\Delta x\ (1)$	$\Delta y\ (1)$	$\Delta z\ (1)$
3	$0.5M_{12}D$	$0.5M_{22}D$	$0.5M_{32}D$
4	$\Delta x\ (3)$	$\Delta y\ (3)$	$\Delta z\ (3)$
5	$0.5M_{13}D$	$0.5M_{23}D$	$0.5M_{33}D$
6	$\Delta x\ (5)$	$\Delta y\ (5)$	$\Delta z\ (5)$

2）确定控制体连接关系

控制体的连接关系如图 8.7 所示，在接管 J 上定义上下游控制体号 K 和 L 以及连接的表面号 i_K 和 i_L。控制体 L 和 K 的坐标具有如下关系：

$$(x,\ y,\ z)_L = (x,\ y,\ z)_K + s_K\ [\Delta x\ (i_K),\ \Delta y\ (i_K),\ \Delta z\ (i_K)\ ]_{Ki_k} +$$
$$s_L\ [\Delta x\ (i_L),\ \Delta y\ (i_L),\ \Delta z\ (i_L)\ ]_{Li_L} \tag{8.19}$$

式中，s_K、s_L 用来表征连接的方向是否逆向的标识。当 i_K 为流出面时，s_K 取 $+1$，否则 s_K 取 -1；当 i_L 为流入面时，s_L 取 $+1$，否则 s_L 取 -1。

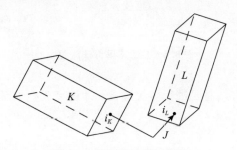

图 8.7 控制体连接示意图

3）空间坐标求解流程

坐标求解的基本思路是，对于两个相连的控制体，根据其中一个控制体的坐标计算另一个控制体的坐标。控制体空间坐标的具体求解过程如图 8.8 所示。定义系统中编号最小的控制体为基准控制体，设定为坐标原点。假设系统中存在 numJ 个接管，按接管编号从小到大的顺序进行检索，获得接管 J 所连接的上下游控制体号以及连接的表面号，根据式（8.19）可由已知的控制体坐标求解未知的控制体的坐标。完成一次检索后，若未能完成所有控制体坐标的求解，则标定逻辑变量 isFinish 为假，并再次进行接管的检索，直至所有控制体空间坐标求解完毕。

根据以上描述，对于按接管大小顺序填写的数据卡，只需进行一次检索就可完成求

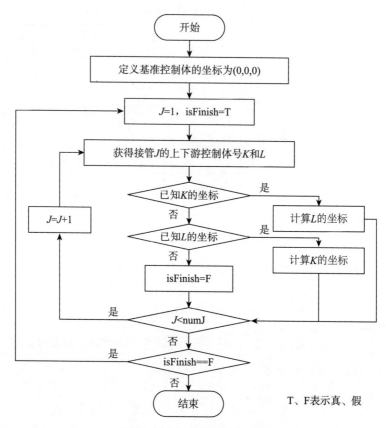

图 8.8　坐标求解算法流程图

解。对于复杂的系统而言，需要进行多次检索，才能完成整个系统所有节点空间坐标的计算求解。

（2）**坐标的旋转变换**

摇摆和倾斜都会改变控制体在惯性坐标系下的空间坐标，并改变控制体的竖直位差。为描述倾斜或摇摆后的控制体状态，需进行控制体坐标的旋转变换。

令控制体的起点（入口处）为原点，终点（出口处）为点 P（见图 8.9），控制体长度为 L，方位角和倾斜角分别为 φ 和 θ，则 P 点坐标为：

$$\begin{cases} x = L\cos\theta\cos\varphi \\ y = L\cos\theta\sin\varphi \\ z = L\sin\theta \end{cases} \quad (8.20)$$

以绕 x 轴的旋转为例，如图 8.10 所示。P_{yz} 为点 P 在 yz 平面上的投影，ϕ_{x0} 为 OP_{yz} 和 y 轴的夹角，$P_{yz}{}'$ 为 P_{yz} 按右手方向绕 x 轴旋转 ϕ_x 后的点。进行简单的三角变换即可获得旋转后的新坐标 (x_x, y_x, z_x)：

$$\begin{cases} x_x = x \\ y_x = r_{yz}\cos(\phi_{x0} + \phi_x) = r_{yz}\cos\phi_{x0}\cos\phi_x - r_{yz}\sin\phi_{x0}\sin\phi_x = y\cos\phi_x - z\sin\phi_x \\ z_x = r_{yz}\sin(\phi_{x0} + \phi_x) = r_{yz}\sin\phi_{x0}\cos\phi_z + r_{yz}\cos\phi_{x0}\sin\phi_z = z\cos\phi_z + y\sin\phi_z \end{cases}$$

$$(8.21)$$

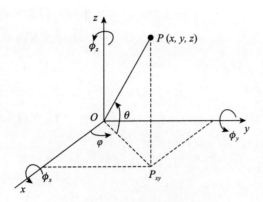

图 8.9　空间坐标及旋转示意

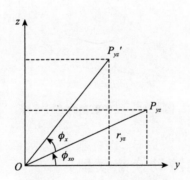

图 8.10　绕 x 轴旋转示意图

将式（8.21）写成矩阵形式：

$$\begin{pmatrix} x_x \\ y_x \\ z_x \end{pmatrix} = \begin{pmatrix} 1 & 0 & 0 \\ 0 & \cos\phi_x & -\sin\phi_x \\ 0 & \sin\phi_x & \cos\phi_x \end{pmatrix}\begin{pmatrix} x \\ y \\ z \end{pmatrix}$$

$$(8.22)$$

同理，可以证明 (x,y,z) 依次绕 3 条坐标轴分别旋转 ϕ_x、ϕ_y、ϕ_z 坐标后，新坐标 (x',y',z') 可表示为：

$$\begin{pmatrix} x' \\ y' \\ z' \end{pmatrix} = \begin{pmatrix} 1 & 0 & 0 \\ 0 & \cos\phi_x & -\sin\phi_x \\ 0 & \sin\phi_x & \cos\phi_x \end{pmatrix}\begin{pmatrix} \cos\phi_y & 0 & \sin\phi_y \\ 0 & 1 & 0 \\ -\sin\phi_y & 0 & \cos\phi_y \end{pmatrix}\begin{pmatrix} \cos\phi_z & -\sin\phi_z & 0 \\ \sin\phi_z & \cos\phi_z & 0 \\ 0 & 0 & 1 \end{pmatrix}\begin{pmatrix} x \\ y \\ z \end{pmatrix}$$

$$(8.23)$$

需注意，由于角度不属于矢量，不满足平行四边形定律，式（8.23）中旋转的顺序不可以颠倒。

对于绕坐标轴的坐标旋转变换，式（8.23）已足够满足计算需要。考虑到在实际情况下船体可能绕任意方向倾斜或摇摆，所以为了提高程序的适用范围需考虑绕任意方向旋转的坐标变换。通过定义一个旋转矩阵，左乘旧坐标获得旋转后的坐标。

如图 8.11 所示，点 $P(x,y,z)$ 以右手方向，绕过原点的单位矢量 $\boldsymbol{e}=e_x\boldsymbol{i}+e_y\boldsymbol{j}+e_z\boldsymbol{k}$ 旋转 ϕ 后的坐标（x'，y'，z'）可表示为：

$$\begin{pmatrix} x' \\ y' \\ z' \end{pmatrix} = \begin{pmatrix} (1-c)e_x{}^2+c & (1-c)e_xe_y-e_zs & (1-c)e_xe_z+e_ys \\ (1-c)e_ye_x+e_zs & (1-c)e_y{}^2+c & (1-c)e_ye_z-e_xs \\ (1-c)e_xe_z-e_ys & (1-c)e_ye_z+e_xs & (1-c)e_z{}^2+c \end{pmatrix} \begin{pmatrix} x \\ y \\ z \end{pmatrix} \tag{8.24}$$

式中，$c=\cos\phi$，$s=\sin\phi$。

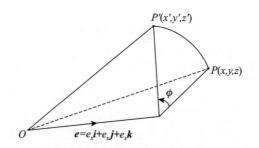

图 8.11　绕任意轴的坐标旋转

8.2.3　摇摆条件下的流动换热模型

（1）摩擦阻力系数

有学者通过理论分析给出了摇摆条件下单相流体的摩擦阻力系数关系式（8.25）和式（8.26）。该关系式在陆基条件公式的基础上通过添加修正项得到，可保证在引入海洋条件后阻力系数计算公式的光滑过渡，该关系式能较准确地计算摇摆条件下的摩擦阻力系数。

对于层流区：

$$\lambda_L = \frac{64}{Re} + \frac{36L\sqrt{\nu}\,\omega_m^2}{u_m^2\sqrt{n}}\eta_1\sin(nt) \tag{8.25}$$

对于紊流区：

$$\lambda_T = 0.3164\,Re^{-0.25} + \frac{36L\sqrt{\nu}\,\omega_m^2}{u_m^2\sqrt{n}}\eta_2\sin(nt) \tag{8.26}$$

式中：L——控制体到摇摆轴心的距离；

ν——流体动力学黏度；

ω_m——最大摇摆角速度；

μ_m——流道中心流速；

n——摇摆角频率；

η_1、η_2——运动黏度，$\eta_1 = \eta_2 = 0.91$。

（2）对流换热系数

壁面热通量 q'' 包括壁面传至蒸汽与传至液体的热通量之和：

$$q'' = h_g(T_w - T_{refg}) + h_f(T_w - T_{reff}) \tag{8.27}$$

式中：h_g——蒸汽的对流传热系数；

h_f——液体的对流传热系数；

T_w——壁面温度；

T_{refg}——气相的基准温度；

T_{reff}——液相的基准温度。

基准温度可以是气相温度、液相温度或饱和温度，不同的传热系数关系式可能有不同的定义。

对于单相区间的管内换热，层流区的努塞尔数采用 Kays 公式，紊流区采用 Dittus—Boelter 公式，分别为：

$$Nu = 4.4 \tag{8.28}$$

$$Nu = 0.023\,Re^{0.8}\,Pr^n \tag{8.29}$$

式中，Pr 为普朗特数；加热时，$n = 0.4$，冷却时，$n = 0.3$。

充分考虑摇摆运动的影响，修正后的单相流体对流换热关系式如式（8.30）所示。

对于层流区：

$$Nu = 4.4 + \frac{45 L \omega_m^2}{2 Re Pr (1 + \sqrt{Pr})\sqrt{n^3 a}}\sin(nt) \tag{8.30}$$

对于紊流区：

$$Nu = 0.023\,Re^{0.8}\,Pr^n + \frac{45 L \omega_m^2}{2 Re Pr (1 + \sqrt{Pr})\sqrt{n^3 a}}\sin(nt) \tag{8.31}$$

式中：a——热扩散率。

8.3 海洋条件下的自然循环特性

在强迫循环工况下，流体在主泵驱动下高速流动，海洋条件引入的附加力相对于泵的驱动压头而言是非常微弱的，因此海洋条件对强迫循环热工水力特性影响很小，国内外学者针对这一观点已达成共识。而在自然循环工况下，流体受有限的驱动力作用，海洋条件引入的附加力会对一回路自然循环的驱动压降产生显著影响，从而影响回路的自然循环能力，进一步影响冷却剂的热工水力特性和载热能力。

8.3.1 倾斜条件

倾斜条件下，反应堆冷却剂环路间不同的驱动压头会造成冷却剂流量的不对称，进而改变直流蒸汽发生器一次侧冷却剂的温度分布，从而影响蒸汽发生器的换热特性。随着倾斜角度的增大，对称环路内冷却剂流量偏差增大，流过堆芯的冷却剂流量降低。因此，大角度的倾斜会显著降低堆芯出口过冷度，影响反应堆的安全性。

(1) 倾斜条件的影响机制

倾斜条件会改变回路冷热源的相对位置，从而影响自然循环的有效驱动高度，而且倾斜条件只在瞬态过程中产生附加压降，倾斜结束后附加压降消失。船用核动力装置的倾斜条件可以分为横倾及纵倾（前倾和后倾），对于分散布置压水堆来说，不同倾斜条件的影响与反应堆冷却剂回路的布置形式密切相关，可能产生完全相反的效果。而对于一体化反应堆，由于堆芯和蒸汽发生器可以认为在同一竖直轴线上，而且直流蒸汽发生器是对称于堆芯布置，因此不同倾斜条件的作用是相同的，均会使自然循环的有效高度差下降。

对于一体化反应堆核动力系统，绕 y 轴倾斜一定角度后的 A、B 和 C 环路位置变化示于图 8.12。为简化分析，可采用热中心假设，认为冷热源均为点源，同时假设发生倾斜后冷热源的相对位置保持不变。以反应堆左侧（A）环路为例说明倾斜一定角度后冷热源驱动高度（冷热源的竖直高度）的变化情况，如图 8.13 所示。定义 L 和 H 分别为竖直条件下冷热源间的水平距离和竖直距离，则反应堆右倾 ϕ 角度后左侧环路的驱动高度 H_l 可表示为：

$$H_l = H\cos\phi + L\sin\phi \tag{8.32}$$

同理，右侧（B）环路的驱动高度 H_r 可表示为：

$$H_r = H\cos\phi - L\sin\phi \qquad (8.33)$$

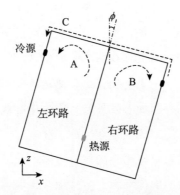

图 8.12 倾斜条件下环路位置示意图

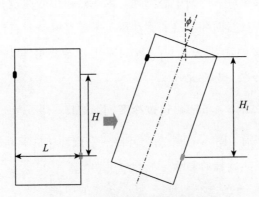

图 8.13 右侧环路驱动高度的变化

根据式（8.32）和式（8.33）可以绘制出一体化反应堆左右两侧环路的驱动高度随倾斜角度变化的曲线，如图 8.14 所示。

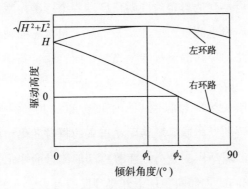

图 8.14 驱动高度随倾斜角度的变化

由于一体化反应堆内直流蒸汽发生器和堆芯的横向距离 L 很小，而竖直距离 H 相对较大。因此，倾斜条件对左右两侧对称环路的影响完全不同。在倾斜角度小于 $90°$ 的范围内，随着倾斜角度的增加，一体化反应堆右侧环路的驱动高度不断减小，而左环路的驱动高度先增大再减小。倾斜角度存在两个临界值 ϕ_1 和 ϕ_2，其中：

$$\phi_1 = \tan^{-1}(L/H) \tag{8.34}$$

此时，左侧直流蒸汽发生器与堆芯处于同一垂直中心线处，左侧环路可达到最大位差 $\sqrt{H^2+L^2}$；

$$\phi_2 = \tan^{-1}(H/L) \tag{8.35}$$

此时，右环路的驱动高度为零。

由于密度沿环路具有分布特性，冷热源的中心位置难以选取。且在倾斜之后，冷却剂密度分布的变化会改变冷热源的中心位置，因此热源中心假设具有一定局限性。实际分析中，可通过计算各自然循环回路的驱动压头来解释倾斜对自然循环流量的影响。考虑到倾斜条件下各环路驱动压头不再一致，需正确描述并联环路间的影响，定义图 8.12 中外侧环路（C 环路）的驱动压头为：

$$\Delta P_{e,C} = \Delta P_{e,A} - \Delta P_{e,B} = \oint_A \rho g \, dz - \oint_B \rho g \, dz \tag{8.36}$$

式中，$\Delta P_{e,A}$、$\Delta P_{e,B}$ 分别为图 8.12 中左侧环路、右侧环路的驱动压头。

（2）倾斜对自然循环特性的影响

1）倾斜条件下反应堆的运行特性

一体化反应堆向右侧倾斜时，由于左侧回路的有效高度差增大，右侧回路的有效高度差减小，因而左侧环路的流量增大，而右侧环路的流量减小。相应地，左环路蒸汽发生器出口冷却剂温度增大而右环路蒸汽发生器出口冷却剂温度减小，堆芯总流量相比稳定运行状态减小。当反应堆到达指定的倾斜角度，各个环路内摩擦压降和驱动压头相等时，反应堆系统重新达到稳定的自然循环状态。对于相对摇摆轴线对称布置的直流蒸汽发生器，位于同一侧环路的冷却剂流量变化趋势相同。倾斜条件下堆芯及左右环路自然循环流量的变化如图 8.15 所示。

由于自然循环驱动压头受冷热源位差和密度分布的共同影响。引入倾斜条件的瞬间，不同环路冷热源位差的变化造成环路驱动压头的瞬时变化。此时，右侧环路的驱动压头下降，而左侧环路的驱动压头升高，随着冷却剂流量的变化，自然循环驱动压头最终趋于稳定。根据式（8.36），倾斜条件下外侧环路会有大于零的驱动压头 $\Delta P_{e,C}$，即主冷却剂系统中存在右侧环路向左侧环路流动的趋势，因此图 8.15b 中左环路的流量明显大于右环路的流量。环路流量的变化会改变直流蒸汽发生器的换热特性，导致不同直流

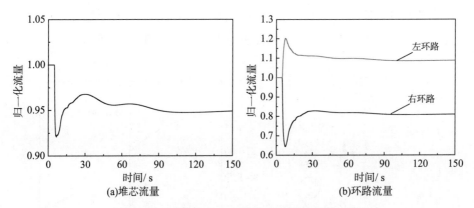

图 8.15 倾斜条件下冷却剂自然循环流量变化

蒸汽发生器出口冷却剂温度产生比较大的偏差。

根据图 8.14 中驱动高度随倾斜角度的变化，当一体化反应堆向右侧倾斜时，左环路的位差相对倾斜前变化很小，而右环路的位差会有大幅下降。位差的变化进一步影响自然循环回路的冷却剂流量，因此左环路的流量稍有增大而右环路的流量大幅减小，这样就造成堆芯进口处冷却剂流量减小。而且当倾斜角度大于 ϕ_1 时，左右两侧环路的流量都是随倾斜角度的增大而减小，堆芯进口冷却剂流量降低的幅度会进一步加大。

2）直流蒸汽发生器相对位置的影响

根据式（8.32）和式（8.33）可以看出，倾斜条件下冷热源位差的变化，不但与冷热源高度差相关，同时还与冷热源的横向距离有关。采用分散式布置的核动力装置，其堆芯和蒸汽发生器是使用主管道进行连接，因此冷热源的横向距离较远，因此冷却剂自然循环受倾斜条件的影响比较大。对于一体化反应堆来说，堆芯和直流蒸汽发生器都布置在压力容器内部，冷热源的横向距离较小，因此倾斜条件的影响相对较弱。

一体化反应堆中多台直流蒸汽发生器环绕堆芯布置，距离堆芯中轴线的距离都相同。但是不同位置的直流蒸汽发生器相对摇摆轴的距离不同，因此其所在环路的驱动压头变化也不相同。反应堆右倾 30°后稳定的蒸汽发生器一次侧冷却剂流量分配情况如图 8.16所示。当反应堆向右侧倾斜时，位于一体化反应堆右侧位置的直流蒸汽发生器内冷却剂流量减小，位于左侧位置的直流蒸汽发生器内冷却剂流量增大，而且距离摇摆轴越远的直流蒸汽发生器内冷却剂自然循环流量的变化越大。由于自然循环流量不同，直流蒸汽发生器一次侧出口冷却剂温度也会有较大的偏差。因此，反应堆的结构越紧凑，越有利于减弱倾斜对自然循环的影响。

3）倾斜角度的影响

倾斜条件会引起一回路冷却剂流量及温度分布的不均匀，而倾斜角度的增大则会进一步加剧这种不均匀性。一体化反应堆向右侧倾斜时，左右环路内稳定的冷却剂自然循环流量及蒸汽发生器出口冷却剂温度随倾斜角度的变化如图 8.17 所示。

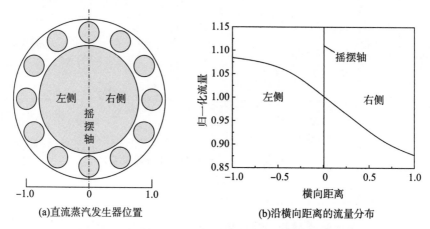

(a)直流蒸汽发生器位置　　　　(b)沿横向距离的流量分布

图 8.16　直流蒸汽发生器相对位置对冷却剂流量的影响

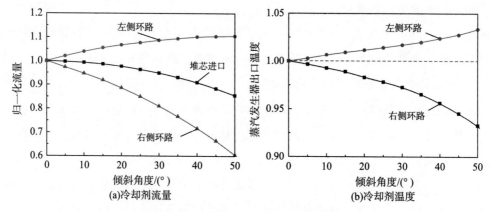

(a)冷却剂流量　　　　　　　(b)冷却剂温度

图 8.17　倾斜角度对自然循环的影响

由于倾斜引起的冷热源位差的变化，随着倾斜角度的增大，左侧环路的冷却剂自然循环流量会有小幅度增加，而右侧环路的自然循环流量却有显著降低。总体来说，一体化反应堆左右两侧对称环路内的冷却剂自然循环流量的偏差会随倾斜角度的增大而增大，而堆芯进口处的冷却剂流量随倾斜角度的增大而减小。在相同的反应堆功率条件下，堆芯出口冷却剂温度随倾角增大而增加，因此大的倾斜角度会降低反应堆的安全性。

由于倾斜状态的影响，一回路冷却剂流量分布不均匀，造成直流蒸汽发生器出口冷却剂温度的偏差增大。其中左侧环路内冷却剂流量增大，相应的冷却剂温度会升高；右侧环路内冷却剂流量减小，相应的冷却剂温度会不断减小。如果不同温度的冷却剂在下腔室内不能充分混合，会对反应堆功率分布和冷却剂流量分配产生很大影响。

8.3.2　摇摆条件

摇摆对自然循环的影响主要是对附加惯性压降以及冷热源相对位置的影响，因此会引起环路自然循环流量以及反应堆功率的波动。摇摆条件又可分为横摇和纵摇，对于一体化反应堆来说，环路的对称布置使得横摇和纵摇对自然循环回路的影响趋势相同。无论是横摇还是纵摇，摇摆轴两侧环路的参数变化趋势相反，都会相互抵消一部分摇摆的影响。

摇摆条件下，附加力压降主要由切向力贡献。摇摆周期较小时环路流量波动主要由附加力引起，而摇摆周期较大时流量波动由附加力和热驱动力共同作用，但是附加压降对自然循环的影响要大于冷热源位差的影响。

(1) 摇摆条件的影响机制

摇摆条件下，流体受复杂的周期力场作用。一方面非惯性系下重力周期性变化，另一方面摇摆运动会引入周期变化的切向力和向心力。可以分别用切向力压降和向心力压降表示切向力和向心力沿环路的积分值，则附加压降就是切向力压降与向心力压降之和。

摇摆条件下的环路流量波动受周期变化的驱动压头和附加压降共同影响。由于冷热源位差的变化，驱动压头的平均值小于摇摆前的稳定值，波动周期和摇摆周期一致。根据式（8.32），可获得左侧环路驱动高度随时间变化的表达式为：

$$H_r = H\cos\left[\phi_m\sin\left(\frac{2\pi t}{T_r}\right)\right] + L\sin\left[\phi_m\sin\left(\frac{2\pi t}{T_r}\right)\right] \tag{8.37}$$

由于冷热源位差的变化规律与核动力装置的空间布置结构有关，驱动高度在不同摇摆角度下的变化速率不同，因此驱动压头的波动规律一般会偏离正弦形状。当系统向右摇摆达到最大角度附近时，右侧环路的驱动压头变化较快，而左侧环路的驱动压头变化较为平缓，所以驱动压头的波动呈现"波峰宽，波谷窄"的特点。而在摇摆条件下，左右两侧环路所受到的附加力压降主要由切向力贡献，其波峰对应驱动压头的波谷，因此附加压降和驱动压头对环路流量有相反的作用效果，如图8.18所示。

摇摆条件引入的切向力压降的波动周期与摇摆周期一致，而左右两侧环路的切向力压降波动存在180°的相位差。切向力属于非保守力，在环路上具有累积效应，而且在不考虑环路的密度分布时，切向力压降值与摇摆轴位置无关。

向心力压降的波动周期为摇摆周期的一半，波动幅度较小。和重力一样，向心力属于保守力，在环路上具有抵消效应，只有在环路流体具有密度差时才会有净的积分值，

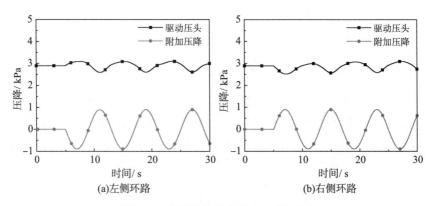

图 8.18　自然循环驱动压头和附加压降

且积分值的正负和摇摆轴的位置有关。摇摆条件下，相对摇摆轴对称的左右两侧环路中的向心力压降的波动相位是相同的。如果摇摆轴位于堆芯底部，向心力会有竖直向上的分力，所以环路的向心力压降为负值。但由于向心力的强度较弱，向心力压降值很小，对自然循环流量的影响十分有限。堆芯压降中向心力的作用份额可用式（8.38）表示：

$$\Delta p_c = \int_0^{H_e} -\rho\omega^2 h\,\mathrm{d}h \approx -\frac{1}{2}\bar{\rho}\omega^2 H_c^2 \tag{8.38}$$

式中：$\bar{\rho}$ ——堆芯冷却剂的平均密度；

　　　H_c——堆芯高度。

虽然整个环路的流量波动特性不受向心力的影响，但在计算部件的局部压降时却不可忽略向心力的影响。

（2）摇摆对自然循环特性的影响

摇摆条件下的摇摆角度 ϕ、角速度 ω 和角加速度 β 之间的关系可表示为：

$$\omega = \frac{2\pi\phi_m}{T_r}\cos\left(\frac{2\pi t}{T_r}\right) \tag{8.39}$$

$$\beta = -\frac{4\pi^2}{T_r^2}\phi \tag{8.40}$$

式中：ϕ_m ——最大摇摆角度；

　　　T_r ——摇摆周期。

在稳定的自然循环回路中引入摇摆运动时，各参数响应如图 8.19 所示。在摇摆的初始时刻，摇摆角度和角加速度均从零开始变化，而且两个参数的相位相反。而角速度的初始值是从最大值开始变化的，其参数变化相比摇摆角度相差 1/4 周期。摇摆条件主要是会引起冷热源相对位置以及附加力的变化，进一步引起冷却剂流量的变化。由于流体所受附加力在时间上的累积造成流体流速的变化，因此流量的变化滞后于摇摆运动。

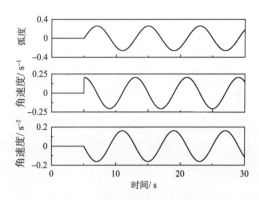

图 8.19 摇摆条件下的参数响应

图 8.20 所示为摇摆条件下冷却剂自然循环流量的变化趋势。当引入摇摆条件时，左右环路的流量产生波动，波动周期与摇摆周期一致。由于环路对称布置，左侧环路与右侧环路的流量波动周期相同、相位相反。如果两个对称环路完全相同，则摇摆引起的环路流量波动可以完全相互抵消。但由于实际系统中对称的冷却剂环路之间存在差异，环路流量波动的波峰和波谷形状并不完全对称，环路流量不可能完全抵消，所以进入堆芯的自然循环流量会有小幅波动，而且波动周期为摇摆周期的一半。

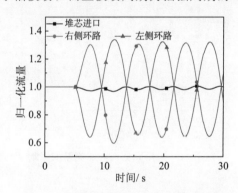

图 8.20 摇摆条件下的冷却剂流量波动

受摇摆条件的影响，堆芯流量的平均值小于稳态自然循环的流量水平，而堆芯流量波动还会进一步引起反应堆功率的波动。当堆芯进口流量增加时，将使堆芯活性区内冷却剂温度下降，温度的负反馈作用引起反应堆功率增加。同理，当堆芯进口流量减小时将导致反应堆功率减小。反应堆功率和冷却剂流量一样呈正弦函数变化趋势，但是由于摇摆条件首先影响自然循环流量，反应堆功率的变化将滞后于冷却剂流量的变化。

在比较大的摇摆角度条件下，即使二回路负荷不变，摇摆引起的功率波动也会造成控制棒的频繁动作，给反应堆功率控制系统造成很大的负担。而且反应堆功率和冷却剂流量的波动，还会造成燃料温度和包壳温度的波动，轴向温度越高，参数波动范围越大。对于采用完全对称布置的一体化反应堆来说，不管是横摇还是纵摇，对称环路内的冷却剂流量波动都会相互抵消，堆芯的流量波动会被减缓，堆芯进出口温度以及冷却剂平均温度均不会出现较明显的变化。

（3）摇摆条件的影响因素

摇摆条件一方面会使主冷却系统处于周期性变化的外力场的作用下，使流体产生附加惯性力；另一方面会改变冷热源的相对位置，造成自然循环有效驱动高度的变化。这两个方面都会对冷却剂的自然循环流动产生影响。

1）摇摆幅度的影响

摇摆条件下，由于非惯性坐标系下重力场方向的变化，自然循环回路的驱动压头会呈周期性波动。由摇摆运动产生的附加力同样呈周期性变化。在一定的摇摆幅度范围内，驱动压头和附加压降的波动幅度与摇摆幅度均呈正比关系，但摇摆引起的附加压降取决于加速度的大小，附加压降比驱动压头的波动幅度增长得更快。因此在相同的摇摆周期条件下，摇摆振幅越大，影响越大，环路流量波动越剧烈，如图 8.21 所示。

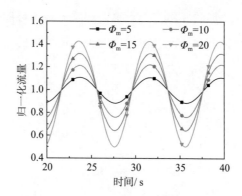

图 8.21　摇摆幅度对环路流量的影响

2）摇摆周期的影响

摇摆造成的核动力装置运行参数的波动幅度与摇摆周期和摇摆幅度密切相关，相同振幅条件下，摇摆周期越小，影响越大，参数波动越剧烈。

摇摆条件下，自然循环流量振荡的主要原因是摇摆引起的附加压降不同。驱动压头的波动幅度基本不随周期变化，而附加压降的波动幅度随周期的增大而减小。因此，摇摆周期较短时自然循环流量波动主要由附加力引起，周期较长时自然循环流量波动由附加力和热驱动力共同作用。图 8.22 给出了不同周期下的环路流量变化，由图中的比较可以看出，环路流量的波动幅度随周期的增大而减小，流量的平均值相对于摇摆前的稳定值略有降低。

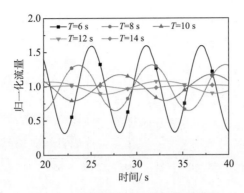

图 8.22　摇摆周期对环路流量的影响

3）摇摆轴位置的影响

在上述摇摆条件的分析中，摇摆轴设定在反应堆堆芯的中心，摇摆的平衡位置为垂直状态（$\phi_0 = 0$）。该摇摆条件是完全理想的状态，左右环路的流动波动特性是对称的。如果摇摆轴偏离中心点，则系统的对称性被破坏，如图 8.23 所示。摇摆轴的位置变化会影响流体质点所受附加力的大小和方向。

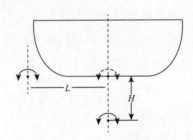

图 8.23　摇摆轴位置

如果摇摆轴垂直向下远离下腔室 H_y，则主冷却系统中的流体所受附加力变强，一体化反应堆对称环路内冷却剂自然循环流量波动幅度也会增加。但是由于摇摆角度和摇摆周期保持不变，摇摆轴位置的垂直位移不会对堆芯进口处冷却剂的自然循环流量波动产生很大影响。一回路冷却剂的流动振荡幅度基本保持不变，如图 8.24a 所示。

当摇摆轴向左平移 L_x 距离时，远离摇摆轴的环路会受更强的附加力作用，造成环路间流量波动的不对称，因此叠加后的堆芯进口流量波动幅度会增大。摇摆轴位于原点时，堆芯通道所受切向力在竖直方向的分力为零；摇摆轴向左平移后，切向力在堆芯通道出现正的分力，此时流量波动周期仍然是摇摆周期的一半。摇摆轴偏离得越远，堆芯通道所受切向力越强，流量波动幅度越大。如果所有直流蒸汽发生器都位于摇摆轴的一侧（$L_x > L$）时，则所有环路都受到相同的附加力作用，堆芯入口流量的波动周期与摇摆周期相同。

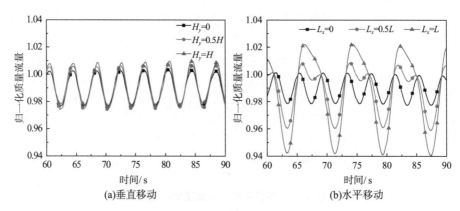

图 8.24　摇摆轴位置对堆芯流量的影响

4）反应堆功率水平的影响

自然循环运行条件下，驱动压头和回路阻力共同保持自然循环系统的稳定运行。当摇摆运动产生的附加压降较大时，会造成自然循环系统内冷却剂的流量波动。这个流量波动的大小与自然循环流量大小无关，而是主要受自然循环驱动压头的影响。

在低负荷条件下自然循环回路的驱动压头比较小，摇摆附加力的影响会增强。而功率水平越高，自然循环驱动力越大，驱动压头和附加力压降之和的波动幅度越小，越有利于减弱自然循环回路的流量波动，如图 8.25 所示。也就是说，反应堆功率水平越低，环路流量波动幅度越大。

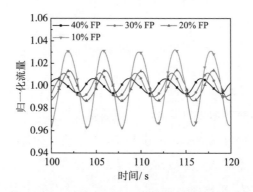

图 8.25　不同负荷水平下的环路流量波动比较

8.3.3　起伏条件

船舶的起伏运动不会改变冷热源的有效高度差，但是会引起重力场的周期性变化，在回路中产生附加压降。当垂直加速度方向与回路内流体流动方向相同时附加压降为正，产生流动阻力；当垂直加速度方向与回路内流体流动方向相反时附加压降为负，产生驱动力。起伏运动对自然循环回路产生相同的影响，左右环路流量波动的幅度也相同。

与垂直加速类似，水平直线加速也会在回路内产生附加压降。但是船舶运行时的水平加速直线运动只对与船舶运动方向平行的管道内的冷却剂产生影响，而一体化反应堆结构紧凑，受船舶加速直线运动的影响很小。

（1）起伏条件的影响机制

起伏运动相当于在流体上施加了周期性变化的垂直直线加速作用力，直接改变有效重力加速度的大小，造成热驱动压头的变化，从而导致回路内冷却剂自然循环流量出现波动。自然循环流量的变化会改变环路内的温度分布，进一步改变热驱动压头。而且在冷却剂温度反馈的作用下，反应堆功率出现与冷却剂流量相同频率的振荡。因此，在大的起伏幅度或长的起伏周期下，起伏运动会显著破坏自然循环流动的稳定性。

起伏条件下，附加压降随着船舶竖直方向的速度和流动阻力的变化呈相反的变化趋势。当船舶获得竖直向上的瞬时加速度时，流体所受的附加压降是负值，所以回路流量增加，当竖直向上的加速度逐渐减小为零时，回路流量达到最大值。然后加速度的方向变为竖直向下，回路流量开始减小。在周期性变化的附加压降的影响下，回路自然循环流量也会出现周期性波动。

（2）起伏对自然循环特性的影响

1）起伏周期的影响

起伏条件下，冷却剂自然循环流量的波动周期与起伏周期一致。对于频率较高的起伏运动，随着起伏周期的增大，自然循环流量波动幅度也会增大。而当周期增大到一定程度后，流量的波动幅度基本不再受周期大小的影响，如图 8.26 所示。

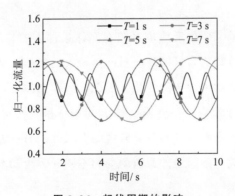

图 8.26　起伏周期的影响

在负荷水平不变的情形下，随着起伏周期的增大，尽管冷却剂流量波动幅度基本不变，但堆芯出口温度的波动幅度会随起伏周期的增大而增大。这是由于温度的变化受传热延迟效应的影响，长的起伏周期意味着在一个流量波动周期内流体具有更长的换热时间，因此出现更大的温度波动。

2）起伏幅度的影响

图8.27给出了不同起伏幅度下的堆芯流量变化。随着起伏幅度的增加，流量波动变强，且流量波动幅度和起伏幅度基本呈线性变化规律。由于船舶获得的加速度随时间变化，当竖直加速度在获得一个初始最大值开始减小时，附加压降同样由最大值开始减小，但是此过程中附加压降值一直为负。流体所受到的竖直加速度越大，附加压降值越大，冷却剂流量波动幅度就会越大。

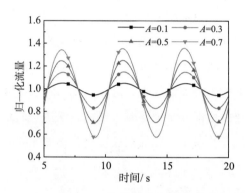

图 8.27　起伏幅度的影响

8.4　海洋条件下的核热耦合特性

第8.3节主要讨论了一体化反应堆系统在海洋条件下的自然循环流动特性，摇摆、起伏和倾斜运动都会对冷却剂自然循环流量产生较大的影响，而冷却剂流量或温度的变化又会进一步造成反应堆功率分布的变化。因此，海洋条件下，附加力场、自然循环以及反应堆功率间存在耦合效应。一方面，堆芯的功率呈三维分布，且在自然循环条件下，功率分布和堆芯热工水力参数间具有较强的关联性；另一方面，海洋条件下流体所受附加力和空间位置有关，不同组件通道的受力不同导致冷却剂流量重新分配，又会进一步影响反应堆功率分布。

8.4.1 自然循环条件下的堆芯功率分布

自然循环稳定运行工况下，堆芯径向功率分布呈现中心区域高、边缘区域低的分布规律。在堆芯中心区燃料组件中的释热量较大，加热通道内冷却剂质量流量也越高，因此冷却剂流量分配特性与功率分布特性类似，同样呈现中心高边缘低的分配趋势。

造成压水堆堆芯流量分配不均匀的因素主要包括：1）冷却剂进入下腔室形成涡流，造成各冷却剂通道入口处有不同的静压力；2）由于燃料组件的制造和安装偏差，各冷却剂流道的几何形状和流通面积不可能完全一致；3）各通道的加热功率不同造成流体的物性不同，使各通道的壁面阻力系数出现差别。对于开式通道，还需考虑相邻通道间的冷却剂搅混，这有利于流量分配的均匀化。

如果不考虑下腔室的三维流场作用，则稳态条件下堆芯各组件入口的压力和温度分布是均匀的。而板状燃料组件各通道间无流量搅混，同时各组件的流通面积也完全一致，因此造成冷却剂流量分配不均匀的因素主要是组件的功率水平。这主要是因为冷却剂温度随着加热功率的增加而增加，导致壁面摩擦阻力系数降低。在相同的入口和出口压降条件下，加热通道中的流动阻力越小，该通道的流量越大。因此，燃料组件的不同加热功率导致一回路冷却剂流量的不均匀分布。而且，功率分布的不均匀性明显大于一回路冷却剂流量分布的不均匀性，如图 8.28 所示。

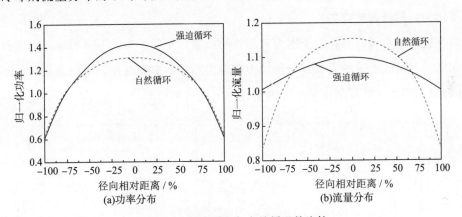

图 8.28 强迫循环与自然循环的比较

反应堆堆芯的功率分布主要受燃料释热的影响，因此自然循环的堆芯功率分布与强迫循环具有相同的趋势。由于冷却剂温度分布和燃料温度分布的不同，自然循环时的径向功率峰值略低于强迫循环，而自然循环时的最低功率相对较高。因此，自然循环条件下的堆芯功率分布比强迫循环时的功率分布更加均匀，如图 8.28a 所示。由于冷却剂物性的不同，在相同功率水平下，控制棒的位置也不相同，但差别并不显著。由于控制棒位是轴向功率分布的主要影响因素，整体看来两种工况下的轴向功率分布差别不大。但核热耦合效应在轴向功率分布曲线中也有所体现，和自然循环工况相比，强迫循环工况的堆芯入口冷却剂温度偏高，出口冷却剂温度值偏低。在反应性反馈的作用下，堆芯入口处强迫循环比自然循环的轴向功率值略低，出口处轴向功率值略高。

在强迫循环工况下，和主泵强有力的驱动力相比各通道所受流动阻力的差别很小，因此不同组件的流量差别不大。针对中国先进研究堆 CARRY 的强迫循环流量分配计算结果显示，最热通道和最冷通道间的流量差别不超过 0.1%，同样证明强迫循环工况下流量分配基本不受组件释热量的影响。自然循环工况下冷却剂流量受功率分布的强烈影响，因此流量分配具有较大的不均匀性，如图 8.28b 所示。释热量越大的组件，冷却剂壁面摩擦阻力系数越小，浮升力越大，流量水平也越高。由于各组件的入口温度一致，组件出口温度由组件释热量和流量水平决定。堆芯出口温度整体也会呈现中心区域高、边缘区域低的特点。功率高的组件流量也高，有利于降低出口温度峰值。

8.4.2 海洋条件对反应堆的影响

（1）倾斜的影响

倾斜条件下，堆芯并联通道的相对位置发生变化。反应堆功率、冷却剂流量和堆芯出口温度的对称分布被破坏。

当反应堆向右倾斜时，由于重力对流体的影响，左侧燃料组件中的冷却剂倾向于流向右侧通道，因此堆芯的流量分配特性为右侧组件高于左侧组件。与稳态自然循环条件（对称分布）相比，冷却剂流量峰值因子显著偏移到倾斜侧，如图 8.29a 所示。

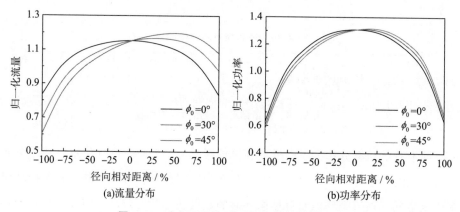

(a)流量分布　　　　　(b)功率分布

图 8.29　左倾不同角度时的流量和功率分布

冷却剂流量分布的偏差导致堆芯温度场的变化。但是相对于燃料的富集度和控制棒的价值，由流量重新分配引入的反应性相对较小。因此，在倾斜条件下反应堆功率分布的变化很小。尽管如此，冷却剂流量的变化仍然会造成堆芯加热功率向倾斜侧发生偏移，如图 8.29b 所示。

在倾斜状态下，堆芯冷却剂流量分配和功率分布向倾斜方向移动。随着倾斜角度的增加，流量的不均匀分布增加，但是倾斜角度对反应堆功率分布几乎没有影响。因此，倾斜条件下堆芯出口温度的最大值移动到与冷却剂流量峰值相反的方向，而且随着倾斜角度的增大，系统参数的偏差会更加明显。

（2）摇摆的影响

摇摆运动引入的周期性附加力造成自然循环流量的持续振荡，反应堆功率也在流量波动而引起的反应性反馈下持续振荡，如图 8.30 所示。由于一体化反应堆的左右环路相对于摇摆轴线对称布置，冷却剂自然循环流动和反应堆功率的振荡周期都是摇摆周期的一半。虽然堆芯功率和冷却剂流量的振荡幅度较小，但平均的反应堆冷却剂流量和反应堆功率都是略低于稳态自然循环流量和功率。由于摇摆运动产生的附加力首先作用在流体上，然后才会影响反应堆功率，因此反应堆功率波动滞后于冷却剂流量波动。

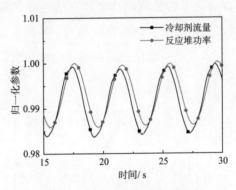

图 8.30　堆芯功率和流量响应

摇摆条件下，组件的流量和功率波动特性和组件内冷却剂所受的附加力有关。重力和向心力的周期是摇摆周期的一半，切向力的周期与摇摆周期一致。处于摇摆轴位置的组件所受到的切向力垂直于流动方向，不会影响冷却剂流动。然而，其他位置的组件受到周期性变化的重力、向心力和切向力的共同影响。因此位于摇摆轴上的组件的流量和功率的波动周期为摇摆周期的一半，而其他组件的流量和功率的波动周期和摇摆周期一致。对于摇摆轴两侧对称位置的组件，流量或功率波动存在 180° 的相位差。偏离摇摆轴的组件通道受到更强的附加力作用，因此流量和功率波动幅度相对摇摆轴的距离成正比增大。摇摆运动是连续的瞬态过程，在持续的流量振荡下导致反应堆的不稳定运行，而且反应堆功率振荡随着摇摆周期和振幅的增加而增加，如图 8.31 所示。

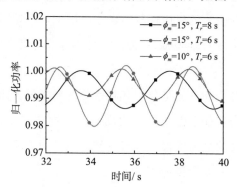

图 8.31　摇摆参数对功率的影响

（3）起伏的影响

一体化反应堆内冷却剂的自然循环流动依赖于主回路中冷源（直流蒸汽发生器）与热源（反应堆）之间的高度差产生的驱动力。起伏条件会引起重力加速度的变化，进一步导致自然循环驱动力的周期性变化。在较大的起伏幅度和周期条件下，起伏运动会严重损害冷却剂自然循环的稳定运行。

图 8.32 给出了在起伏运动下的反应堆功率和自然循环流量波动。反应堆的周期性起伏影响有效重力加速度并直接改变自然循环驱动力，导致反应堆功率和冷却剂流量随起伏运动而波动，而且功率的波动幅度比流量的波动幅度更大。和摇摆情形一样，功率波动略滞后于流量波动。

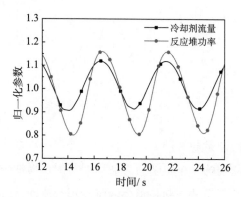

图 8.32　堆芯功率和流量响应

与摇摆条件下不同，起伏运动会直接改变有效重力加速度的大小，因此不同位置的组件受相同的附加惯性力作用。组件的功率值越高，冷却剂所受摩擦阻力系数小，流量的波动幅度越大，并进一步引起较大的功率波动。无论是流量还是功率，波动幅度均呈现堆芯内侧区域高、外侧区域低的分布规律。

起伏幅度影响重力加速度的最大值，而起伏周期会影响附加力的周期。在相同的起伏周期下，冷却剂流量的波动随起伏幅度的增加而增加，在相同的起伏幅度下，冷却剂流量的波动随起伏周期的增加而增加，如图 8.33a 所示。在热工参数反馈的作用下，起伏周期或起伏幅度越大，堆芯功率波动越剧烈，如图 8.33b 所示。对比图 8.33a 和图 8.33b 可以看出，无论是流量还是功率，起伏幅度的影响都比周期更剧烈。

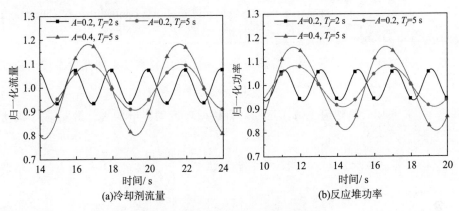

图 8.33　起伏参数对功率和流量的影响

参考文献

[1] MURATA H, SAWADA K, KOBAYASHI M. Experimental Investigation of Natural Convection in a Core of a Marine Reactor in Rolling Motion[J]. Journal of Nuclear Science & Technology, 2000, 37(6): 509-517.

[2] INGERSOLL D T, HOUGHTON Z J, BROMM R, et al. NuScale small modular reactor for Co-generation of electricity and water[J]. Desalination, 2014, 340(1): 84-93.

[3] ISHIDA T, YORITSUNE T. Effects of ship motions on natural circulation of deep sea research reactor DRX[J]. Nuclear Engineering & Design, 2002, 215(1): 51-67.

[4] ISHIDA T. Development of analysis code for thermal hydrodynamics of marine reactor under multidimensional ship motions[M]. Retran-02/Grav. Japan Atomic Energy Research Inst., 1992.

[5] ISHIDA T, KUSUNOKI T, OCHIAI M. Effects by Sea Wave on Thermal Hydraulics of Marine Reactor System[J]. Journal of Nuclear Science & Technology, 1995,

32(8)：740-751.

[6] NARUKO Y, ISHIDA T, TANAKA Y, et al. RETRAN Safety Analyses of the Nuclear-Powered Ship Mutsu[J]. Nucl. Technol. (United States)，1983，61(2)：193-204.

[7] KIM J H, KIM T W, LEE S M, et al. Study on the natural circulation characteristics of the integral type reactor for vertical and inclined conditions[J]. Nuclear Engineering and Design, 2001, 207(1)：21-31.

[8] 宫厚军，杨星团，黄彦平，等. 摇摆条件下一体化反应堆模拟回路冷态流动特性研究[J]. 核动力工程，2013，34(3)：77-81.

[9] 宫厚军，杨星团，姜胜耀. 海洋运动对自然循环流动影响的理论分析[J]. 核动力工程，2010，31(4)：52-56.

[10] 杨星团，朱宏晔，宫厚军. 对称双环路倾斜条件下自然循环特性研究[J]. 核动力工程，2013，34(5)：124-127.

[11] GAO P. Effects of Pitching and Rolling upon Natural Circulation[J]. Nuclear Power Engineering, 1999, 20(3)：228-231.

[12] 高璞珍，庞凤阁. 核动力装置一回路冷却剂受海洋条件影响的数学模型[J]. 哈尔滨工程大学学报，1997，18(1)：24-27.

[13] 杨珏，贾宝山，俞冀阳. 简谐海洋条件下堆芯冷却剂系统自然循环能力分析[J]. 核科学与工程，2002，22(3)：199-209.

[14] 苏光辉，张金玲. 海洋条件对船用核动力堆余热排出系统特性的影响[J]. 原子能科学技术，1996，30(6)：487-491.

[15] 杨帆，张丹，谭长禄，等. 海洋条件对浮动式核电厂事故后自然循环特性影响研究[J]. 核动力工程，2015，36(3)：148-151.

[16] 鄢炳火，李勇全，于雷. 摇摆条件下非能动余热排出系统的实验研究[J]. 原子能科学技术，2008，42：123-126.

[17] 谭长禄，张虹，赵华. 基于 RELAP5 的海洋条件下反应堆热工水力系统分析程序开发[J]. 核动力工程，2009(6)：53-56.

[18] WU P, SHAN J, XIANG X. The development and application of a sub-channel code in ocean environment[J]. Annals of Nuclear Energy, 2016, 95：12-22.

[19] 谭思超. 摇摆对自然循环热工水力特性的影响[D]. 哈尔滨：哈尔滨工程大学，2005.

[20] TAN S，SU G H，GAO P. Experimental study on two-phase flow instability of natural circulation under rolling motion condition[J]. Annals of Nuclear Energy，2009，36(1)：103-113.

[21] 郭赟，秋穗正，苏光辉. 摇摆状态下入口段和上升段对两相流动不稳定性的影响[J]. 核动力工程，2007，28(6)：58-61.

[22] YUN G，QIU S Z，SU G H，et al. The influence of ocean conditions on two-phase flow instability in a parallel multi-channel system[J]. Annals of Nuclear Energy，2008，35(9)：1 598-1 605.

[23] 周铃岚，张虹，臧希年，等. 耦合核反馈并联通道异相振荡研究[J]. 核动力工程，2011，32(6)：66-70.

[24] 鄢炳火，顾汉洋，于雷，等. 摇摆条件下典型通道间湍流的流动传热特性[J]. 原子能科学技术，2011，45(2)：179-185.

[25] 杜思佳，张虹. 海洋条件对单相强迫流动影响的理论研究[J]. 核动力工程，2009，30：60-64.

[26] 刘兴民，陆道纲，刘天才，等. 中国先进研究堆堆芯流量分配的数值模拟[J]. 核动力工程，2003 (S2)：21-24.

[27] ISHIDA T，YAO T，TESHIMA N. Experiments of Two-phase Flow Dynamics of Marine Reactor Behavior under Heaving Motion[J]. Journal of Nuclear Science and Technology，1997，34(8)：771-782.

[28] MURATA H，IYORI I，KOBAYASHI M. Natural circulation characteristics of a marine reactor in rolling motion[J]. Nuclear Engineering and Design，1990，118(2)：141-154.

[29] 张金红，阎昌琪，曹夏昕，等. 摇摆状态下水平管中单相水的摩擦阻力实验研究[J]. 核动力工程，2008，29(4)：44-49.

[30] 黄振，高璞珍，谭思超，等. 摇摆对传热影响的机理分析[J]. 核动力工程，2010(3)：50-54.

[31] 幸奠川. 摇摆对矩形通道内流动阻力特性的影响研究[D]. 哈尔滨：哈尔滨工程大学，2013.

[32] YAN B H，GU H Y，YU L. Effects of rolling motion on the flow and heat transfer of turbulent pulsating flow in channels[J]. Progress in Nuclear Energy，2012，56：24-36.

[33] YAN B H，YU L．Theoretical model of laminar flow in tubes in rolling motion[J]．Applied Mathematical Modelling，2012，36(6)：2 452-2 465.

[34] 王杰．海洋条件对单通道临界热流密度影响的试验研究[D]．哈尔滨:哈尔滨工程大学，2001.

[35] 阎昌琪，于凯秋，栾锋，等．摇摆对气-液两相流流型及空泡份额的影响[J]．核动力工程 2008，29(4)：35-49.

[36] 曹夏昕．摇摆状态下气液两相流流型的研究[D]．哈尔滨:哈尔滨工程大学，2006.

[37] 孙中宁．核动力设备[M]．哈尔滨：哈尔滨工程大学出版社，2003.

[38] 周云龙，孙斌，张玲，等．多头螺旋管式换热器换热与压降计算[J]．化学工程，2005，32(6)：27-30.

[39] KIM H K，KIM S H，CHUNG Y J，et al．Thermal-hydraulic analysis of SMART steam generator tube rupture using TASS/SMR-S code[J]．Annals of Nuclear Energy，2013，55：331-340.

[40] 屠传经，陈学俊．螺旋管式蒸汽发生器的流动与换热特性[J]．核动力工程，1982(5)：54-62.

[41] 阎昌琪．气液两相流[M]．哈尔滨：哈尔滨工程大学出版社，1995.

[42] 朱继洲，奚树人，单建强，等．核反应堆安全分析[M]．西安：西安交通大学出版社，2011.

[43] 阎昌琪，曹夏昕．核反应堆安全传热[M]．哈尔滨：哈尔滨工程大学出版社，2009.

[44] BAE K H，KIM H C，CHANG M H，et al．Safety evaluation of the inherent and passive safety features of the SMART design[J]．Annals of Nuclear Energy，2001：333-349.

[45] BARITZHACK I Y．New Method for Extracting the Quaternion from a Rotation Matrix[J]．Journal of Guidance Control & Dynamics，2015，23(6)：1 085-1 087.